工业控制
与智能制造
丛书

PLC工业控制

Programmable Logic Controllers
Industrial Control

[美] 哈立德·卡梅尔（Khaled Kamel）
埃曼·卡梅尔（Eman Kamel） 著 | 朱永强 等译
王文山

U0280488

机械工业出版社
CHINA MACHINE PRESS

图书在版编目（CIP）数据

PLC 工业控制 /（美）卡梅尔（Kamel, K.），（美）卡梅尔（Kamel, E.）著；朱永强等译.
—北京：机械工业出版社，2015.7（2025.1 重印）
（工业控制与智能制造丛书）
书名原文：Programmable Logic Controllers: Industrial Control

ISBN 978-7-111-50785-7

I. P…　II. ①卡…　②卡…　③朱…　III. PLC 技术　IV. TM571.6

中国版本图书馆 CIP 数据核字（2015）第 150399 号

北京市版权局著作权合同登记　图字：01-2014-2248 号。

本书是一本内容充实、实践性强的可编程逻辑控制器指导书，全面介绍了西门子公司推出的 S7-1200 PLC 的编程与应用，介绍了工业自动化及过程控制的基本概念、继电器逻辑程序设计的基本知识、定时器和计数器编程、算术逻辑等常用控制指令、梯形图编程、通用设计和故障诊断技术、数字化的开环闭环过程控制等内容。

本书内容丰富、可读性高、实用性强，既可作为高等院校自动化、电气工程、计算机控制及相关专业的教材，也可作为 PLC 工程应用设计人员的参考书。

出版发行：机械工业出版社（北京市西城区百万庄大街 22 号　邮政编码：100037）
责任编辑：迟振春　　　　　　　　　　　责任校对：董纪丽
印　　刷：北京联兴盛业印刷股份有限公司
版　　次：2025 年 1 月第 1 版第 9 次印刷
开　　本：186mm×240mm　1/16
印　　张：21.5
书　　号：ISBN 978-7-111-50785-7
定　　价：69.00 元

客服电话：（010）88361066　68326294

The Translator's Words | 译者序

可编程逻辑控制器 （Programmable Logic Controller，PLC）是以微处理器为基础，综合了计算机技术、自动控制技术和网络通信技术等发展起来的一种工业自动化装置。自 1969 年美国数字设备公司研制出了第一台可编程逻辑控制器开始，经过这几十年的发展，PLC 技术日益成熟，被广泛应用到电气、机械、采矿、冶金、化工和制药等行业。

西门子 PLC 经历了 C3、S3、S5、S7 系列，现已成为应用非常广泛的可编程控制器。在中国，西门子 S7 系列 PLC 广泛应用于工业中，拥有很高的市场占有率。2009 年，西门子公司推出 S7-1200 型 PLC。除了具备 S7 系列 PLC 卓越的性能和强大的网络通信功能外，S7-1200 还集成了强大的工业控制功能，包含测量、计数、运动控制等 PID 过程控制等功能。S7-1200 CPU 还集成了实时以太网 PROFINET 接口。

全书共分为 9 章，以西门子 S7-1200 PLC 的硬件配置和整体式自动化集成（Totally Integrated Automation）界面为基础进行介绍，每章最后还有课后问题、实验设计题、编程题、调试题或者项目程序改错题，由浅入深的讲解、大量实验案例以及精心挑选的课后习题，使读者能更好地掌握可编程逻辑控制器的知识。

本书主要由华北电力大学电气与电子工程学院的朱永强和国网北京市电力公司电力科学研究院的王文山共同翻译。参与本书翻译工作的还有华北电力大学毕业的硕士研究生齐琳和倪一峰。梁燕红、李红贤、郭文瑞、计杭辉、蔡冰倩、王晓晨、杜少飞、谢文超、王欣、王甜婧、唐其、王婉君、许阔、申雅如等研究生在本书的完善和校对工作中也做出了不小的贡献，在此表示衷心的感谢。

由于译者水平有限，加之时间仓促，译文的不足和错漏之处在所难免，希望读者予以批评指正。

译者
2015 年 5 月

作者简介 | About the Authors

　　Khaled Kamel 博士现为德克萨斯南方大学计算机科学系教授。之前，他曾在路易斯维尔大学工程学院计算机科学与工程系当了 22 年的教授兼系主任。Khaled Kamel 博士也曾是 GE Jet Engine 的仪表工程师，还荣膺阿拉伯联合酋长国大学信息科技学院及阿布扎比大学计算机科学与信息科技学院的首任院长。Khaled Kamel 博士拥有开罗大学电气工程系和艾因夏姆斯大学（埃及）数学系的双学士学位、滑铁卢大学计算机科学系的硕士学位以及辛辛那提大学电气与计算机工程系的博士学位。

　　Eman Kamel 博士拥有开罗大学电气工程的学士学位、辛辛那提大学电气与计算机工程系的硕士学位以及路易斯维尔大学工业工程系的博士学位。Eman Kamel 博士在 Dow Chemical、GE Jet Engine、Philip Morris、VITOK Engineers、Evana Tools 及 PLC Automation 公司积累了丰富的过程控制经验。Eman Kamel 博士在诸多工业领域成功设计并实施了基于 PLC 的自动控制项目，例如卷烟、化学反应、污水处理、塑膜加工以及水利灌溉等工业控制领域。Eman Kamel 博士对 Siemens 和 Allen Bradley 公司 PLC 产品的编程、仪表、通信及用户界面具有丰富的实践经验。Eman Kamel 博士还在多所大学教授 PLC、计算机控制及自动化课程。

这是一本介绍 PLC 编程的书,其关注点集中于实际的工业过程自动控制。全书以西门子 S7-1200 PLC 的硬件配置和整体式自动化集成(Totally Integrated Automation,TIA)界面为基础进行介绍。一套小型的、价格适中的教学套件将用于介绍本书中所有的编程概念及作者过去 15 年间实施的自动控制项目程序片段,该套件包括:西门子电源模块、控制器、分离式输入/输出模块、分离式两通道模拟输入模块、单路模拟输出板、8 路 ON/OFF 开关、人机界面(HMI)、4 端口以太网交换模块以及笔记本电脑。作者对在本书编写过程中提供大力支持的西门子公司深表感谢,尤其是他们在专业技术方面提供的专家审校。

本书每章最后有一些课后问题、实验设计题、编程题、调试题或者项目程序改错题。最后第 9 章详细介绍了一个综合性设计项目。

第 1 章主要介绍了工业自动化及过程控制的概念。第 2 章详细介绍了继电器逻辑设计的基本知识,包括 PLC 的结构和工作原理。PLC 定时器和计数器的配置、操作及编程控制等内容构成本书的第 3 章。本书网站上提供了多种 PLC 定时器的仿真器:延时导通(ON-DELAY)定时器、延时关断(OFF-DELAY)定时器以及记忆型定时器。该网站还提供了用于阐释本书前 3 章一些概念的仿真器,比如电机的启动/停止控制、正转/反转控制。

第 4 章专门介绍了相关的数学、逻辑及常用控制命令等内容,并重点介绍了这些内容在实时工业控制中的应用。用于 PLC 控制逻辑和 HMI(人机界面)编程的梯形图设计方法将在第 5 章详细讨论。第 5 章还介绍了模块式结构化程序设计方法,并强调了相关的工业标准和安全性要求。整章内容是以西门子 S7-1200 PLC、SIMATIC 基本型 HMI 和 PROFI-NET 以太网协议为基础介绍的,然而,基本原理和其他系统是类似的和通用的。

工业自动化过程控制项目中的系统测试和故障排查是一项费时费力且极富挑战性的工作。第 6 章主要是通用设计和故障排查技术方面的内容,也包括功能验证、危险性、安全标准等关键性问题以及针对软硬件故障失灵的保护问题。第 7 章介绍了模拟部分及相关模块，包括软硬件配置、接口设计、模/数转换的量化校准以及相关用户接口等内容。

第 8 章全面介绍了数字化的开环、闭环过程控制，其内容涉及传感器、执行器、ON/OFF 控制、反馈控制、PID 调节控制以及其他好的控制方法。本章旨在为读者提供包含系统任务、系统需求及总体预期的控制系统"宏观考察"，这些内容可作为工程技术、计算机科学及信息技术专业高年级学生的必备基础，也可作为前 7 章的实操部分，还可以作为前几章所述技术内容的总括。

本书最后的第 9 章是一个综合应用案例。该案例详细介绍了一个渠灌工程下游水位的控制过程。内容涵盖了从最初任务计划到最终系统设计实施的全过程，并提供了相关文档。该项目是作者在一个非洲国家历时 10 多年实施的一个大型项目中的一小部分。所有的设计程序都在西门子 S7-1200 系统上重新验证过。

随着工业过程控制的最新发展，目前已推出了比本书介绍的西门子 S7-1200 更加智能和小巧的 PLC 硬件，这些 PLC 的优势在于其友好的软件开发环境更利于实现结构化梯形图编程、通信功能、软硬件配置、模块化设计、文档管理以及整个系统的故障排查，同时这些先进的产品在 PLC 技术和过程自动化领域也提出了许多挑战和创造了很多高回报的工作机会。本书适合于大学两季度的系列课程或一学期 4 学分的课程，最好配以每周一次的实验动手实践课。本书也可以用于一个两周的、偏重于实践应用的小组式工业控制培训课程。要想在 PLC 控制和自动化领域获得好的工作机会，不仅要掌握本书介绍的所有技能，还必须具备丰富的切身实践经验。

得克萨斯南方大学计算机科学系，教授，Khaled Kamel

PLC 自动控制高级工程师，博士，Eman Kamel

Contents 目 录

译者序

作者简介

前言

第 1 章　自动化及 PLC 控制系统简介 ···················· 1

1.1　控制系统概述 ····························· 2

　　1.1.1　过程概述 ························· 2

　　1.1.2　人工控制 ························· 3

　　1.1.3　自动化系统的组成 ·············· 5

1.2　硬连接系统概述 ························· 6

　　1.2.1　常规继电器 ····················· 6

　　1.2.2　继电器逻辑系统 ················ 8

　　1.2.3　控制继电器应用 ················ 9

　　1.2.4　电机磁力启动器 ················ 10

　　1.2.5　保持和去保持控制继电器 ········ 12

1.3　PLC 概述 ······························ 13

　　1.3.1　什么是 PLC ···················· 13

　　1.3.2　PLC 的历史 ···················· 15

　　1.3.3　PLC 的结构 ···················· 19

　　1.3.4　硬连接系统改造 ················ 20

　　1.3.5　PLC 梯形图 ···················· 21

　　1.3.6　电机的人工/自动控制 ··········· 21

　　1.3.7　S7-1200 教学套件配置 ·········· 23

　　1.3.8　过程控制的选择 ················ 25

习题与实验 ……………………………………………………… 27

第 2 章　PLC 逻辑编程基础 ………………………………………… 39

2.1　PLC 硬件结构 …………………………………………………… 40

2.1.1　S7-1200 处理器 ……………………………………… 40

2.1.2　CPU 工作状态 ………………………………………… 41

2.1.3　通信模块 ………………………………………………… 41

2.1.4　信号板 …………………………………………………… 41

2.1.5　I/O 模块 ………………………………………………… 42

2.1.6　供电电源 ………………………………………………… 43

2.1.7　S7-1200 PLC 存储器配置 …………………………… 44

2.1.8　存储器地址及程序存储 ……………………………… 44

2.2　梯形图 ………………………………………………………… 47

2.2.1　PLC I/O 终端连接 …………………………………… 48

2.2.2　PLC 布尔指令 ………………………………………… 49

2.2.3　移位及循环移位指令 ………………………………… 51

2.2.4　程序控制指令 ………………………………………… 52

2.3　顺序逻辑和组合逻辑指令 ……………………………………… 54

2.3.1　置位-复位触发指令 …………………………………… 54

2.3.2　置位、复位输出指令 ………………………………… 55

2.3.3　上升沿与下降沿指令 ………………………………… 56

2.3.4　逻辑门和真值表 ……………………………………… 57

2.3.5　组合逻辑指令 ………………………………………… 60

2.3.6　梯形图编程举例 ……………………………………… 62

习题与实验 ……………………………………………………… 65

第 3 章　定时器和计数器程序设计 ………………………………… 83

3.1　定时器基础 …………………………………………………… 84

3.1.1　延时导通定时器 ……………………………………… 84

3.1.2　延时关断定时器 ……………………………………… 87

3.1.3　时间累加器（记忆-累加定时器） …………………… 89

    3.1.4　定时器应用举例 ………………………………………………… 90

3.2　计数器基础 …………………………………………………………… 95

    3.2.1　增计数器 ………………………………………………………… 95

    3.2.2　减计数器 ………………………………………………………… 97

    3.2.3　增减计数器 ……………………………………………………… 99

    3.2.4　计数器应用举例 ……………………………………………… 101

3.3　特殊定时指令 ……………………………………………………… 102

    3.3.1　脉冲发生器/脉冲定时器 ……………………………………… 102

    3.3.2　单稳态指令 ……………………………………………………… 103

    3.3.3　单稳态指令应用举例 …………………………………………… 104

    3.3.4　计数器应用举例 ……………………………………………… 104

习题与实验 ………………………………………………………………… 108

第4章　数学、传送、比较指令 ……………………………………… 119

4.1　数学运算指令 ……………………………………………………… 120

    4.1.1　编号系统 ……………………………………………………… 120

    4.1.2　西门子 S7-1200 PLC 的数据和计数表示法 ………………… 121

    4.1.3　常用数学运算指令 …………………………………………… 122

    4.1.4　MOVE 指令和 TRANSFER 指令 …………………………… 130

4.2　比较指令 …………………………………………………………… 132

    4.2.1　相等、大于及小于指令 ……………………………………… 133

    4.2.2　在范围指令和超范围指令 …………………………………… 134

4.3　工业应用举例 ……………………………………………………… 139

    4.3.1　过程控制常见任务 …………………………………………… 139

    4.3.2　小型工业过程控制应用 ……………………………………… 143

习题与实验 ………………………………………………………………… 147

第5章　设备配置与人机界面 ………………………………………… 155

5.1　设备及 PLC/HMI 配置 …………………………………………… 156

    5.1.1　西门子 S7-1200 PLC 硬件准备 ……………………………… 156

    5.1.2　PLC/HMI 配置 ………………………………………………… 157

5.2　HMI ··· 161

    5.2.1　通信基础 ·· 161

    5.2.2　PROFINET 与以太网协议 ·················· 162

    5.2.3　HMI 编程 ··· 163

5.3　监视和控制 ··· 178

    5.3.1　分布式控制系统过程描述 ···················· 178

    5.3.2　过程控制系统 I/O 配置 ······················· 178

    5.3.3　水泵站控制梯形图设计 ······················· 179

    5.3.4　HMI-PLC 应用举例 ···························· 186

习题与实验 ·· 189

第 6 章　过程控制系统设计与故障诊断 ············· 197

6.1　过程控制系统概述（层次 1） ······················ 198

    6.1.1　过程描述 ·· 198

    6.1.2　自动化控制系统的层级 ······················· 199

    6.1.3　控制系统组件 ····································· 199

6.2　过程控制实施（层次 2） ···························· 200

    6.2.1　I/O 表 ·· 200

    6.2.2　数据采集和闭环控制 ·························· 201

    6.2.3　项目逻辑框图和梯形图模块 ················ 201

    6.2.4　控制系统文档初稿 ····························· 202

    6.2.5　程序文档中的交叉引用 ······················ 203

6.3　过程控制系统校验和启动（层次 3） ··········· 204

    6.3.1　强制赋值校验 ····································· 205

    6.3.2　观察表校验 ·· 209

    6.3.3　交叉引用、程序状态和系统诊断校验 ····· 211

6.4　系统校验和故障排除 ··································· 222

    6.4.1　静态校验 ·· 222

    6.4.2　安全标准和预防措施 ·························· 223

6.5　安全措施应用举例 ······································ 225

习题与实验 ·· 227

第 7 章　仪表与过程控制 ……………………………………………… 233

　7.1　仪表基础 ………………………………………………………… 234

　　7.1.1　传感器基础 ………………………………………………… 234

　　7.1.2　模拟传感器 ………………………………………………… 234

　　7.1.3　数字传感器 ………………………………………………… 235

　7.2　过程控制单元 …………………………………………………… 235

　　7.2.1　测量单元基础 ……………………………………………… 236

　　7.2.2　过程控制变量 ……………………………………………… 237

　　7.2.3　信号调理 …………………………………………………… 238

　　7.2.4　信号传输 …………………………………………………… 238

　7.3　信号变换 ………………………………………………………… 238

　　7.3.1　A / D 转换 ………………………………………………… 239

　　7.3.2　D / A 转换 ………………………………………………… 240

　　7.3.3　分辨率和量化误差 ………………………………………… 241

　7.4　过程控制系统 …………………………………………………… 242

　　7.4.1　控制过程 …………………………………………………… 242

　　7.4.2　被控变量 …………………………………………………… 243

　　7.4.3　控制策略与控制类型 ……………………………………… 243

　　7.4.4　过程控制闭环 ……………………………………………… 245

　　7.4.5　控制系统偏差量化 ………………………………………… 246

　　7.4.6　控制系统暂态过程与性能评估 …………………………… 247

　7.5　闭环过程控制的类型 …………………………………………… 248

　　7.5.1　ON / OFF 控制方式 ……………………………………… 249

　　7.5.2　比例控制方式 ……………………………………………… 250

　　7.5.3　联合控制方式 ……………………………………………… 251

　　7.5.4　PLC/分布式计算机监视控制 …………………………… 251

　习题与实验 …………………………………………………………… 252

第 8 章　模拟应用和先进控制 ……………………………………… 257

　8.1　模拟 I/O 配置与编程 …………………………………………… 258

　　8.1.1　模拟 I / O 模块 …………………………………………… 258

8.1.2 模拟 I／O 模块配置 …………………………………… 258

8.1.3 模拟 I／O 诊断功能配置 ……………………………… 259

8.1.4 模拟信号调理 ………………………………………… 262

8.1.5 模拟 I／O 编程 ………………………………………… 264

8.2 PID 控制的配置与编程 ……………………………………… 267

8.2.1 闭环控制系统 ………………………………………… 267

8.2.2 控制系统的时域响应 ………………………………… 267

8.2.3 控制系统分类 ………………………………………… 270

8.2.4 控制器的输出特性 …………………………………… 271

8.2.5 控制器结构选择 ……………………………………… 272

8.3 PID 指令 …………………………………………………… 273

SIMATIC S7-1200 容器液位 PID 控制 …………………… 275

习题与实验 ……………………………………………………… 291

第 9 章 综合案例分析 …………………………………………… 297

9.1 灌溉渠水位控制 …………………………………………… 298

9.1.1 系统 I／O 配置 ………………………………………… 298

9.1.2 逻辑框图 ……………………………………………… 300

9.1.3 控制系统模块 ………………………………………… 302

9.2 灌溉渠控制系统梯形图编程 ……………………………… 303

9.3 灌溉渠控制系统人机界面设计 …………………………… 314

9.4 水泵站控制系统 …………………………………………… 316

9.4.1 系统 I／O 分配表 ……………………………………… 317

9.4.2 控制系统模块 ………………………………………… 317

9.5 水泵站控制系统梯形图编程 ……………………………… 318

水泵报警功能 …………………………………………………… 318

9.6 水泵站控制系统人机界面设计 …………………………… 323

习题与实验 ……………………………………………………… 323

自动化及PLC控制系统简介

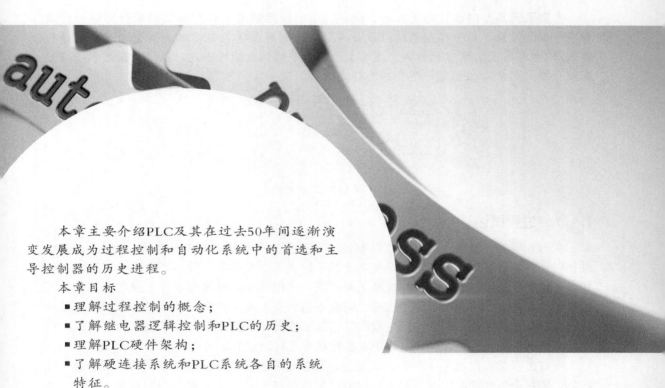

　　本章主要介绍PLC及其在过去50年间逐渐演变发展成为过程控制和自动化系统中的首选和主导控制器的历史进程。

　　本章目标

- 理解过程控制的概念；
- 了解继电器逻辑控制和PLC的历史；
- 理解PLC硬件架构；
- 了解硬连接系统和PLC系统各自的系统特征。

可编程逻辑控制器（PLC）是一个基于微处理器的能实现不同类型和不同复杂程度控制功能的计算机单元。第一个商业化的 PLC 控制系统诞生于 20 世纪 70 年代初期，其作用是替代大型制造装配工厂的继电器控制。PLC 最初的应用场合包括自动化装配线、喷气式飞机引擎以及大型化工厂。如今，PLC 广泛应用于机器人、传送系统、生产控制、过程控制、发电厂、废水处理以及安全防护等众多领域。本章主要介绍 PLC 及其在过去 50 年间逐渐演变发展成为过程控制和自动化系统中的首选和主导控制器的历史进程。

1.1　控制系统概述

控制系统是专门设计用于管理、命令、指示和操纵另一种设备或系统行为的一种装置或一整套结构。整个控制系统可被看成是一个拥有多输入多输出的多变量过程，这些输入/输出都可能影响过程行为。图 1-1 是控制系统的功能性表述。这部分是控制系统的简要介绍，第 7 章还包括一些详细的补充材料。

输入　　　　　多变量过程　　　　　输出

图 1-1　控制系统

1.1.1　过程概述

在工业领域，过程一词是指产品制造时一系列相互作用和影响的操作。在化工领域，过程一词意味着将原料进行混合并使之按既定的方式发生反应，最终产出所需产品的一系列必须操作，比如汽油生产。在食品工业领域，过程是指对原材料进行各种程序的加工而生产出高品质食品。在可以使用过程一词表述的所有工业生产中，最终产品必然具备某种特殊属性，这种属性取决于生产过程的特定加工或操作方式。控制一词表示为了保证最终产品具备正确的属性而在生产过程中对各种状态进行调节的必须步骤。

所有过程都可以通过一个等式来表达。假如用一组属性 P_1，P_2，…，P_n 来定义一种产品，则每个属性都必定有一个确切的值以保证最终产品完全合格。例如颜色、密度、化学成分、尺寸等产品属性。同时假设一个过程的独特行为由 m 个变量来表征。这 m 个变量可以归类为输入、输出、过程属性以及内外部系统参数。下面的等式表达了一个过程属性关于一组过程变量和时间的函数。

$$P_i = F(v_1, v_2, \cdots, v_m, t)$$
$$v_i = G(v_1, v_2, \cdots, v_m, t)$$

其中，P_i 表示第 i 个过程属性；

v_i 表示第 i 个过程变量；

t 表示时间。

　　为了制造出具备特定属性的产品，部分或者全部过程变量都必须时刻维持在特定的数值。图 1-2 展示了水流过容器的情况，类似于雨水流过房屋周边排水系统的情形。该容器的管道状出水口降低了水的流量。容器出口流量大小与水位差成正比。容器中的水位会随着入口流量的增加而升高。同时，容器水位的显著升高将直接导致出口流量增加。对于一个足够大的容器来说，当出口流量等于入口流量时，容器水位就会维持稳定。这一简单的水流过程包含 3 个主要变量：入口流量、出口流量以及容器液位。这 3 个变量都是可以测量的，同时也是可以控制的。例子中的容器液位就是所谓的自调节变量。

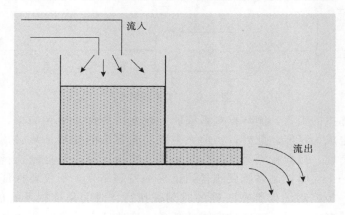

图 1-2　容器水流过程

　　一些过程中的变量可能表现出自调节的特性，也就是说，在正常条件下某些过程变量自动保持在某一数值。由于这种自调节特性，较小的扰动不会对容器液位产生影响。入口流量增加一点点会使容器液位也稍稍增加。容器液位的微小增加又会导致出口流量的增加，因此最终将产生一个新的稳定液位。入口流量的较大扰动将直接导致容器液位的急剧变化。正如上述例子中的容器液位控制，过程变量的控制是保证产品合格的必须手段。通常，过程变量 v 同时受其他过程变量和时间变量的影响。

1.1.2　人工控制

　　在一个人工控制系统中，人需要实时监控整个系统并做出必要的决定，从而控制整个过程处于期望的状态。先进的计算机或数字控制技术可实现过程操作、状态控制、命令操控以及决策支持等功能的全面自动化。传感器和测量单元用于检测各个过程变量，而被控对象或执行器最终完成对整个过程状态的调节控制。如图 1-3 所示，人的加入使整个系统形成闭环，并完成测量值、期望条件和最终控制单元的反馈行为三者之间的连接。

　　人工控制广泛应用于小而简单的控制场合。相比自动控制系统而言，人工控制系统的初始投资相对较小，但其长期成本通常更高。由于操作员的领域、专长与水平的不同，以及控制过程中经常出现的异常情况，最终产品的一致性很难得到保证。除非将相当部分的功能自动化，否则人工的培训和管理成本同样不可忽视。大多数控制系统都经历过从人工控制到自动控制的发展历程。随着过程控制经验的逐渐积累，管理者逐步对控制系统进行改进，最终使整个系统完全自动化。

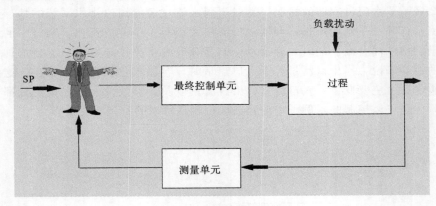

图 1-3　人工控制系统

由于数字计算机的引入，闭环控制系统的实现变得更加灵活和简单，各种高级功能和先进算法的实现也成为可能。此外，当前大多数功能复杂的控制系统必须依赖数字硬件设备的应用。不管怎样，经典控制系统的信号采集、控制运算以及控制执行这一系列程序变得越来越复杂。一个实时控制系统要想得到正确的控制结果，不仅要保证计算逻辑的正确性，还要保证每一步控制动作都在正确的时刻被执行。时间是控制系统的一个重要因素，而且系统中也必然有许多具备时效性要求的任务。这些任务通常需要对系统外随时可能发生的事件做出及时反应。因此，控制系统中的实时任务必须要能跟得上相应外部事件的时间节奏。

图 1-4 所示为一个简单的人工控制系统。容器中的液位是以入口流量和出口流量为自变量的函数。容器中的液位是一个控制或被控变量，该液位值可以通过测量获得，同时也可以通过入口阀门或者出口阀门或者两阀门控制调节。两阀门可用电机驱动并可通过一个易用接口来操纵。操作员可通过观察容器液位情况来实时调节阀门开度。在接下来的讨论中发现该操作员可被轻易替代。

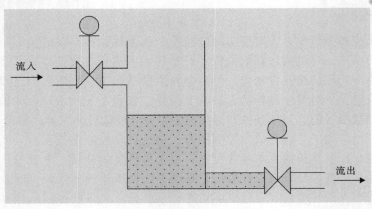

图 1-4　容器液位人工控制

1.1.3　自动化系统的组成

图 1-5 所示的闭环控制系统由以下 5 个功能模块组成：

- 过程；
- 测量单元；
- 偏差检测器；
- 控制器；
- 控制单元。

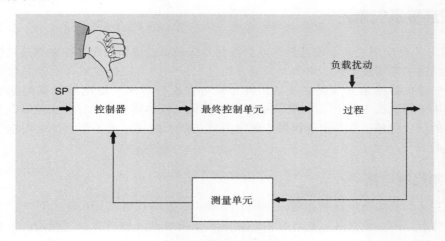

图 1-5　闭环控制系统

在人工控制系统中，操作员同时完成误差检测和控制两项任务。但操作员对被控量的观察及控制难以保证一致性和可靠性。通过闭环系统和过程控制策略可轻易消除人工控制的不足。这种过程控制策略将在第 7 章介绍。图 1-5 展示出了一个单变量闭环控制系统的功能框图。图中的控制器可通过诸如硬连接的继电器电路、数字计算机或者常用的 PLC 来实现。

在现实世界中，非常完美的控制结果几乎是不可能实现的，实际上也是没有必要的。在控制系统中，一定范围内的较小偏差是可以接受的。正如一个温度为 500 华氏度的烤箱和一个温度为 499.99 华氏度的烤箱的烘烤效果是差不多的。多数情况下，我们都会受到传感器精度和成本的限制，花更多的费用来实现一些不必要的高精度是不值得的。

实时偏差是评价一个控制系统设计好坏和所使用控制器优劣的重要指标。实时偏差有以下三种计算方式：

$$绝对偏差＝给定值－测量值$$
$$给定值百分比偏差＝绝对偏差/给定值×100$$
$$给定范围百分比偏差＝绝对偏差/给定范围×100$$
$$给定范围＝最大值－最小值$$

实时偏差的三种计算表达方式中，给定范围百分比偏差最常用，给定值百分比偏差偶尔会用到，而绝对偏差几乎不用。同样，大多数过程变量通常都表示成给定范围百分比的形式。这种量化方式简化了 PLC 输入/输出接口与传感器和执行器的连接。PLC 的多插槽模拟量输入模块可以同时采集诸如温度、压力、转速、黏稠度等众多过程量。后面的章节将会详细介绍实际工业控制用到的 PLC 及其软硬件配置。虽然本书中的项目都是在西门子 S7-1200 系统上实现的，但其涵盖的相关概念同样适用于其他 PLC 系统。国际标准和开放系统架构理念是当今 PLC 技术通用性和兼容性良好的重要原因。

1.2   硬连接系统概述

在 PLC 广泛应用之前，硬连接继电器控制系统和单变量模拟闭环控制器是过程控制与工业自动化的主要实现方式。本节将简要介绍过程控制中常用的逻辑关系及其继电器实现方式。了解继电器控制方式是必要的，因为只有在充分理解了继电器逻辑的基本原理之后，才能认识到低成本的 PLC 在替代继电器、简化过程控制系统设计与实施以及提升控制效果方面的巨大优势。本节内容仅限于继电器的功能和应用，而不涉及继电器电气或构造特性方面的细节。

1.2.1   常规继电器

本节将详细介绍继电器是如何工作的。如图 1-6 所示，继电器实际上是一个包含一个线圈和一些触点的电磁开关。触点分常开触点和常闭触点两种类型。线圈通电后会在其周围产生电磁场，该电磁场对所有触点产生力的作用，触点动作以接通或断开外部电路。在汽车制造和其他工业应用中，常用像继电器这类电执行器来控制大功率设备的启动和停止。实际上，也可以不使用继电器，而直接给诸如大功率电机、点火系统这样的大型设备供电，但是这样就丧失了安全性和实用性。例如，出于安全方面的考虑，工厂里高压电机

图 1-6   典型工业用继电器

的控制室往往距离电机本身和其供电电源较远。在这种情况下，使用低压继电器电路来控制大功率接触器就比将高压开关直接从电机和电源位置引到控制室安全和方便。

　　图 1-7 展示了包含一个常开触点（CR1-1）和一个常闭触点（CR1-2）的继电器（CR1）。左图表示线圈（CR1）未通电时，两触点都处于常态的情况。右图表示线圈（CR1）通电时，两触点动作后的情况。

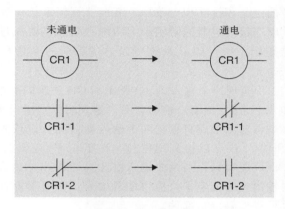

图 1-7　带常开、常闭两触点的继电器

　　图 1-8 展示了使用继电器和单刀单掷（single-pole，single-through（SPST））开关控制电铃的简单电路。电铃在开关合上时响、断开时不响。继电器通常是用来控制高电压或者大电流的一个设备。继电器的触点能经受住被控设备的高电压或大电流，这样就省去了额外的大型机械式开关。继电器控制线圈回路中的开关只是个低电压小电流开关。图中的两个回路在电气上是完全隔离的，下面的控制回路是小功率的直流电路，而上面的主回路是大功率的交流电路。两个回路是通过磁场建立控制与被控制关系的。小功率直流电路处于控制室中，而大功率的交流主电路远在被控设备现场。在典型的工业自动化场合，两回路由两个独立的电源分别供电。当然，该例中用 PLC 替换继电器是不合算的，但是，当这种控制电路有成百上千个时，PLC 的优势就会凸显出来。

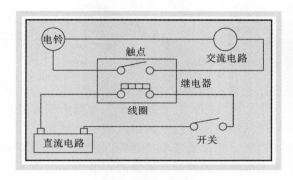

图 1-8　简单继电器控制电路

1.2.2   继电器逻辑系统

继电器逻辑系统是一种控制结构，在工业领域和市政工程中使用较多。不同于 PLC 控制系统，由继电器逻辑系统控制的操动或过程都是硬连接的，因此，这种硬连接系统在建成后就很难更改，极度缺乏灵活性。因为继电器逻辑控制器及其操作元件都是直接安装在设备内部的，所以故障的定位和排除相对较易。继电器逻辑系统一般都是针对特定设备和特定控制功能设计的。硬连接继电器通常用于大功率水泵和电机在过载或异常状况下的保护装置。相比于继电器逻辑系统，PLC 系统可以通过后期的不断升级来实现高质量的控制，其灵活性更好。

图 1-9 分别展示了用于实现两个输入 AND 逻辑和 OR 逻辑的继电器电路。其中，每个继电器都有两个线圈和几个常闭（NC）触点。两个输入端分别接于两线圈的一端，两线圈的另一端直接接地。继电器输出触点将根据两个输入端情况并以预先定义的逻辑执行接通或断开操作。输入 A 和输入 B 可以接到地电位（0/低电平/逻辑假）或者接到 +V 电位（1/高电平/逻辑真）。AND 逻辑只有当两个输入都为高时输出才为高电平，而 OR 逻辑只有当两个输入都为低时输出才为低电平。值得注意的是，继电器操作同时涉及电气（线圈和供电电源）和机械（可操作触点）部件。

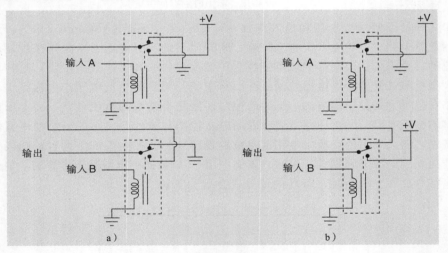

图 1-9   a) AND 逻辑；b) OR 逻辑

继电器逻辑电路原理图通常也称为逻辑图（logic diagrams）。继电器逻辑电路图是一个包含连线/网络/阶梯层级的电气图，其中每一个元件都必须有确定的连接关系。一个典型的继电器电路通常由许多网络组成，每个网络控制一个输出元件。输入和输出状态（如开关和被控继电器）通过串联、并联或者串并联等方式组合出想要的逻辑后才驱动输出元件。继电器逻辑图代表了实际物理硬件的连接方式。继电器逻辑图完全可以以过程控制流程的描述为基础设计出来。在梯形逻辑图中，继电器线圈由圆圈表示，由线圈控制的触点用两平行竖线表示。图 1-10 即为用此标记法表示的 AND 和 OR 继电器逻辑图。

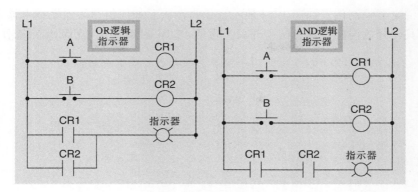

图 1-10　继电器逻辑图

逻辑图中的 L1 和 L2 代表 120 V 交流电源的两极，L1 表示火线，L2 表示接地极或中性点。输出元件通常作为一行的最后元件接在 L2 上，如果有更多的被控输出元件，则新增的元件需添加到已有的输出元件和 L2 之间。输入元件通常接于 L1 和输出元件之间。输出继电器线圈的控制元件一般通过串联、并联以及组合的串并联 3 种基本方式连接。

1.2.3　控制继电器应用

继电器广泛应用于过程控制和自动化领域。在过去的 30 年间，PIC 逐步取代了大多数陈旧的硬连接继电器控制系统，从而被普遍接受。充分理解过去的继电器控制系统是极其重要的，因为只有理解它们之后我们才能充分认识到 PLC 具有的功能强大、易于使用、维护成本低、可靠性高等众多优势。本节介绍两个简单的继电器控制电路。

图 1-11 所示为常见的由机电继电器控制直流电机的逻辑图。电机通过一个复位型常开开关控制电机启动，另一个常闭开关控制电机停止。被控继电器触点用于实现开关复位后的自锁功能。同一继电器的另一触点直接控制电机的电源。任何时候，只要按下停止开关就会切断电机的电源，从而使电机停下来。

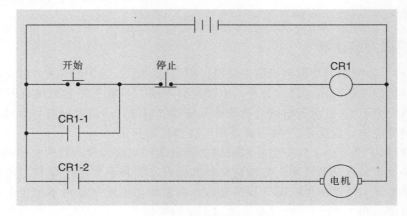

图 1-11　直流电机控制图

另一个继电器控制例子如图 1-12 所示。逻辑图表示如何使用硬连接继电器电路控制两个指示灯。具体控制同样是通过两个开关实现的，PB1 启动操作，PB2 结束操作。

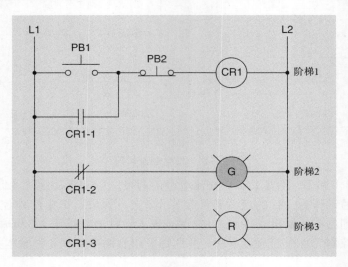

图 1-12   两个指示灯的继电器控制

以下是该示例的关键操作步骤。

● 当被控继电器线圈无电时，所有触点都处于常态，常开触点打开，常闭触点闭合，绿色指示灯得电发出绿光，红色指示灯熄灭。

● 阶梯 1：一旦启动按钮 PB1 被按下，线圈 CR1 得电，这样，自锁触点 CR1-1 闭合，从而通过常闭的停止按钮 PB2 保持为线圈连续供电的状态。

● CR1 线圈得电后将会使该继电器的所有触点动作，常开触点闭合，常闭触点打开。因此，阶梯 2 的绿灯将会熄灭，而阶梯 3 的红灯将会点亮。

● 当停止按钮 PB2 被按下时，被控继电器线圈失电，所有触点返回常态。绿灯点亮，红灯熄灭。

1.2.4   电机磁力启动器

图 1-13 所示为控制大功率电机启停的电机磁力启动器。3 个电机磁力启动器触点用于接通和断开电机的三相高压电源。另外，电源回路中通常串联三相过载继电器来避免电机长期过载运行。图 1-14 所示为电机启动器的低压控制电路，通过控制磁力启动器，用启动和停止开关启停电机，启动器的 M-4 触点用于自锁启动开关。

图 1-15 展示了通过正反转按钮分别控制正转启动器和反转启动器的原理框图。按下正转按钮，则接通正转启动器线圈。启动器两辅助触点 F-1 和 F-2 在线圈 F 得电后执行相应操作，常开触点 F-1 自锁使得线圈 F 保持通电，而常闭触点 F-2 是为了防止电机正转过程中按下反转按钮。图 1-15 最下面展示了通过正反转按钮开关控制反转启动器的原理框图。

按下反转按钮则接通反转启动器线圈。启动器两辅助触点 R-1 和 R-2 在线圈 R 得电后执行操作，常开触点 R-1 自锁使得线圈 R 保持通电，而常闭触点 R-2 是为了防止电机反转过程中按下正转按钮。可以参考本书网站（www. mhprofessional. com/ProgrammableLogic-Controllers）上关于电机正反转的交互式仿真示意动画。

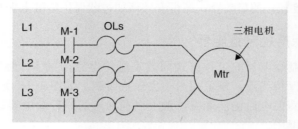

图 1-13 大功率电机电路

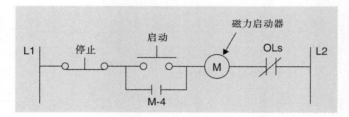

图 1-14 小功率电机启动器电路

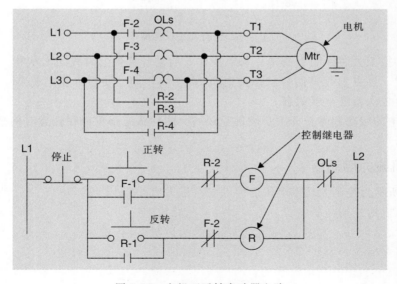

图 1-15 电机正反转启动器电路

电机转向的改变是通过改变输入电压相序来实现的。当线圈 R 得电时，触点 R-2、R-3 和 R-4 闭合，L1 连到 T3、L3 连到 T1、L2 连到 T2，由此改变电压相序进而改变电机转向。

直上直下电动水闸控制下游水位的项目就用到了电机正反转控制功能。当需要增加下游水位时，就控制电机向能使水闸上升的方向转动。同样，如果电机反向转动则会使水闸下降，出水口减小，进而使下游水位下降。水闸这样的升降运动是由同一电机驱动实现的。像这样的重负荷、大功率的设备执行器在过程控制和工业自动化中是非常常见的。如此大的电机造价都很高，通常都配置相应的启动器，还得安装诸如过载保护等继电保护装置。

1.2.5 保持和去保持控制继电器

保持和去保持控制继电器的工作模式同数字逻辑电路中的 RS 触发器是一样的，触发器置位相当于继电器保持线圈，复位相当于去保持线圈。如图 1-16 所示，保持和去保持控制继电器是一种在线圈失电后仍然能保持触点当前状态的一种继电器。图 1-17 为保持和去保持控制继电器逻辑框图。

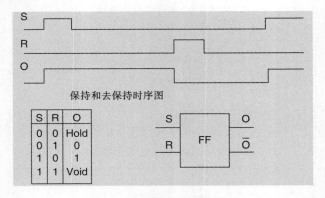

图 1-16   保持和去保持操作

启动开关按下去时线圈 L 得电，触点操作，启动开关弹起时线圈 L 失电，但触点状态保持而不复位。触点 L 保持闭合状态使电机 M 连续转动。要想停止电机 M，则必须按下停止开关以复位保持继电器状态。

图 1-17 中的启动和停止开关是硬件互锁的，两种状态都可以在任意时刻被激活，但同

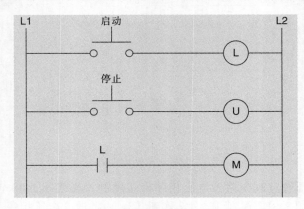

图 1-17   保持和去保持控制继电器逻辑框图

时只可能有一种激活状态。启动（保持）和停止（去保持）不是两个手动开关，而是要通过程序中的逻辑事件驱动，比如化学反应釜中的温度超过某个值，或者是锅炉中的水位低于某一阈值。

1.3　PLC 概述

本节将从 PLC 的发展历史、软硬件架构以及相比于其他过程控制和自动化装置的独特优势等方面来介绍 PLC。

1.3.1　什么是 PLC

PLC 本质上是一种工业控制计算机，其功能是完成从输入设备接收信号，根据编程逻辑计算结果，输出信号控制外围设备的整个控制流程。图 1-18 所示为 PLC 的功能结构图，输入设备的状态会被 PLC 周期扫描并实时更新到输入映像表中。通过编程器下载到 PLC 存储器中的用户程序将以当前的输入状态为基础进行计算，并将计算结果更新到输出映像表中。输出设备将根据输出映像表中的值实时刷新输出状态。

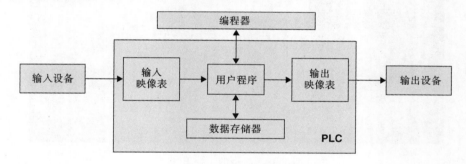

图 1-18　PLC 功能结构图

现今，已存在的或新的自动化项目中的输入/输出设备都具有标准接口。因此，这些输入/输出设备可以与任何品牌的 PLC 配套使用。通过诸如数字 I/O 模块、模数（A/D）转换模块、数模（D/A）转换模块以及适当的隔离电路把各种模拟量或开关量的传感器和执行器与 PLC 联系起来。除了 PLC 电源部分和 I/O 接口部分，PLC 内部的所有信号都是低电压的数字量信号。第 2、5、7、8 章将会详细讨论 PLC 的硬件和接口配置。

自 40 年前 PLC 首次应用以来，老牌和新兴制造商竞相开发更加高端而易用 PLC 系统，还包括配套的程序开发和调试工具。图 1-19 所示为一些工业常用的 PLC 系统。应该注意到 PLC 具备多种尺寸和多等级处理能力，不仅可以实现成本优化，还允许设计实施复杂的分布式控制系统。许多厂商的 PLC 系统允许使用别的品牌 PLC 作为整个分布式控制系统中的一部分。另外，超大型控制系统可以通过在一个 PLC 系统基础上扩展大量互联功能模块来实现。

维基百科解释"可编程逻辑控制器（PLC）或者可编程控制器是用于机电过程自动化

控制的数字计算机系统，例如工厂装配线上自动化装置的控制、游乐设置控制、灯光控制等"。大多数工业过程和大部分机电装置中都要用到PLC。不同于一般的通用计算机，PLC是专门设计成具有多输入多输出、扩展的工作温度范围、电气噪声免疫功能以及抵抗冲击振动能力的特殊工业计算机。PLC的控制程序通常存储于有备用电池的储存器或非易失性存储器中。PLC是典型的实时控制系统，因为输出必须在确定的时间内有效，以作为对输入状态改变的响应，否则将导致不可预计的结果。自从有了PLC，需要使用大量电磁装置的继电器控制系统就可被完全替代，由此极大地节省了所占空间，降低了电量消耗，减小了设备维护工作量。

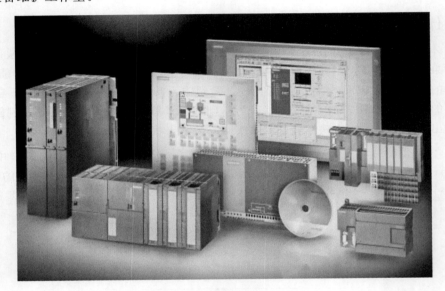

图1-19   典型的工业PLC

PLC能替代过程控制中必不可少的依次连接的继电器电路。PLC工作时采集输入量，并根据输入量的状态控制输出量的大小，从而让控制系统输出期望的变化。用户一般通过软件预先为PLC装载程序，使PLC运行时能够实现所需的控制效果。用户程序虽然一般以梯形图的形式呈现出来，但通常有高级集成开发环境支持开发。国际电工委员会（The International Electrotechnical Commission，IEC）1131-3标准（工业控制程序设计国际标准）融合了PLC编程语言。现在，PLC编程可以同时通过功能模块图、指令、C语言以及结构化文本等多种方式实现，甚至在一些应用场合PLC可由个人计算机替代。

PLC在现实中的各种场合得到了广泛应用。全球经济的竞争促使工业企业和组织增加成本投入，从而在过程控制和自动化应用中使用PLC。污水处理、机械加工、包装、机器人、材料加工、自动化装配等工业领域正广泛地使用PLC。因此可以说，不使用PLC就是浪费金钱、时间和丧失竞争力。几乎在所有的电气、机械及水利应用领域都需要使用PLC。

例如，假设在一个开关闭合的情况下，我们想启动一个螺线管线圈并保持15 s，然后停止。这个任务可以通过一个简单的外部定时器来完成。但是如果当开关和螺线管线圈的数量都增加到 100 个时，那么将需要 100 个定时器来完成控制任务。如果在定时的同时需要对开关的操作次数进行计数，则需要同样数量的计数器。这些定时器和计数器需要外部接线、电源供电，还需要足够的安装空间以及昂贵的维护成本。而引入 PLC 后，螺线管线圈的定时控制和开关操作次数就可以通过 PLC 轻松实现，因此可以看出，系统越大，PLC 的优势就越明显。

1.3.2 PLC 的历史

引入 PLC 之前，所有的过程控制任务都是通过硬连接的继电器系统实现的。那时的工业企业除了使用这种既不灵活又不便宜的继电器系统外，别无选择。对一个继电器控制的生产系统进行升级改造往往意味着对整个系统的费时费钱的彻底重建。在 20 世纪 60 年代，通用汽车（General Motors，GM）公司发布了一个旨在替代继电器系统的提议，当时作为莫迪康公司（Modicon Corporation）创始人之一的 Richard E. Morley 首次回应了通用汽车公司，而 PLC 的诞生也正与这名企业家密切相关。Morley 于 1977 年开发了世界上第一台 PLC，并卖给了古尔德电子（Gould Electronics）有限公司，随后古尔德电子有限公司将其赠送给了通用汽车公司，现在这台 PLC 完整地保存在通用汽车公司总部。

一个名为 plcdev.com 的网站上展示了各个品牌 PLC 的发展历史（在图 1-20 中重现了这段历史），其时间跨度是从 1968 年到 2005 年。西门子公司在 2009 年推出了新的 S7-1200 PLC，该产品旨在为可大可小的分布式控制系统提供一个易用的可升级的基础平台。S7-1200 的硬件、软件、人机接口（human-machine interface，HMI）、通信、网络以及工

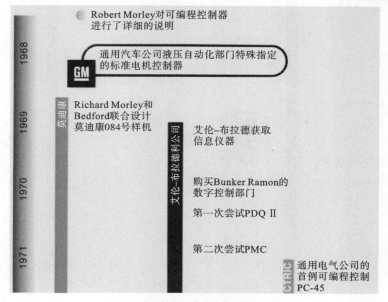

图 1-20 PLC 的历史（R. Morley，PLC 之父）

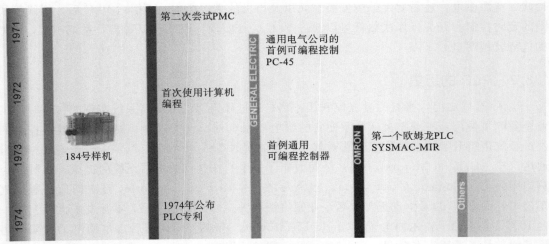

1968—1974年第一代PLC系统

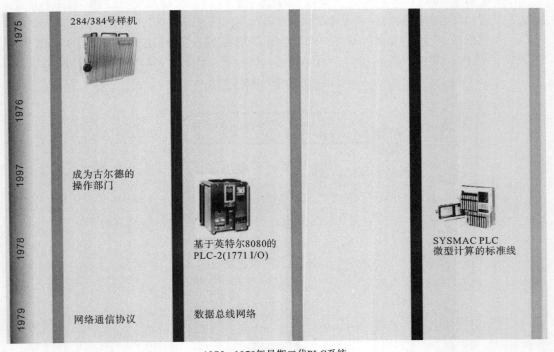

1975—1979年早期二代PLC系统

图 1-20   （续）

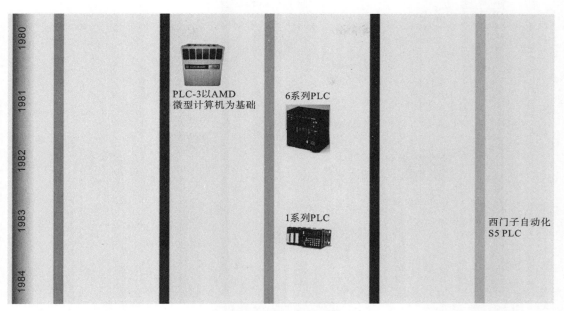

1980—1984年二代PLC系统

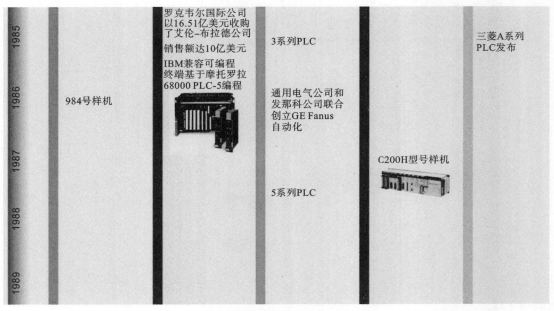

1985—1989年早期三代PLC系统

图 1-20　（续）

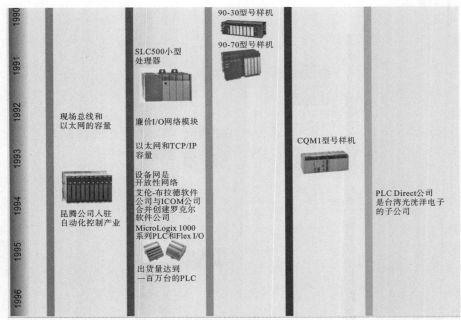

1990—1996年三代PLC系统

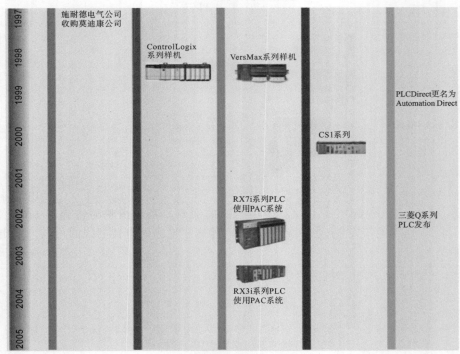

1997—2005年紧凑型PLC系统

图 1-20 （续）

业应用案例等将重点在本书的后续章节中详细介绍。从 PLC 的发展年表可以看出，小尺寸、低价格、大容量、标准接口、开放通信协议、友好开发环境以及易用 HMI 工具等将成为今后 PLC 的发展方向。

　　PLC 以时间段分类的发展历史如图 1-20 所示，1968—1971 年这一阶段为 PLC 历史上的初期产品时期，此后的 6 年时间为第一代 PLC 的发展阶段。从 1979 年到 1986 年的这 7 年为第二代 PLC 的发展阶段，这一阶段除了一些德国和日本的品牌外，其余大部分是美国公司制造的。第三代 PLC 从 1987 年开始，持续有 10 年之久。此后就是 PLC 软硬件不断更新升级以及 PLC 大量用于过程控制和制造自动化的持续发展时期。

1.3.3　PLC 的结构

　　一个典型的 PLC 主要由中央处理器（CPU）、供电电源、存储器、通信模块以及 I/O 接口和辅助电路组成。PLC 可以看成是一个包含成百上千个独立的继电器、计数器、定时器以及数据存储单元的智能盒子，但这些计数器、定时器和继电器并不存在，而是 PLC 内部通过软件模拟的功能模块。例如，继电器就是通过存储器中一个 bit（位）的状态来模拟的。图 1-21 所示为典型 PLC 硬件结构的简单框图。

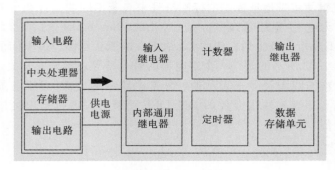

图 1-21　PLC 结构

　　PLC 内部的输入接口通常是由晶体管电路实现的，输入接口从与其相连的外部开关或传感器接收信号，从而感知过程中的各个状态量。PLC 的输出接口通常也是由晶体管电路实现的，且一般由三极管电路来控制交流电路的通断；当输出映射寄存器 bit（位）置 1 时，对应 PLC 输出接口内部就变为导通状态，相当于输出继电器的线圈得电。输出接口用 PLC 计算得出的 ON/OFF 信号控制外部连接的螺线管、灯、电机以及其他通过开关量控制的设备。PLC 中的计数器没有对应的硬件实体，而是通过软件实现的，可以通过程序来配置计数器是向上计数还是向下计数，是对上升沿计数还是对下降沿计数。虽然这些计数器的计数速度有限，但已能够满足绝大多数实时应用。大多数的 PLC 厂商都提供高速硬件计数模块，从而可以捕获高速的事件脉冲。典型的计数器包括增计数器、减计数器以及增/减计数器。PLC 中的定时器也没有对应的硬件实体，也是通过软件实现的，延时开定时器、延时关定时器以及保持定时器是最常见的 3 种定时器。不同的定时器最小定时间隔不同，但通常都大于 1 ms。过程控制场合有各种各样的定时器/计数器应用方式，第 3 章将会详细介绍它们的实际应用。

　　PLC 使用高速的存储器/寄存器来提高数据存储效率，这些存储器/寄存器一般作为数据操作或者数学运算中的暂存器使用，它们也用于存储定时器、计数器、I/O 接口以及用户接口等的暂存数据，同时还可用于 PLC 失电后的数据和程序保存，PLC 再次上电后可重新读取失电前的数据和程序段。

1.3.4　硬连接系统改造

　　如前几节所述，PLC 的应用是为了完全替代硬连接的继电器系统。本节将介绍用 PLC 替换继电器逻辑控制系统的具体过程，以下介绍的 PLC 替换实例可能是不经济的，但其目的在于说明替换的概念和基本原理。如前所述，第一步是要建立过程控制的梯形图逻辑或者流程图。PLC 本身并不能直接执行这样的原理图，但 PLC 厂商都提供了将梯形图/流程图翻译成机器码的软件，从而避免了 PLC 使用者学习 PLC 处理器机器码的需要。但是，使用标准的 PLC 符号来表达逻辑过程还是必不可少的，因为 PLC 是不认识诸如开关、螺线管、继电器、蜂鸣器、电机等术语的。相应地，还需要使用诸如输入、输出、线圈、触点、定时器、计数器等术语。

　　PLC 梯形图逻辑使用带地址标志的标准符号来表示不同的元件和事件。贯穿整个梯形图的两条竖直线称为电源/电压母线（power/voltage bus bars）L1、L2，每一行的梯级程序都是从左侧的 L1 开始，最后到右侧的 L2 结束，电源从左侧经过中间的闭合电路到右侧形成闭合回路。图 1-22 所示的是用一个继电器的触点符号表示输入开关，而类似蜂鸣器等的输出则是用继电器的线圈符号来表示的，外部电路中的交流/直流电源是不在梯形图中标识的。PLC 执行程序得到输出元件的 ON/OFF 信号后，通过输出接口的三极管电路控制所连接的外部设备。

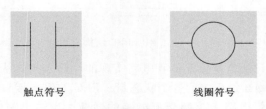

触点符号　　　　　　　　　　　　　线圈符号

图 1-22　触点符号和线圈符号

　　PLC 必须要知道程序中每个输入、输出以及其他元件的确切位置，比如外部的开关或者蜂鸣器到底连在 PLC 的哪个输出接口。为了满足与各种设备接口的需要，PLC 预先为各种形式的 I/O 分配了一定数量的地址。现在假设分配的输入按钮开关标号为"0000"，输出蜂鸣器标号为"0500"。最后要将梯形图转化为顺序逻辑机器码，告诉 PLC 当满足预定的状态时该如何动作。在该例子中，我们想实现按钮开关按下时蜂鸣器就发声这一简单控制，即当按钮按下时需要接通蜂鸣器的电源，按钮松开时需要断开电源。要实现这个小的控制系统，只需要将按钮开关接到 PLC 的输入接口，并将蜂鸣器回路串入 PLC 的输出接口。图1-23所示的为这个简单例子的梯形图。后续章节中的工业控制实例及相应讨论将更多地展示这种替换概念和原理。

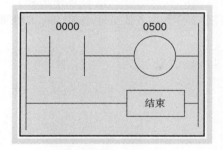

图 1-23　蜂鸣器控制梯形图

1.3.5　PLC 梯形图

PLC 程序设计所用的梯形图跟硬连接继电器控制系统的逻辑框图极其相似。图 1-24 描述了梯形图程序的三个基本要素：信号、决策以及行动。PLC 的输入接口模块实时扫描输入信号状态，CPU 根据输入状态执行梯形图程序并做出决策，输出接口模块更新输出状态并驱动输出设备。后面章节将具体介绍 I/O 终端的连接方式以及数字 I/O 的寻址方式。

图 1-24　PLC 梯形图

如图 1-25 a）所示，输入设备连接在 L1 和 PLC 输入接口模块之间，而 L2 直接连接在输入接口模块。如图 1-25 b）所示，输出设备连接在 PLC 输出接口模块和 L2 之间，而 L1 直接连在输出接口模块。图中有两组数字输入设备：一个脚踏开关和一个按钮开关及两个输出设备，一个螺线管和一个指示灯。

1.3.6　电机的人工/自动控制

图 1-26 为三相感应电机的人工/自动控制接线图。当人工/自动开关处于"人工"位置时，按下启动按钮就会使电机启动器线圈 M1 得电从而启动电机。因为启动按钮是瞬时导通的常开开关，因此启动按钮松开后电机启动器的电源将由并联的辅助触点 M1-1 提供通路。当人工/自动开关处于"自动"位置时，PLC 的数字输出模块通过此开关连接到 L1，当 PLC 中的程序运算得到 M1 为真时，电机启动器线圈得电，电机启动。电机运行状态通

过连接在 L1 和 PLC 输入模块之间的常开触点 M1-2 获得。L2 直接接于输入接口模块。为了保证电机安全运行，控制电路中一般还串入过负荷保护装置，图 1-26 中包括过负荷保护的常闭触点。这样的安全保护措施是大多数工业电机的标准性要求。

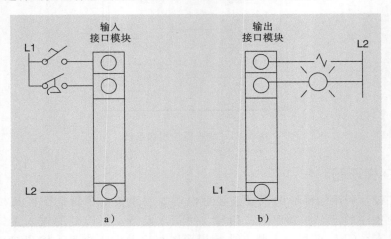

图 1-25　I/O 终端连接方式

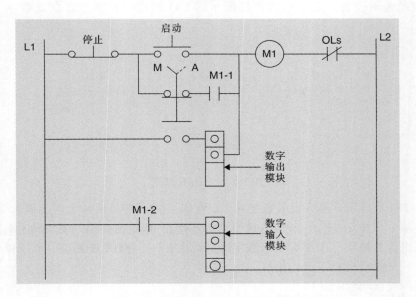

图 1-26　电机人工/自动控制接线图

　　图 1-27 和图 1-28 是两个将硬连接继电器控制转换成 PLC 控制的例子。第一个例子实现了用启动、停止两个瞬态开关控制电机的启停。启动开关是一个常开开关，按下时导通，松开后断开。停止开关是一个常闭开关，按下时断开，松开后导通。第二个例子实现了用启动、停止两个瞬态开关控制电磁阀，启动开关打开阀门，停止开关关闭阀门。

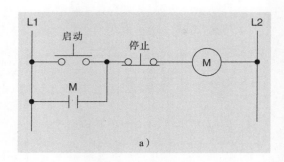

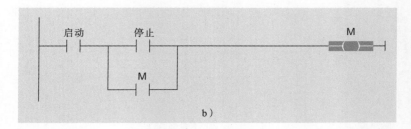

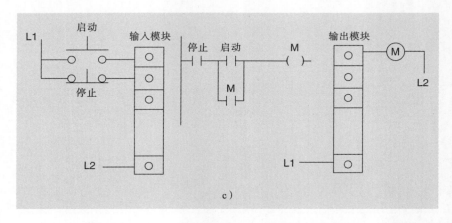

图 1-27　a) 电机启动/停止硬连接继电器控制；b) 电机启动/停止 PLC 梯形图程序；
c) 带 I/O 连接的电机启动/停止 PLC 梯形图程序

1.3.7　S7-1200 教学套件配置

图 1-29 所示为本书解释过程控制及自动化应用中 PLC 软硬件概念所用到的西门子
PLC 配置。该 PLC 教学套件也是本书用于实施、调试、归档所有实例程序、课后习题、
实验项目的基础平台。

图 1-29 中所示的 PLC 教学套件由以下几部分组成。

● 24 V 电源(1)；

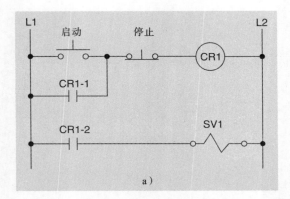

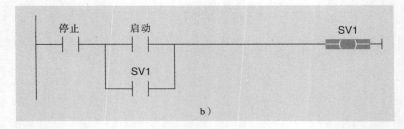

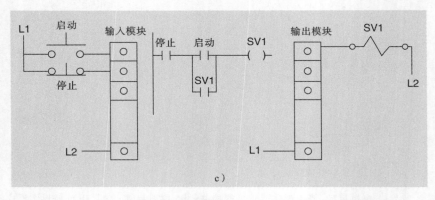

图 1-28 a) 电磁阀硬连接继电器控制；b) 电磁阀 PLC 梯形图程序；
c) 带 I/O 连接的电磁阀 PLC 梯形图程序

- 电源 LED 指示灯(2)；
- 处理器状态 LED 指示灯(3)；
- 西门子 PLC 处理器，CPU 1214C DC/DC/DC，6ES7 214－1AE30－0XB0 V2.0.(4)；
- 单端口集成模拟输出模块：QW80(5)；
- Ethernet/PROFINET 电缆；CPU，HMI，编程计算机(6)；
- Ethernet/PROFINET 端口通信模块(7)；
- 14 个输出 LED 指示灯(8)；

- 14 个输入 LED 指示灯(9);
- 双端口模拟输入模块:端口 1(IW64)、端口 2(IW66)(10);
- 插入式输入开关模块:8 个 ON/OFF 开关(11);
- 处理器、开关模块、通信模块、HMI 的 24 V 直流供电电源(12);
- 120 V 交流电源(13);
- 单色 6 功能键 SIMATIC HMI:KTP600 Basic PN(14);
- 窗口式编程计算机(15)。

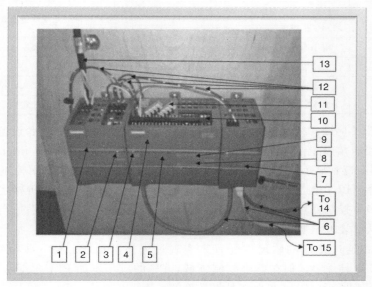

图 1-29   S7-1200 教学套件

8 个 ON/OFF 开关 (I0.0~I0.7) 用于模拟和测试输入设备,对应的 LED 可指示每个开关的实际状态。剩下的 6 个数字输入接口 (I1.0~I1.5) 可用于其他的输入设备。14 个 ON/OFF 输出端口 (Q0.0~Q0.7,Q1.0~Q1.5) 用于模拟和测试输出设备,对应的 LED 可指示每个端口的实际状态。两个模拟输入端口 (IW64、IW66) 接有 0~10 V 可调节电位器。模拟输出端口连接到0~10 V 的小电压表。以上就是本书所用 PLC 教学系统的基本配置。

1.3.8   过程控制的选择

PLC 不是过程控制和自动化应用唯一可选的控制器,继电器系统和 PC 也完全可以实现同样的控制。根据控制需求的不同,每一种选择都具有其独特的优势。因为各种混合技术控制器层出不穷,而且又以极快的速度更新换代,所以控制器选择就成了一个长期争论的问题。但随着 PLC 价格降低、体积缩小、性能提高,选择 PLC 的倾向将越来越明显。不过,在此之前过程控制系统的所有者和设计者必须确定 PLC 对于目标系统的性价比是否合适。表 1-1 给出了 PLC 和继电器控制系统关键项的简单对比。

表 1-1　PLC 与继电器系统对比

对比项目	PLC	继电器系统
控制逻辑变更	简单的程序更新	复杂的硬件改造
系统适用性	简单的定制程序	需要新建控制台
后期扩展	I/O 模块的增加和程序的更新，可以构建联网控制系统	可扩展但成本昂贵
可靠性	鲁棒性很好，可实现冗余控制	因为大量使用单独设备导致可靠性低
停机时间	故障排除及程序更新可以在线进行，可做到完全不停机	故障排除或系统改造需要停机
空间需求	很小的空间	大量的继电器需要巨大的空间
数据获取及通信	支持数据存储、分析和通信传输	不能存储数据
维护和控制速度	小维护量及高速控制	机械部分维护量极大，控制速度低
成本	成本和控制效果的选择范围很大	极小系统的性价比很高

　　专用控制器（dedicated controller）是用于控制一个过程变量的单台设备，比如加热系统的温度控制器。专用控制器通常使用比例积分微分（proportional integral derivative，PID）进行控制，带有显示屏和按键，并具有一体机的优势。这些专用控制器是简单控制系统的最佳选择。PLC 相当于多个专用控制器的集合，且具有较大的价格优势，这种优势当被控系统有多个控制变量时就更加明显。PLC 可以通过程序更新来满足当前及未来的功能更新需求，从而表现出更大的灵活性。

　　PC 确实可以通过特殊的软硬件配置来实现过程控制功能。在一些特殊的控制场合，PC 可能较 PLC 更具优势，但在整个控制领域，PC 的应用不如 PLC 普遍。大型分布式控制系统同时使用 PLC 和 PC 来实现却是很常见的。表 1-2 给出了 PLC 和 PC 关键项的对比。

表 1-2　PLC 与 PC 控制系统对比

对比项目	PLC	PC
使用环境	针对强电磁环境、振动、极端温度和湿度等严酷环境的特殊设计	普通 PC 没有针对严酷环境的特殊设计，工控机有特殊设计但价格昂贵
易用性	针对工程技术人员的梯形图软件设计，接线简单	通用的 Windows、UNIX、Linux 等操作系统，PC 的 I/O 不易实现
灵活性	机架模式的设计更容易改变和扩展	受兼容的特殊板卡限制，不易扩展
速度	顺序执行整个程序，实时处理能力强	PC 是用于多任务处理的，依靠实时操作系统可实现实时控制
可靠性	长时间运行也几乎不会崩溃	死机和系统崩溃情况较常见
编程语言	梯形图、功能模块、结构化文本	编程工具多、功能强大、更加灵活
数据管理	大量数据存储和分析受存储容量限制	长期数据存储、建模、仿真模拟、趋势分析等功能很强
成本	受 I/O 模块数、硬件配置、软件等因素影响	

习题与实验

 习题

1.1　在化学工业中单词 process 是什么意思？

1.2　写出下列短语的定义：

    a. 动调节过程；

    b. 过程变量；

    c. 进程设置点；

    d. 受控变量；

    e. 控制变量；

    f. 手动控制和自动控制的区别；

    g. 死区。

1.3　开环控制与闭环控制的区别是什么？

1.4　简述直接控制和反馈控制的区别。

1.5　列出至少 4 条用 PLC 控制硬连接继电器控制的优点。

1.6　说明在编程时用逻辑框图或流程图的优点。

1.7　说明执行单变量闭环控制的步骤。

1.8　写出下列短语的定义：

    a. 绝对偏差；

    b. 给定值百分比偏差；

    c. 给定范围百分比偏差。

1.9　如果一个烤箱的设置温度为 210 ℃、测量值是 200 ℃、给定范围是 200 ℃～250 ℃，则请写出下面问题的答案。

    a. 绝对偏差是多少？

    b. 给定值百分比偏差是多少？

    c. 百分比偏差的范围是多少？

    d. 假定给定值和给定范围没有变化，测量温度为 230 ℃，请重新问答以上问题。

1.10　解释为什么国家电气规范要求用户用复位型常开或常闭开关来控制电机的启停，而不是用保持开关。

1.11　回答下列问题：

    a. 过程控制器的作用。

    b. 最终控制单元的作用。

    c. 过程控制的主要目的。

1.12　研究图 1-30 并回答下列问题：

a. 指示器的逻辑门类型是什么?

b. 按钮 A 和 B 被按下一次时,指示器的状态(ON/OFF)是什么?

c. 按钮 A 和 B 被按下并保持闭合状态时,指示器的状态是什么?

d. 按钮 A 或 B 被按下一次时,指示器的状态是什么?

e. 按钮 A 或 B 被按下并保持闭合状态时,如何改变电路来使指示器的状态保持为 ON?

f. 改变图中的电路,一旦两个按钮被按下,指示器状态就保持为 ON。

g. 添加一个停止开关使指示器关闭,并随时重启进程。

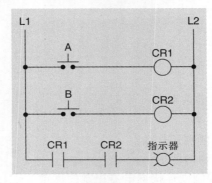

图 1-30

1.13   图 1-31 为电机的自动/手动控制线路图。正确的电路图在本章(图 1-26)已经讨论过。仅在手动模式下,按下停止开关会使电机停运。在手动模式下,通过磁力启动触点 M1-1,按下启动开关会启动电机并保持运行状态。在自动模式下,启动开关只会使电机跳动。如图 1-31 所示,这个电路有一个错误。改正错误,并说明为什么如此改正。

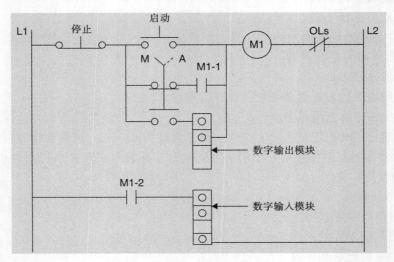

图 1-31   自动/手动控制线路图

1.14　在下列条件下，电路图（见图 1-32）中 CR1、M1 和 SV1 的状态是什么？

a. PB1 按钮松开，LS1 开关断开。

b. PB1 按钮按下，LS1 开关断开。

c. PB1 按钮按下，LS1 开关闭合。

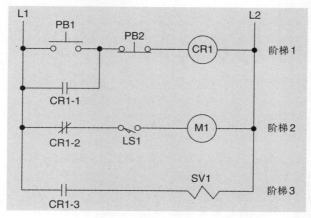

图 1-32　电机硬连接控制继电器和电磁阀激活

 实验

【实验 1.1】　熟悉西门子 S7-1200 PLC 软件

启动西门子 TIA Portal，打开如图 1-33 所示的项目窗口。在离线模式下进行如下操作：

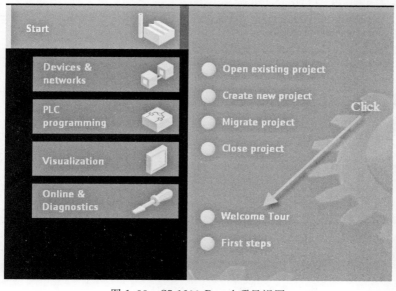

图 1-33　S7-1200 Portal 项目视图

1）欢迎向导和打开一个已经存在的应用（My_First_Lab）：

　　① 点击 "Welcome Tour"。

　　② 点击 "Start Welcome Tour"，打开如图 1-34 所示的欢迎向导。

点击

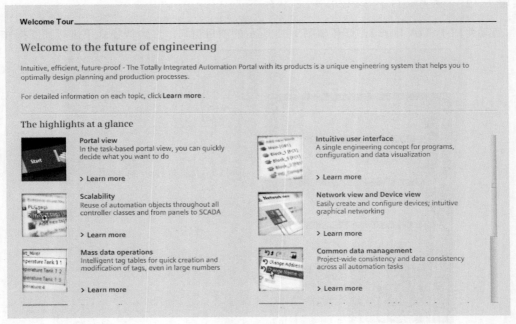

图 1-34　欢迎向导

③ 从你的电脑桌面上点击如图 1-35 所示的"Labl.1_My_First_Lab"文件。此文件及其相关联的文件夹可以从你的教员处获取或者从本书的网站下载。

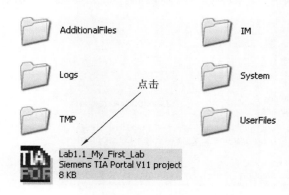

图 1-35　下载 My-First-Lab 文件

项目树功能的外观和使用类似 Windows 资源管理器。

- 就像其他 Windows 程序，带加号（＋）标志的文件夹可以展开显示其内容。
- 带减号（－）标志的文件夹可以收起以隐藏其内容。

使用 Windows 工具栏，可以进行以下操作。

- 打开文件。
- 删除文件。
- 复制文件。
- 重命名文件。
- 建立新文件。

打开文件：

- 在建立应用文件（My_First_Lab）后，点击"Write PLC program"，浏览窗口中的选项。
- 浏览感兴趣的基础性指导，使用 Help 菜单可以阅读进一步的说明。

2）实验要求。

- 使用应用文件。
- 复制和保存应用文件。
- 浏览软件功能。
- 熟悉在线帮助系统的使用方式。
- 使用如图 1-36 所示的窗口建立和编辑一个新的 PLC 梯形图程序。

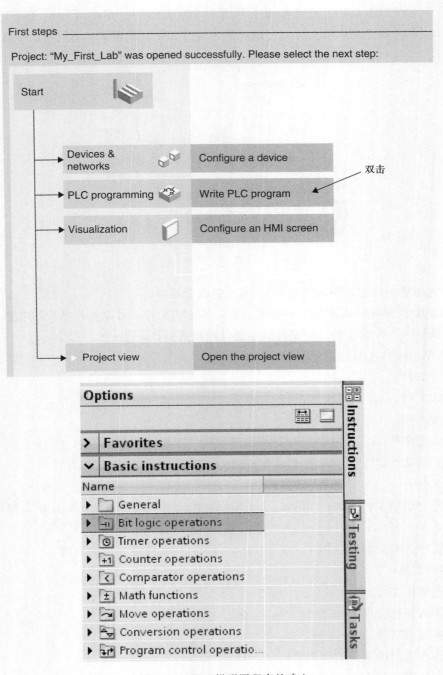

图 1-36   PLC 梯形图程序的建立

【实验 1.2】　熟悉 S7-1200 软件、离线编程和帮助菜单

第一部分

建立如图 1-37 所示的网络，在项目树中执行如下操作（操作方法如图 1-38 所示）。

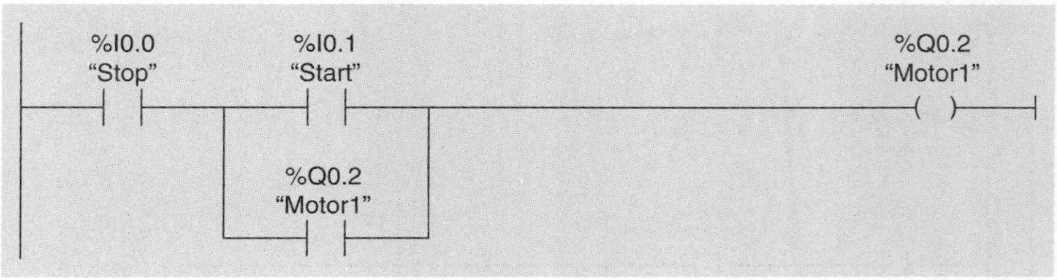

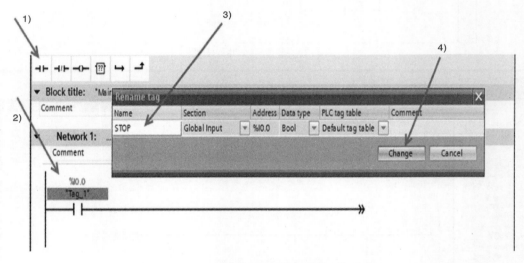

图 1-37　Motor1 启动网络

图 1-38　MOTOR1 启动网络建立步骤

1）拖曳并释放常开触点 NO。

2）输入地址 I0.0。

3）点击触点并重命名 "Tag _ 1" 为 "STOP"。

4）点击 "Change" 按钮。

完成网络 1 的创建，参照前面的步骤按如图 1-39 所示输入 START 和 MOTOR1 来建立 START 触点旁的支路，步骤如下：

1）拖曳并释放 open branch。

2）输入 NO 触点 MOTOR1。

3）拖曳并释放 close branch。

编译程序。

如图 1-40 所示，可以看到编译程序后出现了 0 个错误、1 个警告。出现警告的原因是硬件尚未配置。硬件配置将在第 2 章实验 2.2 中介绍。现在保存程序。

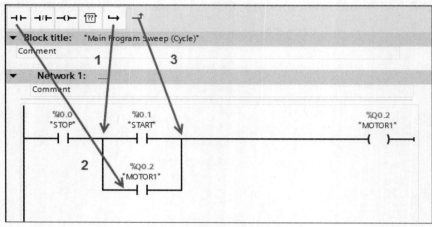

图 1-39   建立一个并联支路

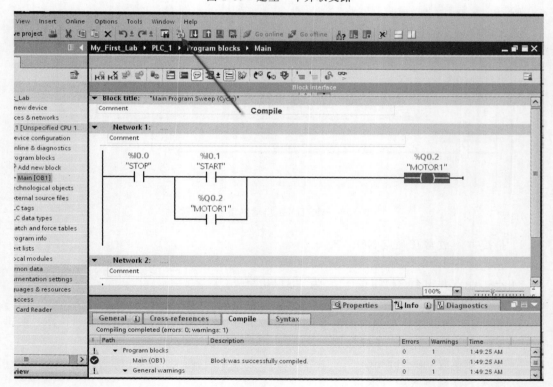

图 1-40

第二部分

进入图 1-41～图 1-44 所示的网络图，实现 AND、OR、XOR 和 XNOR 组合逻辑。此框图中设置了 2 个输入开关（SW1 和 SW2）和 4 个输出线圈（AND _ LOGIC、OR _ LOGIC、EXOR _ LOGIC 和 EXNOR _ LOGIC）。

网络 1：

图 1-41　逻辑与（AND）网络

网络 2：

图 1-42　逻辑或（OR）网络

网络 3：

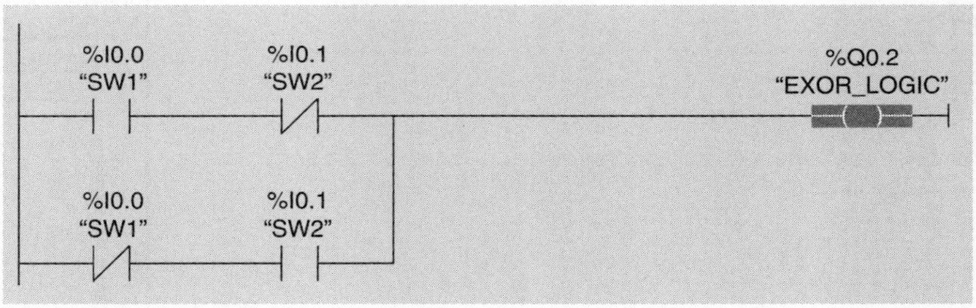

图 1-43　异或（Exclusive OR/XOR/EXOR）逻辑

网络 4：

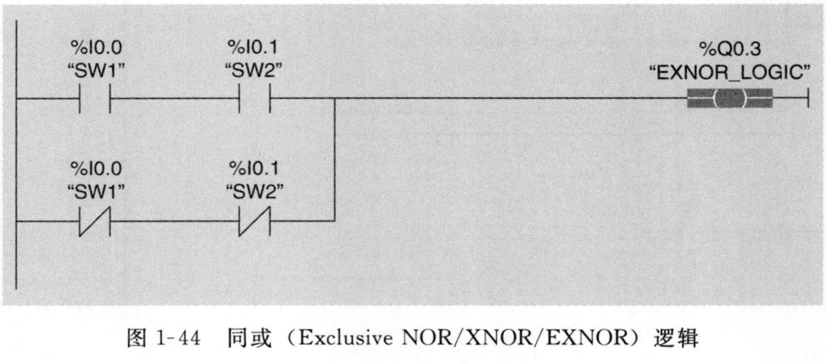

图 1-44　同或（Exclusive NOR/XNOR/EXNOR）逻辑

I/O 地址应该记录如下。

系统输入：

标签名	地址	注释
SW1	I0.0	交替开关
SW2	I0.1	交替开关

系统输出：

标签名	地址	注释
AND _ LOGIC	Q0.0	指示灯 1
OR _ LOGIC	Q0.1	指示灯 2
EXOR _ LOGIC	Q0.2	指示灯 3
EXNOR _ LOGIC	Q0.3	指示灯 4

实验要求

● 检查 SW1 和 SW2，4 个网络的 2 个输入逻辑，并验证逻辑正确性。

● 如图 1-45 所示，在 Bit logic operations 下的项目树中，点击 Negate Assignment，并阅读 Help 菜单中的描述。

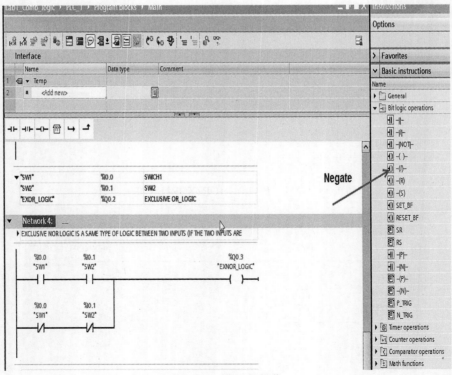

图 1-45　位逻辑操作

- 使用 Negate Assignment 和 XOR 输出（而不是从 SW1 和 SW2 生成）编辑和保存网络 4（XNOR 逻辑网络）。
- 重新加载程序，并验证网络 4 的新逻辑是否能正确实现。
- 撰写实验报告并记录你的学习心得。

【实验 1.3】　将硬连接控制继电器转换成梯形图逻辑程序

实验要求

参考实验 1.1 中给出的信息，并假设 PB1 和 PB2 分别是 NO 和 NC 按钮。上述按钮如图 1-46 中的线路图布线。

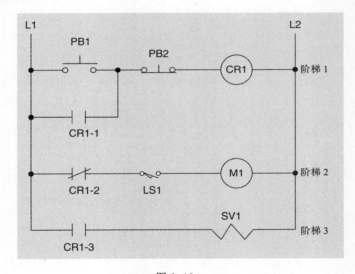

图 1-46

1）将图中所示的硬连接控制继电器转换成梯形逻辑程序。
2）分配并记录所有 I/O 地址。
3）将你编写的程序记录下来。
4）编译并保存程序。

PLC逻辑编程基础

本章重点关注PLC的硬件结构以及西门子 S7-1200 PLC的程序设计。其中涉及的基本概念完全适用于其他类型的PLC。

本章目标

- 理解PLC硬件结构以及存储器组织方式；
- 理解梯形图及其程序设计方式；
- 理解组合逻辑和时序逻辑程序；
- 学习用梯形图设计工业过程控制程序。

　　PLC 是一个基于微处理器的能实现不同种类和复杂程度的控制功能的计算机控制系统。PLC 程序设计不仅要了解梯形图设计软件的相关知识，还必须对自动控制有一定的了解。对 PLC 硬件结构、人机界面（HMI）以及通信原理的理解是程序设计的必备条件。本章重点关注 PLC 的硬件结构以及西门子 S7-1200 PLC 的程序设计。HMI 和通信相关的内容将在第 5 章详细介绍。

2.1　PLC 硬件结构

　　S7-1200 PLC 具有强大的控制功能和极大的灵活性，可以根据目标系统的需求控制各种设备的执行。紧凑的设计、灵活的配置、功能强大的指令集等特点使 S7-1200 成为极佳的解决方案。功能强大的 PLC 是将微处理器 CPU、集成电源、输入电路、输出电路等部分集成到一个紧凑的小盒子里而实现的。在用户程序下载执行后，CPU 就会依照程序逻辑实现控制功能。CPU 实时监测输入端口状态并根据用户程序实时刷新输出状态，用户程序可能包括布尔逻辑运算、计数、定时、复杂数学运算以及与其他智能设备通信等部分。

2.1.1　S7-1200 处理器

　　S7-1200 PLC 的 CPU 可以通过 PROFINET 端口与 PROFINET 网络进行通信。PROFINET 使用的是以太网协议，但其功能更强大，可以满足工厂自动化、过程自动化及其他工业应用场合更加严酷的运行环境要求。有关通信、网络以及 PROFINET 的更多内容将在第 5 章详细介绍。通信模块可用于 RS485 和 RS232 通信网络。图 2-1 所示为一个典型的西门子 S7-1200 处理器。SIMATIC S7-1200 PLC 有 3 种处理器模块可选：CPU 1211C、CPU 1212C、CPU 1214C。图中指出了如下 5 个部分。

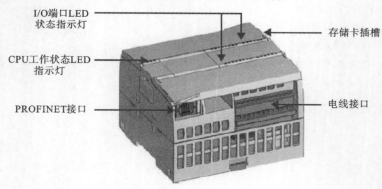

图 2-1　S7-1200 典型处理器

1. 输入/输出（I/O）端口 LED 状态指示灯。
2. CPU 工作状态 LED 指示灯。
3. PROFINET 接口。
4. 存储卡插槽。

5. 可插拔用户电线接口。

2.1.2　CPU 工作状态

CPU 有停止、启动、运行 3 种不同的工作状态。3 种 CPU 工作状态各自的特征如下。

- 停止状态：CPU 不执行用户程序，控制功能无法在该状态实现。
- 启动状态：启动程序块被操作系统调用，启动程序块通常包括一些设置指令，启动时会被执行一次。中断事件在该状态会被屏蔽。
- 运行状态：CPU 会持续不断地重复扫描存储器中的用户程序，输出状态将根据用户程序的运算结果实时刷新。该状态不能下载用户程序。

2.1.3　通信模块

S7-1200 系列 PLC 通过通信接口为系统提供关键的额外功能。S7-1200 PLC 包含 RS232 和 RS485 两种通信扩展模块。S7-1200 PLC CPU 最多支持扩展 3 个通信模块。扩展的通信模块连接在 CPU 模块的左侧（或者连接到 CPU 模块的通信模块的左侧）。图 2-2 展示了西门子 S7-1200 PLC 的典型通信模块。图中指出了如下 2 个部分：

1. 通信模块的 LED 状态指示灯。
2. 通信接口。

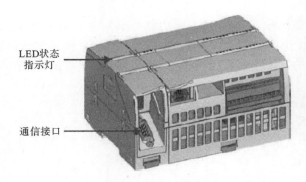

图 2-2　通信模块

2.1.4　信号板

用户可以通过信号板（signal board，SB）扩展 PLC CPU 模块的 I/O 数量。CPU 模块的前面板内侧可以扩展一个信号板，此处的信号板不会影响整个控制器的整体尺寸。CPU 模块的右侧还可以扩展其他带数字或模拟 I/O 的信号板。CPU 1212C 支持最多 2 个信号板扩展，CPU 1214C 支持最多 8 个信号板扩展。图 2-3 所示为 S7-1200 PLC 的扩展信号板。

以下是 2 种扩展信号板的类型：

- 4 个数字 I/O 端口信号板（2 个数字输入，2 个数字输出）；
- 1 个模拟输出端口信号板。

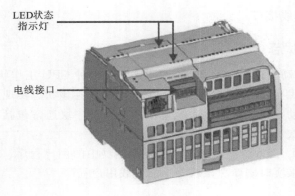

图 2-3　信号板

2.1.5　I/O 模块

I/O 模块有数字、模拟、特殊功能 3 种类型。数字 I/O 模块处理离散的 ON/OFF 电压信号，模拟 I/O 模块处理连续变化的电压或电流信号（从最小值到最大值），特殊功能 I/O 模块有高速脉冲（HSP）计数模块、ASCII 模块等。

数字输入模块

如图 2-4 所示，输入模块有 4 项主要功能：感知输入信号当前状态，映射输入信号（一般为 120 V 交流电（AC）或者 24 V 直流电（DC）信号），隔离输入信号和被映射的输出信号，输出一个定幅值的直流电（DC）信号，以供 PLC 的 CPU 在输入扫描阶段进行扫描。

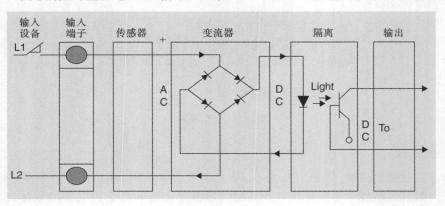

图 2-4　数字输入模块

数字输出模块

输出模块与输入模块的工作形式正好相反。如图 2-5 所示，输出模块的功能就像一个交流三极管（triode for alternating current，TRIAC）开关一样，用于导通或断开输出设备的交流或直流电源。每个输出模块都有相应的地址，以便 CPU 能通过地址发出控制命令。每个输出点都对应一个独立的输出模块。

TRIAC 是一个商品名，是触发后能双向导通的一类电子器件的统称，以前，该类器件称为双向晶闸管或双向三极管（bidirectional triode thyristor or bilateral triode）。TRIAC 的双向导通特性使其非常适宜用做交流开关，这种开关也可以用于控制较大功率的电路。

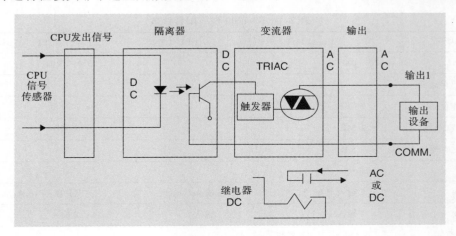

图 2-5　数字输出模块

2.1.6　供电电源

供电电源的主要功能是将 120/220 V 交流电转换成 PLC 需求的 24 V 直流电。电源主要包括 3 个主要部件：线路滤波器、整流器和电压调节器。线路滤波器的作用是滤除交流电源电压中的谐波成分而得到平滑的正弦波。整流器是将降压的交流电压转换成合适幅值的直流电压。电压调节器的作用是保证输出直流电压的恒定。图 2-6 所示为 S7-1200 的供电电源。

图 2-6　S7-1200 供电电源

2.1.7　S7-1200 PLC 存储器配置

S7-1200 PLC 的设计初衷是以紧凑的尺寸和有限的资源实现优越的性能。表 2-1 所示为 S7-1200 PLC 的具体配置参数。

表 2-1　S7-1200 PLC 配置参数

项目	CPU 1211C	CPU 1212C	CPU 1214C
尺寸/mm	90×100×75		110×100×75
用户存储器			
・工作存储器	・25 KB		・50 KB
・装载存储器	・1 MB		・2 MB
・记忆存储器	・2 KB		・2 KB
I/O 端口			
・数字	・6 输入/4 输出	・8 输入/6 输出	・14 输入/10 输出
・模拟	・2 输入	・2 输入	・2 输入
I/O 映射空间	1 KB 输入，1 KB 输出		
信号模块扩展	None	2	8
信号板	1		
通信模块	3（左侧扩展）		
高速计数器	3	4	6
・单端	・3 个 100 kHz	・3 个 100 kHz	・3 个 100 kHz
		・1 个 30 kHz	・3 个 30 kHz
・正交	・3 个 80 kHz	・3 个 80 kHz	・3 个 80 kHz
		・1 个 20 kHz	・3 个 20 kHz
脉冲输出	2		
存储卡	SIMATIC 存储卡（可选）		
非易失实时时钟	一般 10 天/40 ℃时 6 天		
PROFINET	1 Ethernet 通信接口		
数学指令执行速度	18 μs/条指令		
布尔指令执行速度	0.1 μs/条指令		

2.1.8　存储器地址及程序存储

本节简要介绍西门子 S7-1200 PLC 处理器的存储器结构。该节也包含利用功能模块实现结构化程序设计的概念。

存储空间

处理器的存储空间（memory area）分为 3 部分：装载存储器、工作存储器、记忆存储器。如图 2-7 所示，每一部分都存有用户程序、用户数据和配置数据。以下是对这 3 部分存储空间的简单描述。

- 装载存储器是一种非易失性存储器，主要用于保存用户程序、用户数据以及配置数据。
- 工作存储器是一种易失性存储器，用于存储程序执行过程中的一些中间变量。
- 记忆存储器也是一种非易失性存储器，用于存储工作存储器中有限数量的数据。

存储器分区

如图 2-8 所示，存储器分区（memory map）是以数据文件的形式来表示的，每个数据文件都包括一个操作数和一个标志，标志如 I-输入、Q-输出、M-比特存储器，而操作数是以存储器的绝对地址来表示的。

文件类型	
I	输入
Q	输出
M	比特存储器
DB	数据块

图 2-7　存储空间　　　　　图 2-8　存储器分区

存储器地址

图 2-9 所示为 CPU 可以访问的存储器地址类型，其他地址类型的形式一样。

输出接口地址格式

图 2-10 所示为单个输出接口的地址格式。

程序块

CPU 支持如下类型的程序块，用户可利用这些程序块创建高效的模块化程序。

- 结构块（organization blocks，OB）用于定义一个程序的结构。
- 功能块（function blocks，FB）中包含一项特定任务的程序代码，该任务可被频繁调用执行，也可依需求执行。
- 数据块（data blocks，DB）用于存储可被不同程序块调用的数据。

以下是西门子 PLC 程序块的应用例子，这些程序块常用于用户过程控制项目的结构化程序设计。

- 重复执行 OBs 在 CPU 运行时会一遍遍地重复执行。OB1 是默认的结构块，其他的结构块必须从 OB200 开始使用。
- 启动 OBs 在 CPU 工作状态由停止转到运行时会被执行一次。启动 OBs 中的全部代码仅被执行一次，例如参数初始化程序、硬件模块配置程序等。
- 延时（time-delay）OBs 在中断起始（SRT _ DINT）指令之后被调用执行。
- 周期中断（cyclic-interrupt）OBs 在特定的时间被调用执行，一个周期中断 OB 将以用户定义的时间间隔中断循环执行的程序。

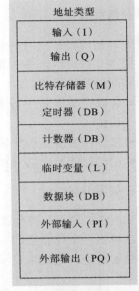

图 2-9 CPU 存储器地址类型

子程序（在其他程序设计语言中也被称为步骤、功能、例行程序、方法、辅程序等）是整个程序中的用于完成特定任务且相对独立的一段程序。子程序类似如前所述西门子 PLC 的 OBs 或 FCs。子程序可在主程序执行的任何时刻被调用，且可多次调用，主程序在子程序执行完成后将返回调用指令的下一行继续运行。以下是子程序的应用例子：

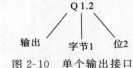

图 2-10 单个输出接口
地址格式

- 特殊处理流程子程序。
- 系统启动初始化子程序。
- 主程序中不同地方需用的通用计算子程序。
- 报警信息和显示信息更新子程序。
- 通信数据和协议参数更新子程序。

PLC 中的功能（functions）模块是一个不需要数据存储的逻辑块，功能模块中的中间变量在执行完成后会自动丢失。图 2-11 所示为一个简单的功能模块，以下详细描述了该功能模块的初始化和执行过程。

当 TAG _ IN 为真时，功能模块 SP _ VALID 被执行，执行完成后将跳到下一个功能模块 OUT _ RANGE，该模块将设定值（SP）与最小值（DS _ LL）、最大值（DS _ HL）进行比较，当设定值超出最小值到最大值的范围时，输出（SP _ OUTSIDE _ LIMIT）为真，功能模块执行结束。

以下三条是添加一个功能模块的步骤，如图 2-12 所示。

1. 点击 "Add new block"。
2. 点击 "Function block"。
3. 输入模块名称。

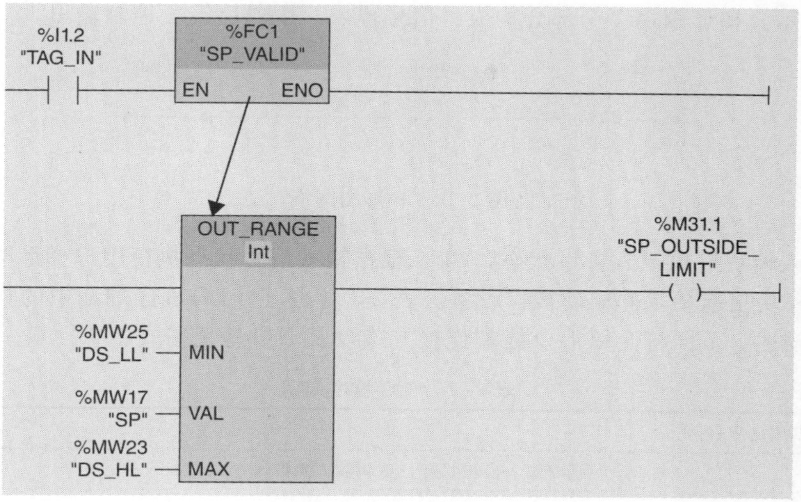

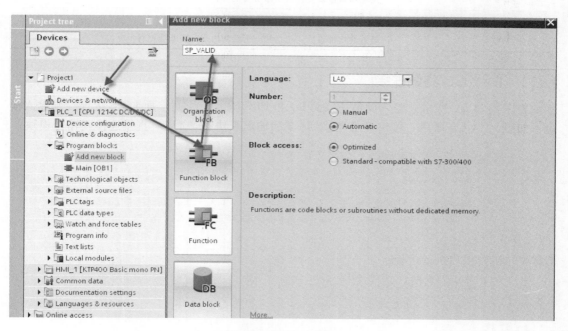

图 2-11　一个简单的功能模块

图 2-12　添加一个功能模块

2.2　梯形图

PLC 程序设计一般以梯形图的方式实现，梯形图类似于硬连接继电器系统的逻辑图。

如图 2-13 所示，梯形图由 3 个部分构成：信号输入、逻辑决策、控制输出。

图 2-13   梯形图网络

PLC 输入模块扫描输入接口状态，CPU 根据输入信号状态执行用户梯形图程序并得到结果，输出模块更新结果并驱动被控设备。表 2-2 汇总了 PLC 程序周期中的扫描过程或相关事件及其描述。下面将介绍 I/O 终端连接方式以及 I/O 地址格式。

表 2-2   PLC 程序周期

程序周期中的事件	描　　　　述
输入扫描	读取输入模块状态，更新输入映像表
程序扫描	执行梯形图程序
输出扫描	用输出映像表内容更新输出模块状态
通信	完成与计算机及其他设备的通信
处理器管理	处理器内部维护，包括状态更新和内部时间基准更新

2.2.1   PLC I/O 终端连接

如图 2-14 a) 所示，输入设备连接到 L1 和 PLC 输入模块间，而 L2 直接连接到输入模块。如图 2-14 b) 所示，输出设备连接到 L2 和输出模块间，而 L1 直接连接到输出模块。

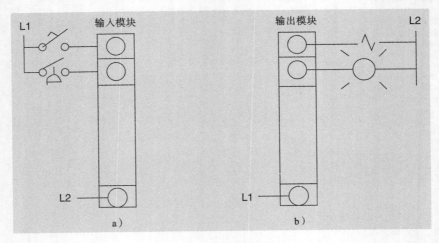

图 2-14   I/O 终端接线

图 2-15 所示为一个简单的逻辑控制梯形图。该图和硬连接继电器逻辑图非常相似。每个输入元件都将被扫描，如果为真（为真表示 PLC 输入映像表中对应的 bit（位）为 1），

则该元件就将维持导通状态。当所有输入元件都为真时，输出将被置 1（ON）。对比图 2-13，图 2-15 中有 2 个输入元件（代表逻辑决策）、1 个线圈（代表控制输出）。梯形图中常用的 3 类元件将在下面介绍。西门子 S7-1200 系统的标记法、硬件以及软件开发工具也将被统一，从而保证本书中所有例子和项目程序的一致性。

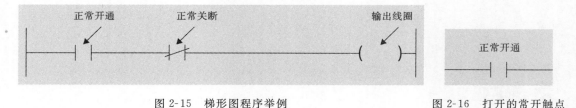

图 2-15　梯形图程序举例　　　　　　图 2-16　打开的常开触点

2.2.2　PLC 布尔指令

常开触点

常开触点（NO）常态是打开的，当输入映像表中对应位置 1 时表示常开触点闭合，电路导通，如图 2-16 所示。

如图 2-17 a）所示，输入设备连接在 L1 和 PLC 输入模块之间，L2 直接连接到输入模块。当开关 SS1 打开时，梯形图中 NO SS1 元件为假（对应映像表 bit（位）清 0）。如图 2-17 b）所示，输入开关闭合，则梯形图中 NO 元件变为真（对应映像表 bit（位）置 1），元件 NO SS1 上的粗实线表示电源导通。

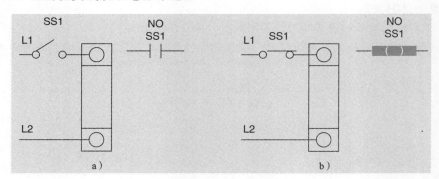

图 2-17　输入设备连接及输入元件状态 1

常闭触点

常闭触点（NC）常态是闭合的，当输入映像表中对应位置 1 时表示常闭触点打开，电路断开，如图 2-18 所示。

如图 2-19 a）所示，输入设备连接在 L1 和 PLC 输入模块之间，L2 直接连接到输入模块。当开关 SS1 打开时，梯形图中 NC SS1 元件为真，粗实线表示电源导通。如图 2-19 b）

所示，输入开关 SS1 闭合，梯形图中 NC SS1 元件为假，从左至右电源不通。

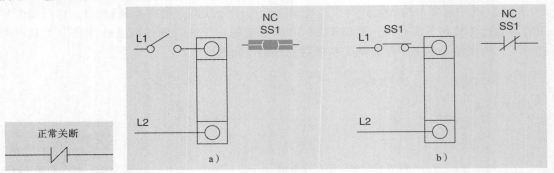

图 2-18　常闭触点　　　　　图 2-19　输入设备连接及输入元件状态 2

输出线圈

　　如果所有输入元件、控制元件都为真，即从左到右的电源接通，则输出元件状态变为真，同时 PLC 输出映像表中对应位置 1。该输出接口外接的执行器回路将在输出线圈为真时导通。每个输出线圈都分配有特定的位地址。除了下面将讨论的置位-复位（set reset，SR）指令外，其他输出线圈的地址都是唯一的。输出线圈对应的位存储单元将在每次梯形图扫描后更新，分为 2 种情况：

- 如果输出线圈对应的位存储单元置 1，则输出线圈得电。
- 如果输出线圈对应的位存储单元清 0，则输出线圈没有电源（见图 2-20）。

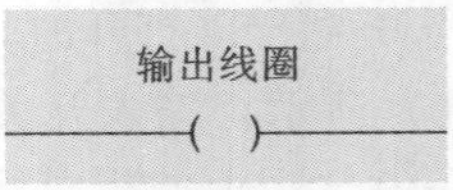

图 2-20　输出线圈

　　图 2-21 所示为常开触点（NO）、常闭触点（NC）、输出线圈（OC）3 种元件及对应的外部连接图。当某元件为真时，粗实线表示该元件为导通状态。

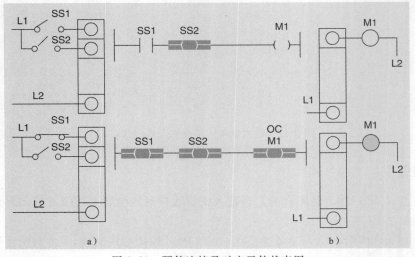

图 2-21　硬件连接及对应元件状态图

2.2.3　移位及循环移位指令

本节将介绍 4 种常用的寄存器移位和循环移位指令：向右移位（SHR）、向左移位（SHL）、循环向右移位（ROR）、循环向左移位（ROL）。每个指令元件都有 IN（输入）、OUT（输出）、EN（使能输入）、ENO（使能输出） 4 个标记，外加 1 个移位位数输入标记 N。

向右移位（SHR）指令

图 2-22 所示为向右移位（SHR）指令元件。

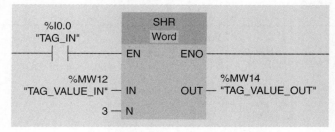

图 2-22　向右移位（SHR）指令元件

当 TAG _ IN 为真时，向右移位（SHR）指令将被执行，TAG _ VALUE _ IN 的值将向右移 3 位。指令执行结果将从 TAG _ VALUE _ OUT 输出。例如，当 TAG _ VALUE _ IN= 0011 1111 1010 1111 时，指令执行结果为 TAG _ VALUE _ OUT= 0000 0111 1111 0101。

向左移位（SHL）指令

图 2-23 所示为向左移位（SHL）指令元件。

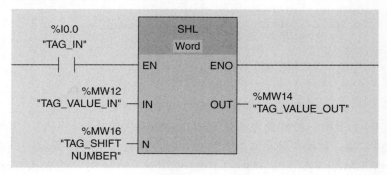

图 2-23　向左移位（SHL）指令元件

当 TAG _ IN 为真时，向左移位（SHL）指令将被执行，TAG _ VALUE _ IN 的值将向左移 4 位，移位位数由无符号整数 TAG _ SHIFT _ NUMBER 指示，该变量当前值为 4。指令执行结果将从 TAG _ VALUE _ OUT 输出。例如，当 TAG _ VALUE _ IN = 0011 1111 1010 1111 时，指令执行结果为 TAG _ VALUE _ OUT = 1111 1010 1111 0000。

循环向右移位（ROR）指令

图 2-24 所示为循环向右移位（ROR）指令元件。

当 TAG_IN 为真时，循环向右移位（ROR）指令将被执行，TAG_VALUE_IN 的值将循环向右移 5 位，移位位数由无符号整数 TAG_ROR_NUMBER 指示，该变量当前值为 5。指令执行结果将从 TAG_VALUE_OUT 输出。例如，当 TAG_VALUE_IN = 0000 1111 1001 0011 时，指令执行结果为 TAG_VALUE_OUT = 1001 1000 0111 1100。

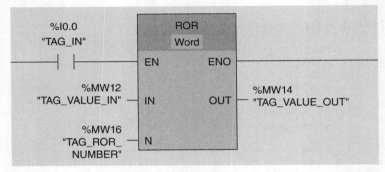

图 2-24　循环向右移位（ROR）指令元件

循环向左移位（ROL）指令

图 2-25 所示为循环向左移位（ROL）指令元件。

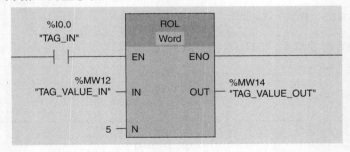

图 2-25　循环向左移位（ROL）指令元件

当 TAG_IN 为真时，循环向左移位（ROL）指令将被执行，TAG_VALUE_IN 的值将循环向左移 5 位，移位位数由常数 5 给出。指令执行结果将从 TAG_VALUE_OUT 输出。例如，当 TAG_VALUE_IN = 1010 1000 1111 0110 时，指令执行结果为 TAG_VALUE_OUT = 0001 1110 1101 0101。

2.2.4　程序控制指令

本节将详细介绍两条经常使用的程序控制指令。在特定情况下，处理器将中断梯形图的顺序扫描转而执行程序控制指令。这种特定情况与不定时发生的中断事件不同，而是程序执行过程中启动的同步事件。定点跳转、选择跳转以及功能调用将在本节详细介绍。

定点跳转指令

程序控制指令的功能之一就是中断程序正常的顺序执行转而执行另一程序，完成后再返回中断处继续执行。跳转目的程序往往用一个跳转标志来标识。诸如跳转之类的程序控制指令是必需的，因为它们能根据用户预设逻辑或实时情况改变程序流向。图 2-26 所示的截屏展示了定点跳转指令的应用例子，该例子包含在西门子 S7-1200 PLC 系统的文档中。

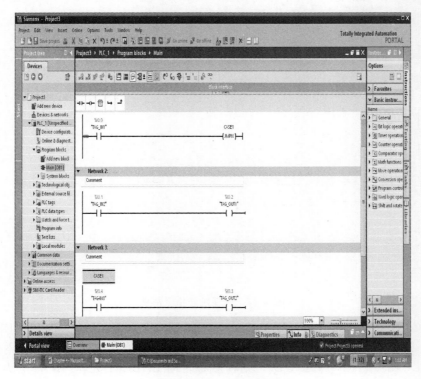

图 2-26　定点跳转指令举例

当 TAG＿IN1 为真时，定点跳转指令 JMP 将被执行。正常的顺序执行将被中断，程序将直接跳转到 CASE1 的位置开始执行。此时，如果 TAG＿IN3 置位，则输出 TAG＿OUT 2 将置位，而 Network 2 将被忽略，输出 TAG＿OUT1 的状态保持不变。

选择跳转指令

选择跳转指令为用户提供了控制程序转向 DEST0、DEST1 及 ELSE 端口连接的程序标志。在图 2-27 中，LABEL0、LABEL1、LABEL2 程序标志分配给了选择跳转指令的目的地址端口。用户可以为选择跳转指令的每个输入选择＝、＞、＜ 3 个比较符中的 1 个。输入 TAG＿VALUE1 和输入 TAG＿VALUE2 将分别与输入 TAG＿VALUE 进行比较，比较结果将决定程序是流向 LABEL0、LABEL1 还是 LABEL2。

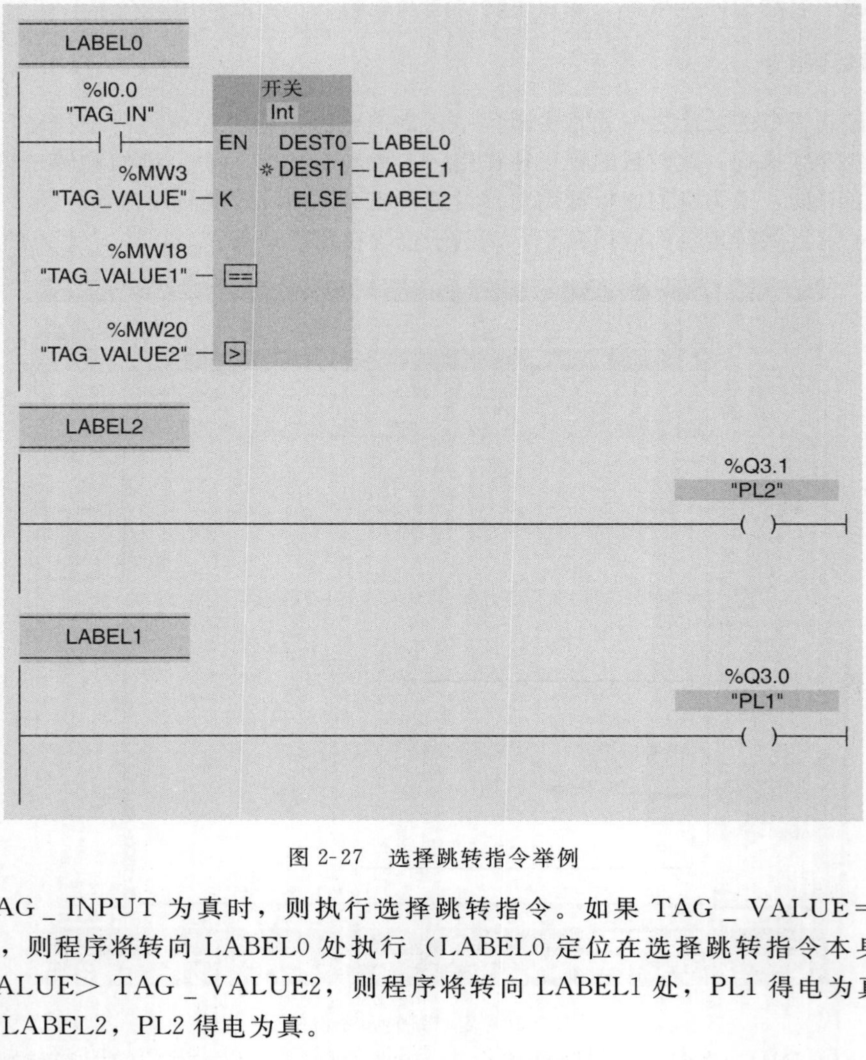

图 2-27　选择跳转指令举例

当 TAG ＿ INPUT 为真时，则执行选择跳转指令。如果 TAG ＿ VALUE ＝ TAG ＿ VALUE1，则程序将转向 LABEL0 处执行（LABEL0 定位在选择跳转指令本身）。如果 TAG ＿ VALUE ＞ TAG ＿ VALUE2，则程序将转向 LABEL1 处，PL1 得电为真。否则，程序转向 LABEL2，PL2 得电为真。

2.3　顺序逻辑和组合逻辑指令

本节将重点讨论顺序逻辑指令和组合逻辑指令，也将介绍置位－复位（SR）、置位（S）、复位（R）、上升沿（P）以及下降沿（N）指令。最后将介绍常用的组合逻辑指令以及简单的梯形图逻辑基础。

2.3.1　置位-复位触发指令

置位-复位触发逻辑指令是 PLC 中实现继电器闭锁和解锁的指令。当输入 PB1 和 PB2

同时清 0 时，输出 S 处于保持状态，锁定当前输出状态不变。当输入 PB1 置位且输入 PB2 清 0 时，输出 S 将置 1（输出 R 清 0）。当输入 PB1 清 0 且输入 PB2 置位时，输出 S 将清 0（输出 R 置 1）。输入 PB1 和 PB2 同时置位是一种无效状态（SR 触发器的一种禁止状态），实际中应避免使用（硬件开关应对此状态互锁）。图 2-28 所示为 SR 逻辑及 PLC 梯形图。按下输入按钮 PB1，则输出 S 置 1，输出 R 清 0，PL 得电变亮，如图 2-28 中阴影圆环所示。若想关掉 PL，则需按下 PB2 按钮。

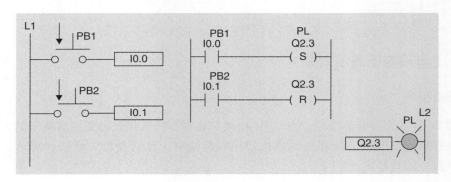

图 2-28

2.3.2　置位、复位输出指令

置位输出指令（S）

当置位输出指令前的控制逻辑都为真时，置位输出指令执行（置位输出指令 S 线圈得电）。当置位指令前的控制逻辑为假时，置位输出指令 S 线圈保持前一状态。置位输出指令 S 线圈置位后的得电状态可以通过执行复位指令来清除，如图 2-29 所示。

复位输出指令（R）

当复位输出指令前的控制逻辑都为真时，复位输出指令执行（复位输出指令 R 线圈得电，S 线圈复位）。当复位指令前的控制逻辑为假时，复位输出指令 R 线圈保持前一状态，如图 2-30 所示。

图 2-29　置位输出指令　　　　图 2-30　复位输出指令

图 2-31 所示为置位、复位指令执行时的时序图。需要注意的是，S 和 R 不能同时有效（置 1）。图中的 O 代表输入 R 和输入 S 不同状态下的输出结果。

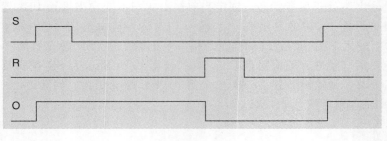

图 2-31

2.3.3　上升沿与下降沿指令

上升沿指令

图 2-32 所示为上升沿指令，当 CPU 扫描到该指令输入接口由低到高跳变的上升沿时，该指令触点导通（置 1），并保持到本次扫描周期结束，然后复位（断开，清 0）。图 2-33 所示为该指令的时序图。

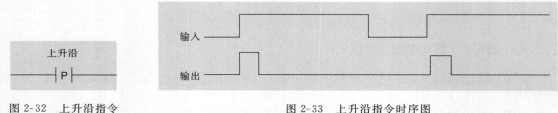

图 2-32　上升沿指令　　　　　　　　　图 2-33　上升沿指令时序图

下降沿指令

当 CPU 扫描到该指令输入接口由高到低跳变的下降沿时，该指令触点导通（置 1），并保持到本次扫描周期结束，然后复位（断开，清 0）。图 2-34 所示为该指令的时序图。

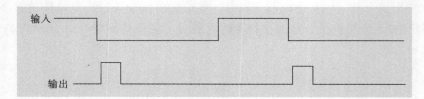

图 2-34　下降沿指令时序图

需要特别注意的是，上升沿指令和下降沿指令与其他触点开关不同，其触点只能在整个程序中的某个位置出现 1 次，因为上升沿指令和下降沿指令对应的位存储单元会被其他数据覆盖。

2.3.4　逻辑门和真值表

数字逻辑系统可分为两大类：组合逻辑和时序逻辑。组合逻辑由 AND、OR、NOT、NAND、NOR、XOR 及 XNOR 基本逻辑门组成。2.3.3 节包含了顺序逻辑指令的内容。这些逻辑门指令将贯穿本书内容的始终，以下将具体介绍。

AND 逻辑门

AND 逻辑也称为与逻辑。当输入全部为真时，输出为真，否则输出为假，如图 2-35 所示。

真值表可以给出逻辑门或逻辑功能模块在所有可能输入组合下对应的输出。表 2-3 所示为 2 输入 AND 门的真值表。乘积符号（·）为 AND 门的运算符。

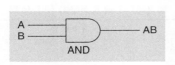

图 2-35　AND 逻辑门

表 2-3　2 输入 AND 门的真值表

AND 门逻辑表		
A	B	A · B
0	0	0
0	1	0
1	0	0
1	1	1

OR 逻辑门

OR 逻辑也称或逻辑。当所有输入都为假时，输出为假，否则输出为真。加号（＋）是 OR 逻辑的布尔操作符（boolean operator），如图 2-36 所示。

表 2-4 所示为 2 输入 OR 逻辑门的真值表。

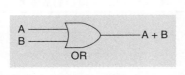

图 2-36　OR 逻辑门

表 2-4　2 输入 OR 门的真值表

OR 门逻辑表		
A	B	A+B
0	0	0
0	1	1
1	0	1
1	1	1

NOT 逻辑门

NOT 逻辑门也称非门。NOT 逻辑门的输出正好是输入的逻辑取反，如图 2-37 所示。

表 2-5 所示为 NOT 逻辑门的真值表。如果 NOT 的输入标记为 A，则取反的输出称为 A NOT（A 非）。A NOT 常常表示为 A' 或 $\overline{A}$，如逻辑门的输出端所示。

表 2-5   NOT 逻辑门的真值表

NOT 门逻辑表	
A	A′
0	1
1	0

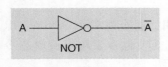

图 2-37   NOT 逻辑门

NAND 逻辑门

NAND 逻辑门也称为与非门。当所有输入都为真时，输出为假，否则输出为真。NAND 逻辑门等效于 AND 门与 NOT 门的串联组合，如图 2-38 所示。

表 2-6 为 2 输入 NAND 逻辑门的真值表。

表 2-6   2 输入 NAND 门真值表

NAND 门逻辑表		
A	B	(A · B)′
0	0	1
0	1	1
1	0	1
1	1	0

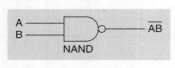

图 2-38   NAND 逻辑门

NOR 逻辑门

NOR 逻辑门也称为或非门。当所有输入都为假时，输出为真，否则输出为假，如图 2-39 所示。

表 2-7 为 NOR 逻辑门的真值表。NOR 门等效于 OR 门和 NOT 门的串联组合。

表 2-7   NOR 逻辑门的真值表

NOR 门逻辑表		
A	B	(A+B)′
0	0	1
0	1	0
1	0	0
1	1	0

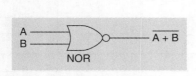

图 2-39   NOR 逻辑门

XOR 逻辑门

XOR 逻辑门也称为异或门。当两输入电平不同时，输出为真，否则输出为假。符号（⊕）为 XOR 逻辑门的运算符，如图 2-40 所示。

表 2-8 为 XOR 逻辑门的真值表。

表 2-8　XOR 逻辑门的真值表

XOR 门逻辑表		
A	B	A⊕B
0	0	0
0	1	1
1	0	1
1	1	0

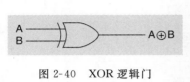

图 2-40　XOR 逻辑门

XNOR 逻辑门

XNOR 逻辑门也称为同或门。当两输入电平相同时，输出为真，否则输出为假。符号 $\overline{(A \oplus B)}$ 为 XNOR 逻辑门的运算符，如图 2-41 所示。

表 2-9 为 XNOR 逻辑门的真值表。

表 2-9　XNOR 逻辑门的真值表

XNOR 门逻辑表		
A	B	(A⊕B)'
0	0	1
0	1	0
1	0	0
1	1	1

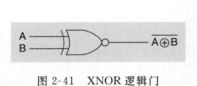

图 2-41　XNOR 逻辑门

表 2-10 所示为以上介绍逻辑门真值表的汇总。除 NOT 逻辑门外，其余逻辑门都以 2 输入为例。在一些文献中，XOR 和 EXOR、XNOR 和 EXNOR 是可互换的。

表 2-10　逻辑门真值表汇总

		输入		输出					
非门		A	B	与	与非	或	或非	异或	异或非
A	$\overline{A}$	0	0	0	1	0	1	0	1
0	1	0	1	0	1	1	0	1	0
1	0	1	0	0	1	1	0	1	0
		1	1	1	0	1	0	0	1

表 2-11 所示为 PLC 逻辑描述中所用到的 7 种逻辑门的表示符号。

PLC 梯形图程序即是用触点（输入）和线圈（输出）对逻辑等式的图形表达。梯形图就是为了保持与继电器逻辑图的相似性才采用这种图形连接的程序设计方式。梯形图和继电器逻辑图都是从左侧电源线开始到右侧电源线结束的。

表 2-11   逻辑门表示符号

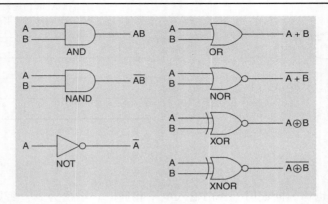

2.3.5   组合逻辑指令

本节将介绍 S7-1200 PLC 常用的逻辑指令。更多指令及其详情请参考西门子在线手册。

取反操作指令

取反操作指令的作用是将一行梯形逻辑图的运算结果（rung logic operation，RLO）取反，并将其赋予一个特定的操作数。当线圈输入处的 RLO 值为 1 的，则结果清 0。当线圈输入处的 RLO 值为 0 时，则结果置 1。该指令不会影响 RLO 的执行，只对其结果取反，如图 2-42 所示。

AND 逻辑指令

AND 逻辑指令的输入 IN1 和 IN2 可以是 2 个字节、字或者双字，OUT 接口输出逐位相与后的结果。图 2-43 所示为 AND 逻辑指令。当 TAG_IN 为真时，AND 逻辑指令即按照表 2-12 所示的方式进行逐位 AND 逻辑运算。TAG_VALUE1 和 TAG_VALUE2 为两输入端，TAG_RESULT 为输出端。

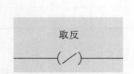

图 2-42   取反操作指令

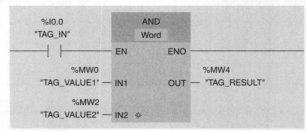

图 2-43   AND 逻辑指令

表 2-12　AND 逻辑指令运算举例

参数	名称	值
IN1	TAG_VALUE1	01010101 01010101
IN2	TAG_VALUE2	00000001 00001111
OUT	TAG_RESULT	00000001 00000111

OR 逻辑指令

　　OR 逻辑指令的输入 IN1 和 IN2 也可以是 2 个字节、字或者双字，OUT 接口输出逐位相或后的结果。图 2-44 所示为 OR 逻辑指令。

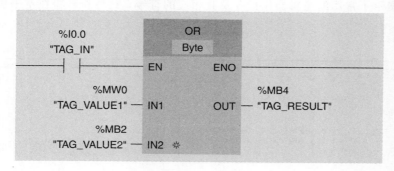

图 2-44　OR 逻辑指令

　　表 2-13 所示为 OR 逻辑指令的运算举例，当 TAG_IN 为真时，OR 逻辑指令即进行逐位 OR 逻辑运算。TAG_VALUE1 和 TAG_VALUE2 为两输入端，TAG_RESULT 为输出端。

表 2-13　OR 逻辑指令运算举例

参数	名称	值
IN1	TAG_VALUE1	01010101
IN2	TAG_VALUE2	00001111
OUT	TAG_RESULT	01011111

XOR 逻辑指令

　　XOR 逻辑指令的输入 IN1 和 IN2 也可以是 2 个字节、字或者双字，OUT 接口输出逐位异或后的结果。图 2-45 所示为 XOR 逻辑指令。

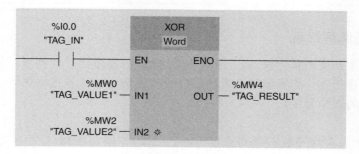

图 2-45　XOR 逻辑指令

当 TAG_IN 为真时，XOR 逻辑指令即进行逐位异或逻辑运算。TAG_VALUE1 和 TAG_VALUE2 为两输入端，TAG_RESULT 为输出端。表 2-14 所示为 2 个字节（1 个字）的 XOR 逻辑指令运算举例。

表 2-14　梯形图逻辑指令符号

参数	名称	值
IN1	TAG_VALUE1	00010001 01000101
IN2	TAG_VALUE2	00000001 01001101
OUT	TAG_RESULT	00010000 00001000

表 2-15 展示了常用的逻辑操作指令及其相应的符号。这些符号将在本书后续章节经常用到。

表 2-15

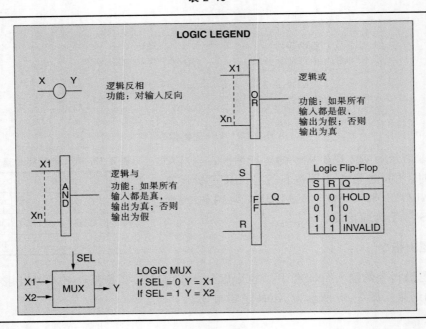

2.3.6　梯形图编程举例

本节将从实用角度列举一些西门子 S7-1200 梯形图程序设计的例子，例中会涉及本章已经介绍过的程序指令。作者鼓励读者利用合适的教学套件练习这些例子（例如本书采用的如图1-29所示的教学套件）。

【例 2-1】

图 2-46 所示为由常开触点（NO）、常闭触点（NC）与输出线圈（OC）实现的 AND 逻辑、OR 逻辑、XOR 逻辑以及 XNOR 逻辑。该梯形图程序用到 2 个输入开关（SW1、SW2）和 4 个输出线圈（AND_LOGIC、OR_LOGIC、XOR_LOGIC 及 XNOR_LOGIC）。

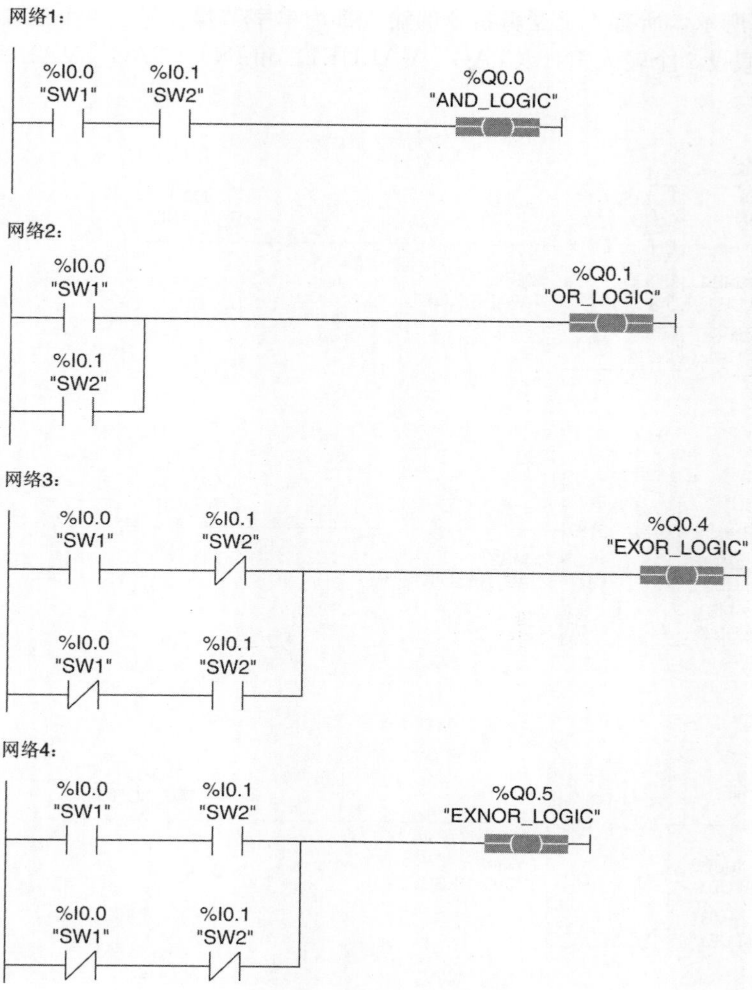

网络1:

网络2:

网络3:

网络4:

图 2-46 位组合逻辑指令梯形图

以下是对该梯形图程序的执行过程分析。

- 当开关 SW1 和 SW2 闭合时，对应常开触点为真，输出线圈 AND _ LOGIC 得电，表示 AND 逻辑执行结果。
- 当开关 SW1 和 SW2 都闭合或者其一闭合时，至少有 1 个常开触点为真，输出线圈 OR _ LOGIC 得电，表示 OR 逻辑执行结果。
- 当开关 SW1 和 SW2 状态不同时,输出线圈 XOR_LOGIC 得电,表示 XOR 逻辑执行结果。
- 当开关 SW1 和 SW2 状态相同时,输出线圈 XNOR_LOGIC 得电,表示 XNOR 逻辑执行结果。

【例 2-2】

AND 逻辑、OR 逻辑、XOR 逻辑以及 XNOR 逻辑同样可以对 2 个字节操作数进行运算。如图 2-47 所示，所有 4 个逻辑指令的输入都为单字节操作数。4 个逻辑指令构成整个梯形图程序。假设 2 个输入 IN1（TAG_VALUE1）和 IN2（TAG_VALUE2）分别为十进制数 2 和 3。

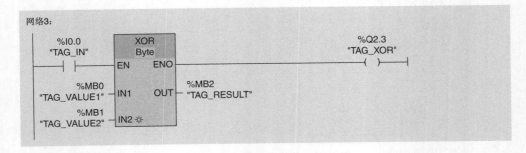

图 2-47 字节组合逻辑操作指令

以下是对该梯形图程序的执行过程分析。

- 当 TAG_IN 为真时，AND 逻辑将执行，输出（TAG_RESULT）将得到十进制数 2。

- 当 TAG ＿ IN 为真时，OR 逻辑将执行，输出（TAG ＿ RESULT）将得到十进制数 3。
- 当 TAG ＿ IN 为真时，XOR 逻辑将执行，输出（TAG ＿ RESULT）将得到十进制数 1。
- 当 TAG ＿ IN 为真时，XOR 逻辑将执行，取反指令将对 XOR 指令结果逐位取反，等效于 XNOR 指令，输出（TAG ＿ RESULT ＿ XNOR）将得到十进制数－2（8 位有符号数，十六进制为 FE）。

【例 2-3】

本例将通过上升沿逻辑指令说明边沿触发指令的使用方法。图 2-48 所示为上升沿触发逻辑指令的应用例子。上电后，该程序对 4 位寄存器进行初始化清 0 操作，该段程序仅会执行一次。第 4 章将详细介绍 MOV 指令。初始化是计算机系统中最常见的任务，通常在系统上电、复位以及重启的情况下执行。边沿指令将触发一次扫描。

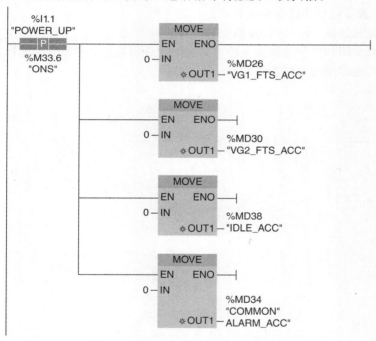

图 2-48 上升沿逻辑指令应用实例

习题与实验

 习题

2.1 在工业自动化中使用 PLC 的主要优点有哪些？

2.2 画一个 PLC 的功能模块图，简述每个组成部分的作用及其与其他部分的相互关系。

2.3 描述 PLC 数字输入模块、数字输出模块和供电电源的功能。

2.4   列表并解释 PLC（CPU/processor）的工作模式。

2.5   给出下面术语的定义：

    a. 程序扫描；

    b. 地址；

    c. 指令。

2.6   参考图 2-4，解释数字输入模块是如何将 120 V 交流电转换为 TTL 低压的。

2.7   以下各项的区别是什么？

    a. 程序循环结构块（OBs）和启动 OB；

    b. 功能（FCs）和功能块（FBs）。

2.8   解释常开、常闭和输出充电指令是如何工作的。

2.9   PLC 中电源供应模块的作用是什么？

2.10   列出电源开始供电时 CPU 要执行的任务。

2.11   解释输出线圈和置位输出指令的不同之处，分别是什么导致它们输出相反的值。

2.12   写出下列逻辑图的布尔方程。

    a. 图 2-49。

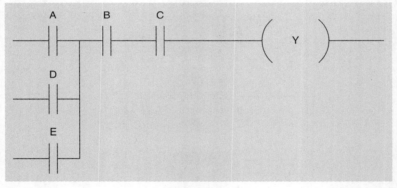

图 2-49

    b. 图 2-50。

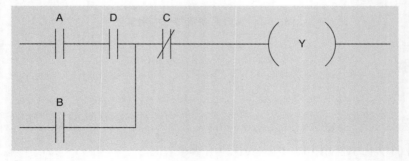

图 2-50

2.13　列出图 2-51 中启动电机 M 所需要的条件。

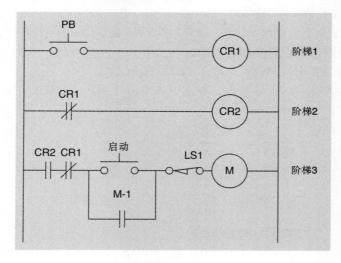

图 2-51

2.14　将下列逻辑图转换为阶梯逻辑图。

a. 图 2-52。

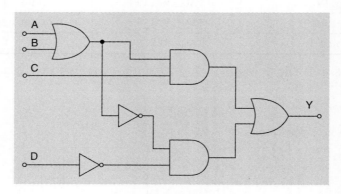

图 2-52

b. 图 2-53。

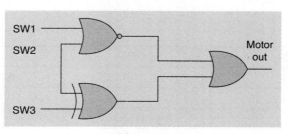

图 2-53

2.15 根据下面的布尔方程画出阶梯逻辑图。

SV＝（SW1＋SW2）（SW3）

其中，SV 是 1 个电磁阀，SW1、SW2 和 SW3 是 3 个 ON/OFF 开关。

2.16 制作出下面布尔方程的阶梯逻辑图。

(SW1．SW2)' ＋（SW3）＝PL1 (pilot light 1)

2.17 根据图 2-54 中的 AND 字指令，完成下表中的 TAG_RESULT 字。

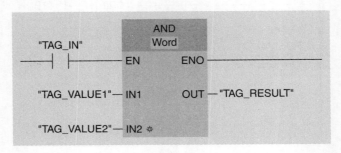

图 2-54

参数	名称	值
IN1	TAG_VALUE1	01010101 11010101
IN2	TAG_VALUE2	01010001 10101011
OUT	TAG_RESULT	

2.18 根据图 2-55 中的 OR 字节指令，完成下表中的 TAG_RESULT 字节。

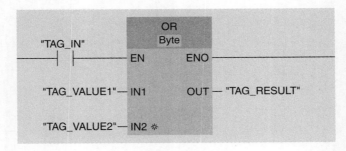

图 2-55

参数	名称	值
IN1	TAG_VALUE1	01010110
IN2	TAG_VALUE2	10011110
OUT	TAG_RESULT	

2.19　根据图 2-56 中的 XOR 字指令，完成下表中的 TAG ＿ RESULT 字。

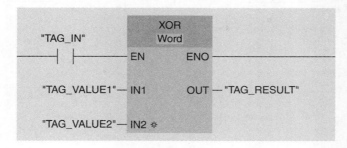

图 2-56

参数	名称	值
IN1	TAG ＿ VALUE1	11010101 01010110
IN2	TAG ＿ VALUE2	01000001 00101111
OUT	TAG ＿ RESULT	

2.20　根据图 2-57 中的 SHR 字指令，完成下表中的 TAG ＿ RESULT 字。

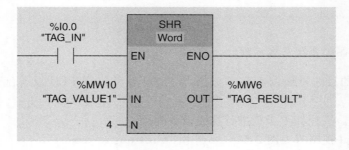

图 2-57

参数	名称	值
IN1	TAG ＿ VALUE1	11010101 01010110
N	4	
OUT	TAG ＿ RESULT	

2.21　将 2.20 题换成 ROR 和 ROL，重新解题。

2.22　写出如何通过逻辑操作指令形成一个网络来清除 MW5 字的最高有效位。

2.23　写出如何通过逻辑操作指令形成一个网络来置位 MW1 字的最高有效位。

2.24　解释置位和复位输出指令，并完成图 2-58 中的时序图，假设输出（O）初始值是高电平。

2.25　解释上升沿指令，并完成图 2-59 中的时序图，假设输出初始值是低电平。

2.26　使用位逻辑指令搭建网络来运行逻辑 NAND 和逻辑 EXCLUSIVE NOR 指令。

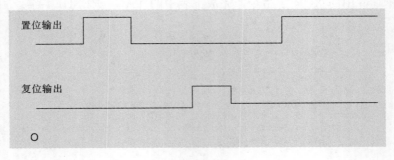

图 2-58

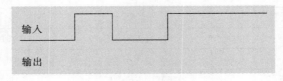

图 2-59

 实验

【**实验 2.1**】   设备配置和在线编程

　　练习本实验的目的是使读者熟悉使用 S7-1200 软件进行 PLC 设备配置和在线编程的步骤。

　　1）在线模式。按照如下步骤进行在线设备配置。

- 在 portal 视图（见图 2-60）中点击 "Create new project"。
- 输入项目名称，然后双击 "Create"（见图 2-61）。
- 点击 "Write PLC program"，然后点击 "Main"（见图 2-62）。
- 在 Project 视图中点击 "Add new device"，并从菜单中选择相应的 PLC 系列（见图 2-63）。
- 在 Catalog 菜单下，选择正确的数字输入（DI）模块（见图 2-64）。PLC 处理器模块上的数字 I/O 不需要进行设置。
- 在 Catalog 菜单下，选择正确的数字输出（DO）模块（见图 2-65）。不要对 PLC 处理器模块的 I/O 进行配置。
- 输入以下网络以实现 4 个组合逻辑（AND、OR、XOR 和 XNOR）。图 2-66 设置了 2 个输入开关（SW1 和 SW2）和 4 个输出线圈（AND_LOGIC、OR_LOGIC、EXOR_LOGIC 和 EXNOR_LOGIC）。

　　2）在线视图。浏览 PLC S7-1200 处理器内存中的程序并查找故障，编程终端节点必须和 PLC 处理器通信。以下是实现上述功能的典型步骤。

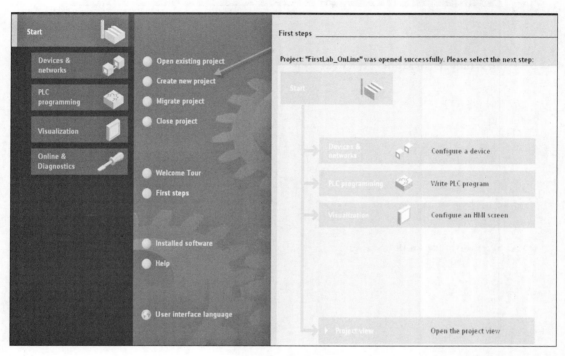

图 2-60

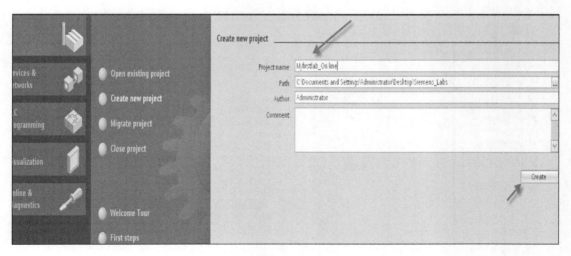

图 2-61

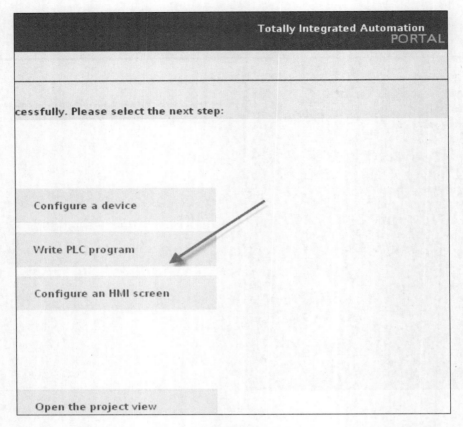

图 2-62

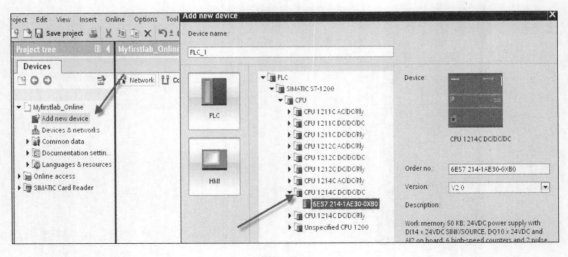

图 2-63

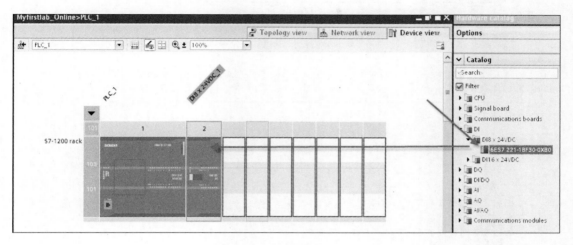

图 2-64

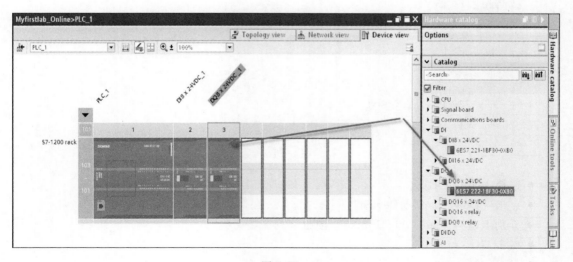

图 2-65

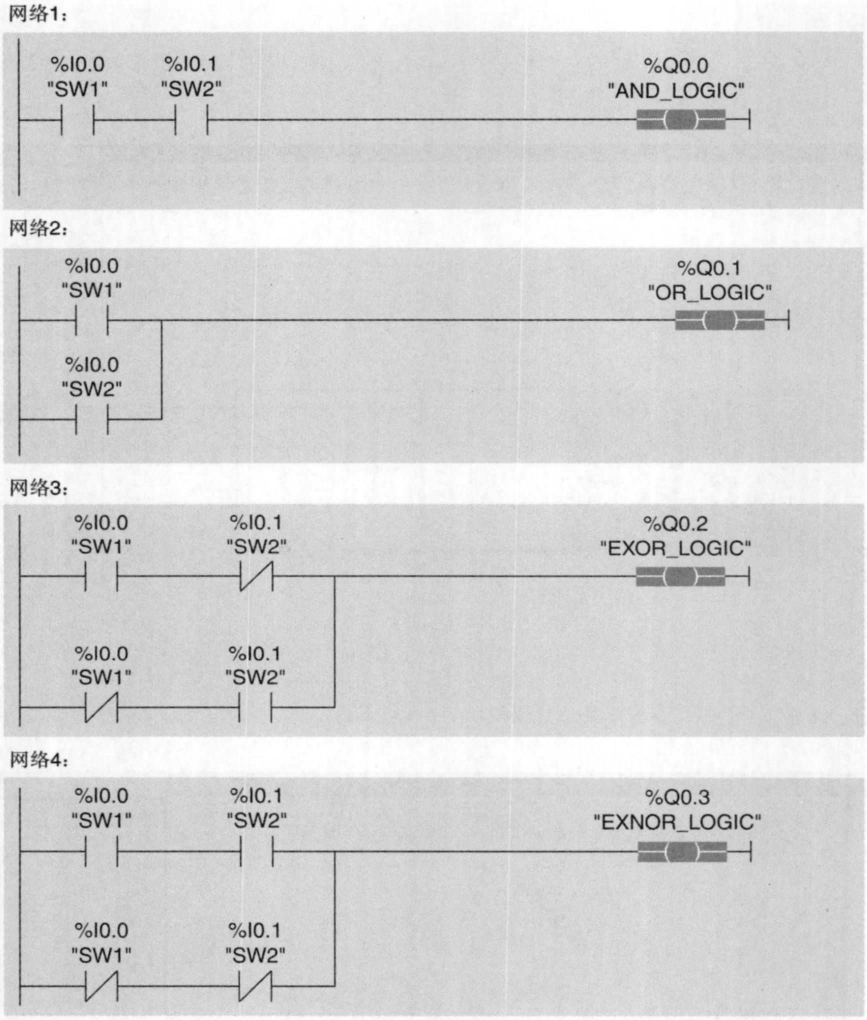

网络1:

%I0.0   %I0.1   %Q0.0
"SW1"   "SW2"   "AND_LOGIC"
──┤ ├──────────┤ ├──( )──

网络2:

%I0.0   %Q0.1
"SW1"   "OR_LOGIC"
──┤ ├──────┬──( )──
           │
%I0.0   │
"SW2"   │
──┤ ├──────┘

网络3:

%I0.0   %I0.1   %Q0.2
"SW1"   "SW2"   "EXOR_LOGIC"
──┤ ├──────────┤/├──────┬───────────────────────────────────────( )──
                        │
%I0.0   %I0.1   │
"SW1"   "SW2"   │
──┤/├──────────┤ ├──────┘

网络4:

%I0.0   %I0.1   %Q0.3
"SW1"   "SW2"   "EXNOR_LOGIC"
──┤ ├──────────┤ ├──────┬──( )──
                        │
%I0.0   %I0.1   │
"SW1"   "SW2"   │
──┤/├──────────┤/├──────┘

图 2-66

- 选择 Main［OB1］。
- 点击 "Download to Device"。
- 分别点击 "Load" 和 "Finish" 按钮（见图 2-67）。
- 点击 "Go online"。
- 点击 "Monitoring" ON/OFF 按钮（见图 2-68）。
- 关闭教学系统或西门子仿真器中的 SW1，观察图 2-69 中的逻辑。
- 使用或仿真 SW1 和 SW2 来检查所有逻辑。

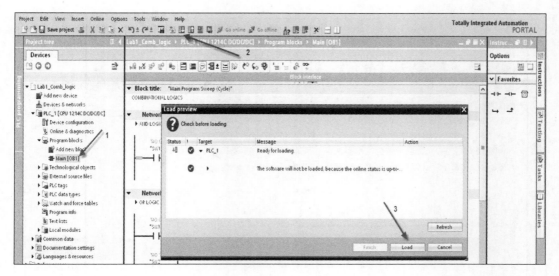

图 2-67

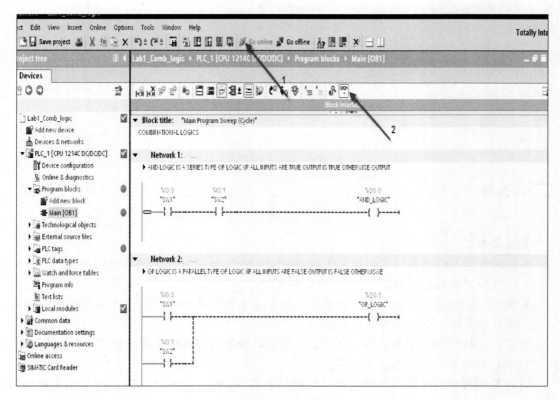

图 2-68

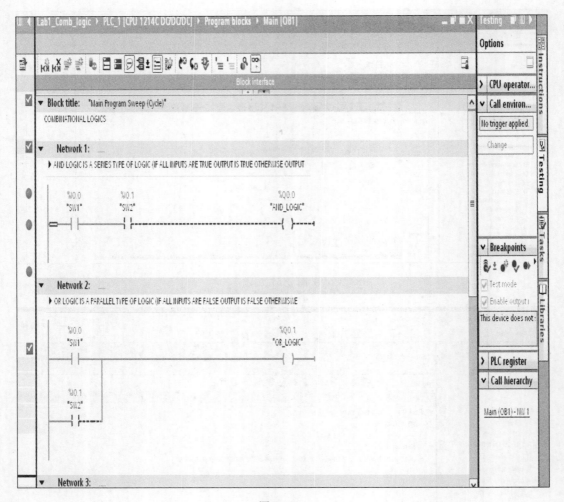

图 2-69

实验要求

● 使用教学系统或西门子仿真器中的 SW1 和 SW2 来仿真 4 个网络逻辑的输入，并确认逻辑功能是否正确。

● 使用字逻辑指令重复 4 个逻辑操作。在上述字逻辑指令中，为 2 个操作数和运算结果分别分配 1 个字节存储空间。

注意：在按照第 2 个要求加入余下的函数后，所形成的网络应该类似图 2-70 所示的结构，只不过是用 4 个独立的函数实现。

可以看到所有的逻辑函数都使用了同样的标签（TAG_RESULT），这是因为应用的互锁只允许用户在某一时刻选择一个函数。本实验实现与（AND）指令的操作步骤和相关视图如图 2-71 所示。

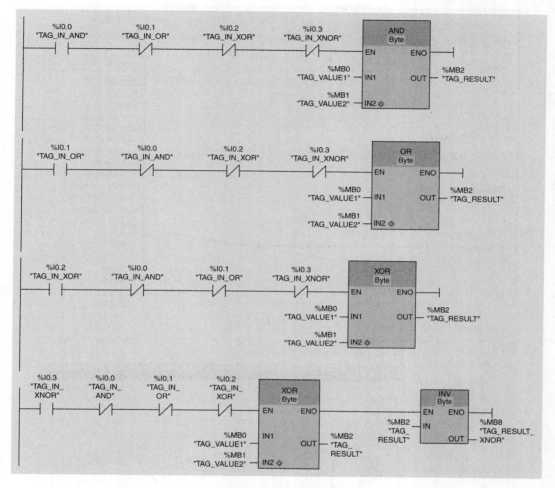

图 2-70　阶梯组合逻辑使用的逻辑指令

【实验 2.2】　结构化编程

本实验的目的是在结构化编程环境下使用字逻辑操作实现实验 2.1 中的组合逻辑函数。如图 2-72 所示，按照下列步骤建立功能（FC）模块。

- 点击 "Add new block"。
- 点击 "Function block"。
- 输入模块名。

在 Project 视图中，按照下列步骤建立标题为 AND、OR、XOR、XNOR 的 4 个函数（见图 2-73）。

- 点击 "Add new block"。
- 在 "Name" 输入框中键入 "AND"。

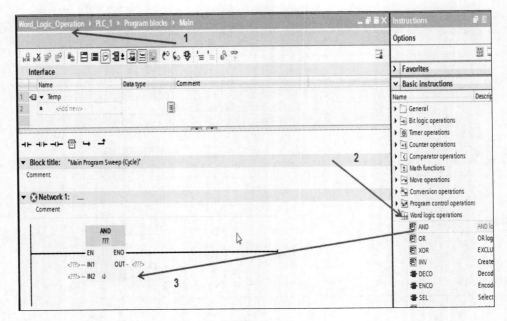

图 2-71

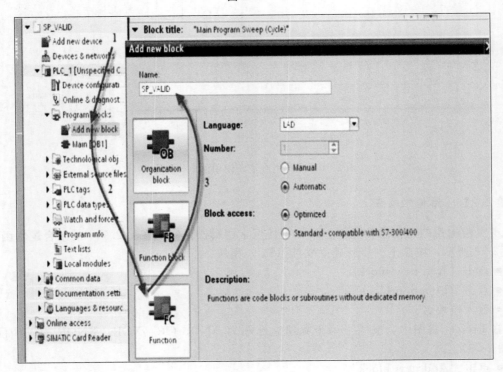

图 2-72

● 点击"Function"。

重复上述步骤建立 OR、XOR 和 XNOR。

在 Project tree 中，拖曳出"AND"函数模块（见图 2-74）。

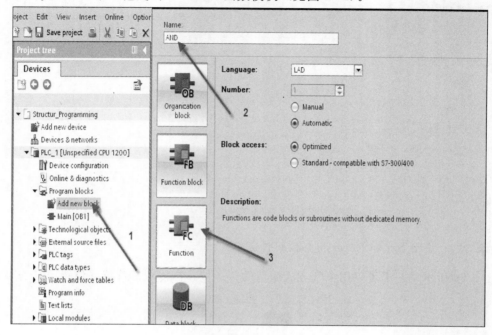

图 2-73

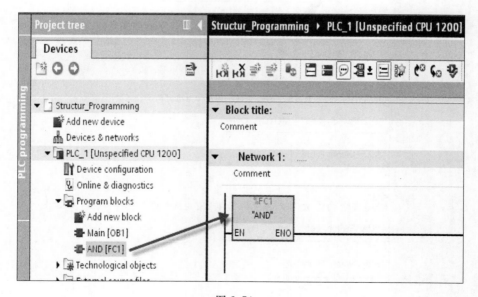

图 2-74

针对 OR、XOR 和 XNOR 操作重复上述步骤。最终的 Organization blocks（OB）应该如图 2-75 所示。

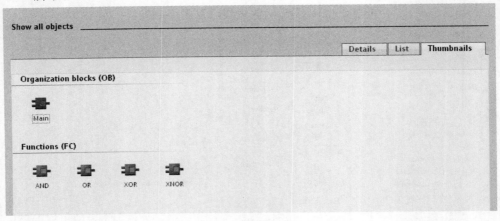

图 2-75

【实验 2.3】   使用 Set 和 Reset 指令控制传送带

图 2-76 所示是一个可以用电气方式激活的传送带。在传送带首端（位置 A）有 2 个按

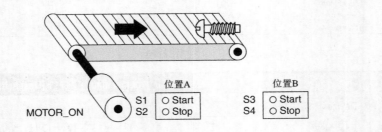

网络1：
当开启开关 "S1" 或 "S3" 被按下时，传送带电机启动。

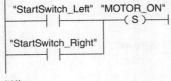

网络2：
当停止开关 "S1" 或 "S3" 被按下时，传送带电机停止。

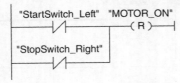

图 2-76

钮开关：S1 为开启按钮，S2 为停止按钮。此外，在传送带的末端（位置 B）有 2 个按钮开关：S3 为开启按钮，S4 为停止按钮。传送带的两端都可以开启或停止传送进程。

实验要求

- 分配和记录所有的 I/O 地址。
- 输入程序。
- 下载并联网。
- 按照之前的详细说明，进行系统检查。
- 记录所写程序。

【**实验 2.4**】　传送带运动方向

图 2-77 是一个装有两个光电屏障（PEB1 和 PEB2）的传送带。光电屏障是用来检测包裹在传送带上的运动方向的。编写一个梯形图逻辑程序来检测皮带运动的方向。两个指示灯（PL _ R）和（PL _ L）用来指示当前运动方向的状态。

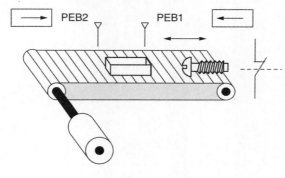

图 2-77

实验要求

- 编写一个梯形图程序来检测传送带运动的方向，并激活两个指示灯之一。
- 使用正边沿设置和重置指令来实现上述任务。记录所编写的程序。
- 下载程序到你的 PLC 硬件或教学系统，或者使用西门子仿真器。检查并调试你的程序。

定时器和计数器程序设计

本章重点介绍西门子S7-1200及其他PLC中常用类型的定时器和计数器。定时器和计数器的基本原理与工作过程将通过实际工业应用例子说明和验证。

本章目标

- 理解定时器的类型、操作及应用；
- 理解计数器的类型、操作及应用；
- 理解主要的和特殊的定时器指令；
- 在工业过程控制中应用定时器和计数器。

正如第 1 章所述，实时性是工业控制系统的核心问题。定时器和计数器是 PLC 系统、硬连接控制器系统中联系现实事件和控制逻辑的纽带。本章重点介绍西门子 S7-1200 及其他 PLC 系统中常用的定时器和计数器。定时器和计数器的基本原理和工作过程将通过实际工业应用例子说明和验证。

3.1   定时器基础

西门子 S7-1200 定时器有 4 种不同类型：延时导通定时器（TON）、延时关断定时器（TOF）、时间累加器（TONR）、脉冲发生器（TP）。表 3-1 给出了以上 4 种定时器的具体参数。定时器初值和累加值的存储可以使用 M（2 字节，16 位）、D（双字，32 位）以及 L（长字，64 位）3 种类型的存储区。表 3-2 是脉冲发生器（TP）的同类参数信息。

表 3-1   TON、TOF、TONR 定时器参数

参数	定义	数据类型	存储区域	说明
IN	输入	逻辑	I、Q、M、D、L	开始输入
PT	输入	时间	I、Q、M、D、L、或常量	持续延时 参数 PT 的值必须为正值
Q	输出	逻辑	I、Q、M、D、L	当参数 PT 的值为 0，输出置 1
ET	输出	时间	I、Q、M、D、L	当前时间值

表 3-2   脉冲发生器参数

参数	定义	数据类型	存储区域	说明
IN	输入	逻辑	I、Q、M、D、L	开始输入
PT	输入	时间	I、Q、M、D、L 或常量	持续延时 参数 PT 的值必须为正值

3.1.1   延时导通定时器

延时导通定时器（TON）的主要功能是将输出 Q 的导通上升沿延迟既定时间（preset time，PT）。图 3-1 所示为延时导通定时器模块图，各接口都赋有相应标号，以后所有这种标号将用双引号标识。所有定时器工作需要的变量都用标准系统标号表示，并以％开头。定时器的既定时间（PT）可以是定值常数，也可以是如图 3-1 所示的变量。

当输入（IN）为真时，以 T＿0＿ACC 标号标记的累加器将不断加 1。当累加器的值等于以 T＿0＿PRE 标记的设定值时，输出 Q 变为导通（ON），同时定时器停止。图 3-2 所示为该定时器的工作时序图。需要注意的是延时是指输出 Q 针对输入 IN 的延时；即当输入 IN 有效后，定时器计时到既定时间，输出 Q 置位。如果在既定时间未到前，输入 IN 变为无效，则输出 Q 不会置位。因此，定时器输出 Q 置位前必须保证输入 IN 一直有效。一旦输入 IN 复位，输出 Q 也会复位。请参考本书网站 www.mhprofessional.com/

ProgrammableLogicControllers 的模拟仿真器了解更多有关延时导通定时器的内容。

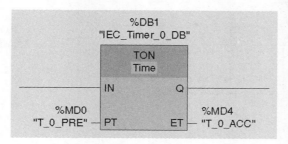

图 3-1　延时导通定时器（TON）模块图

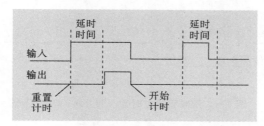

图 3-2　延时导通定时器的工作时序图

图 3-3 所示为延时导通定时器（TON）指令的应用举例。该例程包含了常开启动（START）开关、停止（STOP）开关、10 s 既定时间设定（PT）、输出 MOTOR1（Q0.0）以及输出 MOTOR2（Q0.1）。整个梯形图程序包括 2 个网络。该例程的执行过程如下。

- 第 1 个网络中的 I0.0 初始为真，因为停止（STOP）开关正常状态为高电平，按下后变为低电平。常开启动（START）开关状态为假。
- 当启动（START）开关按下时，I0.1 变为真，线圈 Q0.0 得电，线圈 Q0.0 是电机 MOTOR1 的启动器，电机 MOTOR1 开始转动。常开触点 Q0.0 将闭合自锁启动（START）开关触点，保持 Q0.0 的得电状态。
- 第 2 个网络中的 Q0.0 常开触点是延时导通定时器（TON）的输入控制触点，线圈 Q0.0 得电后，该触点闭合。该延时导通定时器（TON）设定的既定时间为 10 s。
- 延时导通定时器（TON）启动定时 10 s 后输出为真，线圈 Q0.1 得电使电机 MOTOR2 开始转动。
- 在任何时刻按下停止（STOP）开关都将停止电机 MOTOR1 和 MOTOR2。该开关也将同时停止定时器，并复位累加寄存器（ET）的值。

图 3-4 的 2 个网络的梯形图程序解释了延时导通定时器的工作过程，也介绍了其余常用的标记符号：TT（timer timing bit，定时器计时位）、DN（timer done bit，定时器完成位）、ACC（timer accumulated value，定时器累加值）。

- 网络 1：当输入 I0.0 为真时，Timer0 启动定时。当 TIMER0 _ ACC 累加到 10 之

网络1：

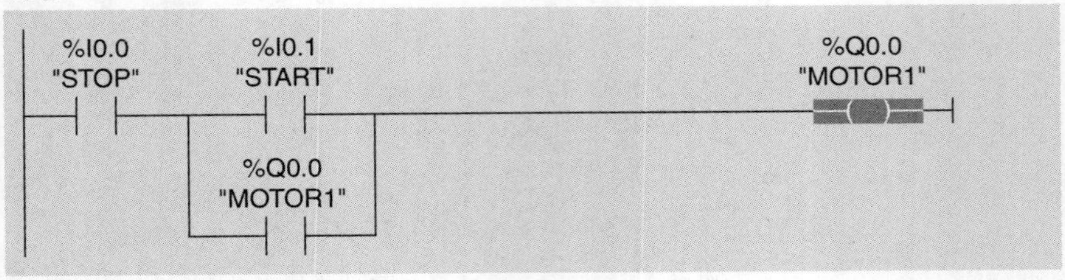

网络2：

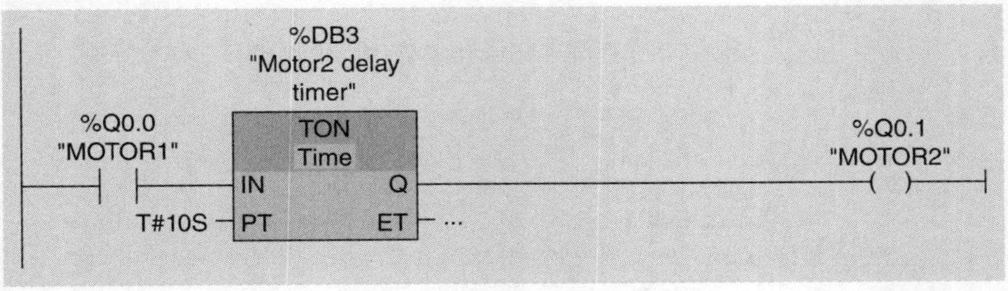

图 3-3 延时导通定时器（TON）应用举例

网络1：

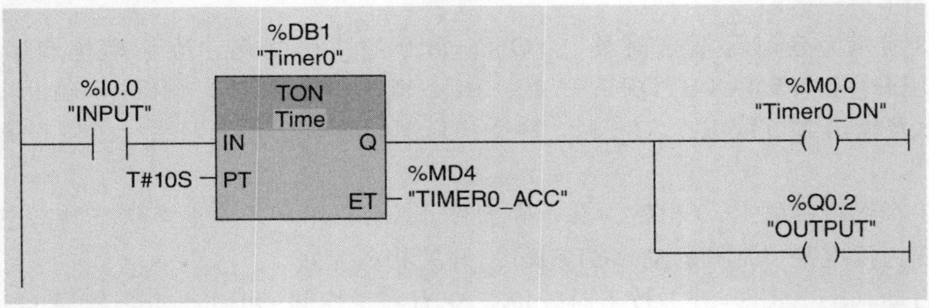

网络2：

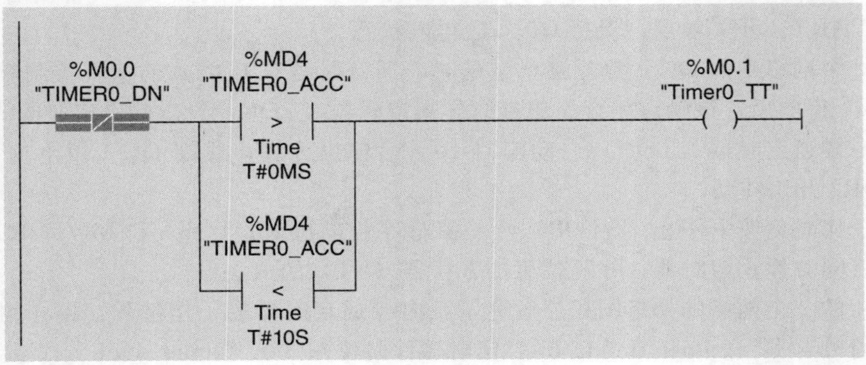

图 3-4 定时器计时位表示方法

前，输出线圈 Timer0 _ DN 和 OUTPUT 将保持初始失电状态。

- 网络 2：当线圈 Timer0 _ DN 为假时，执行 2 个比较指令。线圈 Timer0 _ TT 的得电状态表示定时器当前正在累加计时。
- 当 TIMER0 _ ACC 大于或等于 10 时，输出线圈 Timer0 _ DN 和 OUTPUT 变为真，网络 2 的输入将无效，线圈 Timer0 _ TT 失电表示定时器停止。
- 西门子 PLC 延时导通定时器（TON）的定时器计时位（TT）不能被直接访问，但可以通过图 3-4 所示的网络 2 的方法来表示。其他品牌 PLC 的定时器计时位是定时器的参数之一。为此，西门子提供了脉冲定时器（pulse timer，TB）作为补充，该定时器通过输入脉冲来启动定时。

3.1.2　延时关断定时器

延时关断定时器（TOF）的主要功能是将输出 Q 的关断下降沿延迟既定时间（PT）。当输入 IN 为高电平时，输出 Q 置位。当输入 IN 由高电平变为低电平时，定时器开始计时。当定时器的累加器值 ET（以 T _ 0 _ ACC 标记）等于设定既定时间 PT（以 T _ 0 _ PRE 标记）时，输出 Q 复位。图 3-5 所示为延时关断定时器，图 3-6 所示为延时关断定时器的工作时序图。请参考本书网站 www. mhprofessional. com/ProgrammableLogicControllers 的模拟仿真器了解更多有关延时关断定时器的内容。

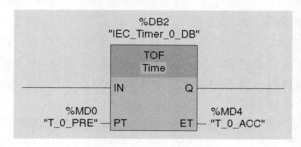

图 3-5　延时关断定时器

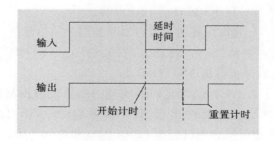

图 3-6　延时关断定时器时序图

图 3-7 所示为延时关断定时器的应用举例，其中包含常开启动（START）开关、常闭停止（STOP）开关、10 s 的既定时间设定、电机 MOTOR1（Q0.0）、电机 MOTOR2

（Q0.1）。整个梯形图程序包括 2 个网络。该例程的执行过程如下。

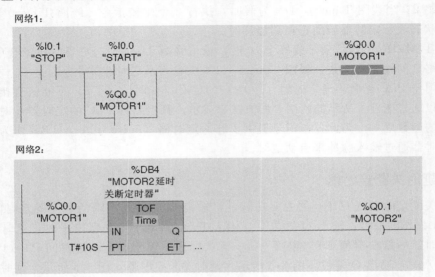

图 3-7　延时关断定时器应用举例

- 第 1 个网络中的 I0.1 初始为真，因为常闭停止开关正常状态为高电平，按下后变为低电平。常开启动开关状态为假。
- 当启动开关按下时，I0.0 变为真，线圈 Q0.0 得电，电机 MOTOR1 开始转动。常开触点 Q0.0 将闭合自锁启动（START）开关触点，保持 Q0.0 的得电状态。
- 第 2 个网络中的 Q0.0 常开触点是延时关断定时器（TOF）的输入控制触点，线圈 Q0.0 得电后，该触点闭合。
- 延时关断定时器（TOF）将输出 Q0.1 置位，电机 MOTOR2 开始转动。
- 当停止(STOP)开关按下时,电机 MOTOR1 失电停转,延时关断定时器(TOF)开始计时。
- 既定时间 10 s 后，输出线圈 Q0.1 失电复位。电机 MOTOR2 失电停转，即电机 MOTOR2 在电机 MOTOR1 停转后 10 s 停转。
- 当定时器输入（IN）再次为真时，定时器累加器中的值复位。
- 在两电机同时旋转的情况下，任意时刻按下停止（STOP）开关将首先停止电机 MOTOR1，10 s 后停止电机 MOTOR2。

图 3-8 所示为使用了 3 个延时关断定时器实现的简单过程控制系统。该梯形图网络使用了 1 个控制开关 LS1 及 3 个输出（MOTOR1 Q1.0、MOTOR2 Q1.1、MOTOR3 Q1.2）。3 个定时器的既定时间分别设定为 10 s、20 s 和 30 s，从而实现对 3 台电机的顺序控制。当开关 LS1 为真时，3 台电机都开始旋转。当开关 LS1 由高电平变为低电平时，电机 MOTOR1 在 10 s 后停止，电机 MOTOR2 在 20 s 后停止，电机 MOTOR3 在 30 s 后停止。当开关 LS1 再次为真时，3 个定时器的累加器复位。

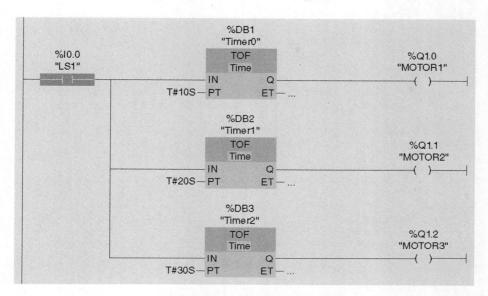

图 3-8　3 个延时关断定时器组成的简单过程控制系统

3.1.3　时间累加器（记忆-累加定时器）

时间累加器（TONR）除了具有失电保持功能外，其余功能和延时导通定时器（TON）完全一样。其累加器清 0 是通过在复位输入端（R）施加一正向脉冲实现的。图 3-9 所示为时间累加器，图 3-10 为累加器工作时序图。请参考本书网站 www.mhprofessional.com/ProgrammableLogicControllers 的模拟仿真器了解更多有关时间累加器的内容。

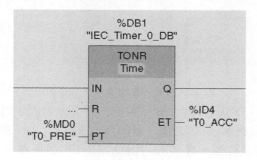

图 3-9　时间累加器

图 3-11 所示为时间累加器（TONR）的应用举例梯形图。时间累加器的输入（IN）连接了自动/手动选择开关，设定既定时间为 1 h。该例程执行过程如下：

- 当选择开关置于自动挡时，时间累加器（TONR）开始计时。但当选择开关置于手动挡时，时间累加器停止计时，保存累加器当前值。
- 当选择开关置回自动挡时，时间累加器从上次保持值开始继续累加计时。

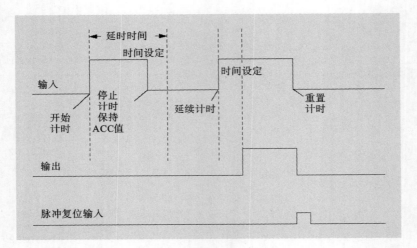

图 3-10　时间累加器工作时序图

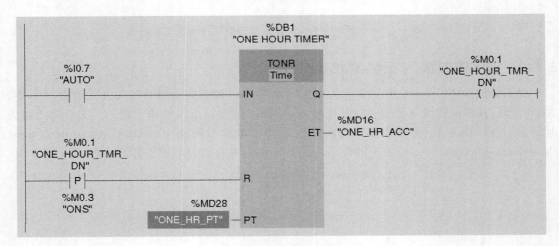

图 3-11　时间累加器工作时序图

- 当累加器值 ET（以 ONE_HR_ACC 标记）等于设定既定时间 PT（以 ONE_HR_PT 标记）时，输出线圈（以 ONE_HOUR_TMR_DN 标记）置位。因为输出线圈上升沿触点接在复位输入端（R），因此，1 个扫描周期后，时间累加器复位。
- 该例子中，时间累加器将重复 1 h 的定时，输出 Q 将出现 1 h 间隔的正向窄脉冲。

3.1.4　定时器应用举例

【例 3-1】

该例程使用教学培训系统中的 4 个灯代表 4 台电机。启动（START）开关用于启动 4 台电机的自动控制序列，停止（STOP）开关用于中断整个序列。该自动序列将依次启动电机 MOTOR1、电机 MOTOR2、电机 MOTOR3 以及电机 MOTOR4。整个自动序列将重复执行直到按下停止（STOP）开关。每个电机将依次单独运转 5 s。同学们将该例程命名为"旋转木马"例程。

图 3-12 所示为该例程的网络 1。该网络的具体执行过程如下。

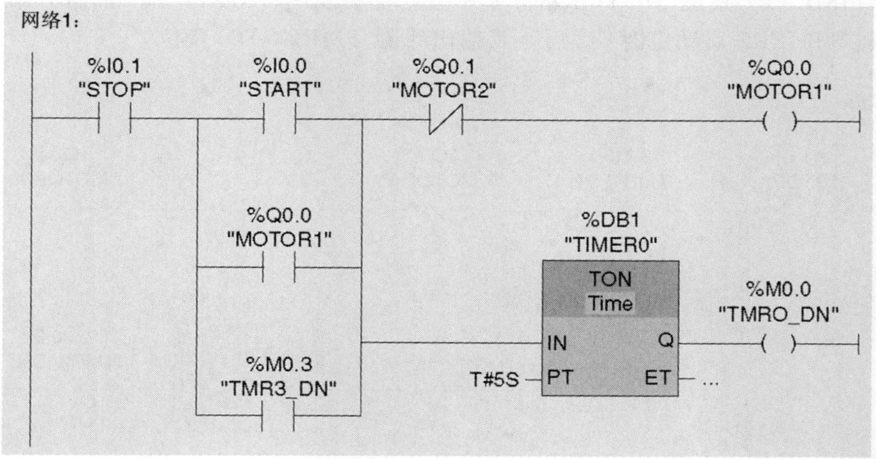

图 3-12 "旋转木马"例程网络 1

- 启动（START）开关被按下后，线圈 MOTOR1 得电，其常开触点自锁启动（START）开关。电机 MOTOR2 启动后将停止电机 MOTOR1，并复位定时器 TIMER0。
- 定时器 TIMER0 启动定时 5 s 后，输出 TMR0 _ DN 置位。
- 定时器 TIMER3 的输出线圈 TMR3 _ DN 的常开触点用于在电机 MOTOR4 停转后重启电机 MOTOR1。
- 按下停止（STOP）开关将停止所有的电机，并复位所有定时器。

图 3-13 所示为该例程的网络 2。线圈 TMR0 _ DN 的常开触点闭合启动电机 MOTOR2 和定时器 TIMER1。线圈 MOTOR2 的常开触点自锁线圈 TMR0 _ DN 的常开触点。延时

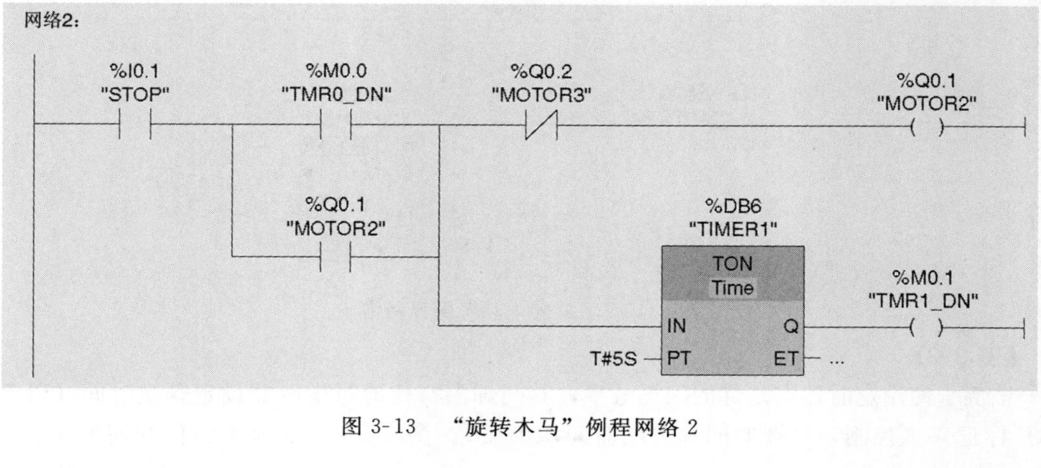

图 3-13 "旋转木马"例程网络 2

导通定时器 TIMER1 启动定时 5 s 后，其输出线圈 TMR1 _ DN 置位。电机 MOTOR3 启动后将停止电机 MOTOR2，并复位定时器 TIMER1。

图 3-14 所示为该例程的网络 3。线圈 TMR1 _ DN 的常开触点闭合启动电机 MOTOR3 和定时器 TIMER2。线圈 MOTOR3 的常开触点自锁线圈 TMR1 _ DN 的常开触点。延时导通定时器 TIMER2 启动定时 5 s 后，其输出线圈 TMR2 _ DN 置位。

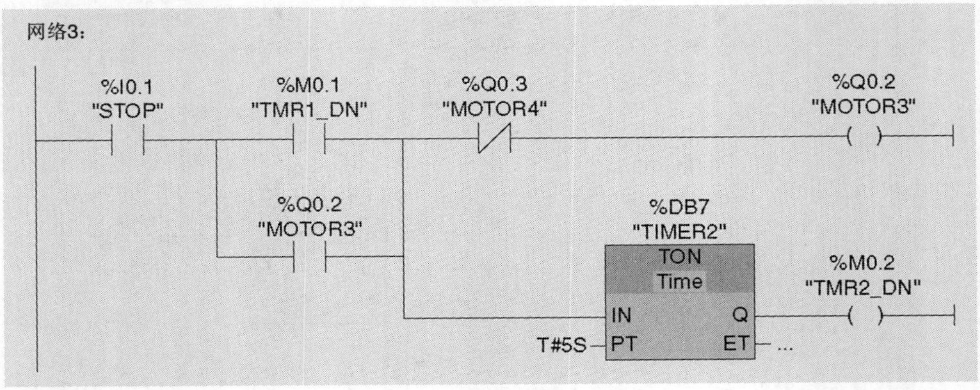

图 3-14   "旋转木马"例程网络 3

图 3-15 所示为该例程的网络 4。线圈 TMR2 _ DN 的常开触点闭合启动电机 MOTOR4 和定时器 TIMER3。线圈 MOTOR4 的常开触点自锁线圈 TMR2 _ DN 的常开触点。延时导通定时器 TIMER3 启动定时 5 s 后，其输出线圈 TMR3 _ DN 置位。线圈 TMR3 _ DN 的常开触点用于自锁网络 1 中的启动（START）开关以重启下一个自动控制循环。按下停止（STOP）开关将停止所有电机，并复位所有定时器。

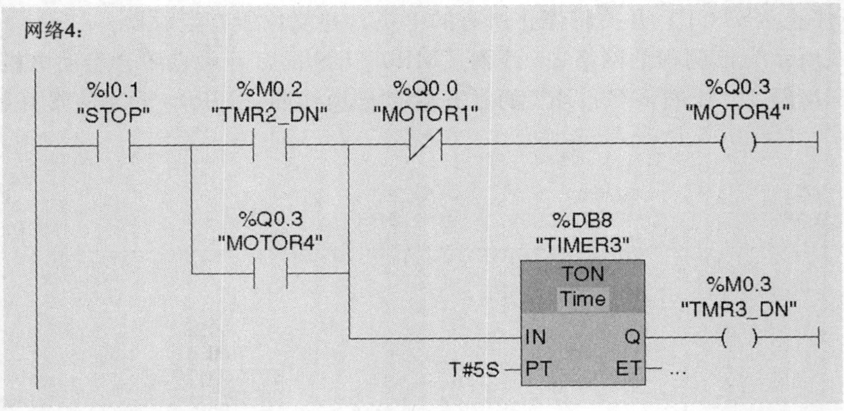

图 3-15   "旋转木马"例程网络 4

【例 3-2】

该例子使用定时器实现灯的闪烁效果，其闪烁占空比通过定时器设定既定时间（以 T _ PRE 标记）来控制，导通时间和关断时间均为 2 s。图 3-16 所示为该例程的网络 1，延时导通定时器 TIMER0 的输入（IN）连接自动/手动选择开关，当该开关处于自动位置，且线圈 T_1_DN 处于失电状态时，定时器 TIMER0 开始计时，2 s 后灯 PL 置位点亮。

网络1:

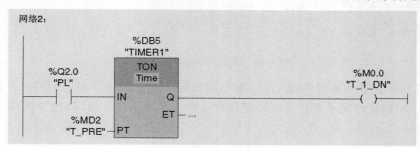

图 3-16　灯闪烁例程的网络 1

图 3-17 所示为灯闪烁例程的网络 2。线圈 PL 得电后，定时器 TIMER1 开始计时，2 s 后输出线圈 T_1_DN 得电置位，反过来又将定时器 TIMER0 和 TIMER1 复位，并同时启动定时器 TIMER0 开始定时。最终实现灯 PL 以 2 s 亮、2 s 灭的频率持续闪烁。

网络2:

图 3-17　灯闪烁例程的网络 2

【例 3-3】

该例子是使用延时关断定时器控制蓄水站的 2 台电机。按下启动（START）开关后，2 台电机 MOTOR1 和 MOTOR2 都开始转动。按下停止（STOP）开关后，电机 MOTOR1 立即停止转动，电机 MOTOR2 在 10 h 后停止转动。图 3-18 所示为使用延时关断定时器实现控制的梯形图程序。

图 3-18　蓄水站的 2 台电机控制例程

【例 3-4】

　　该例中 2 台水泵由 2 台恒速电机分别驱动。1 台水泵安装于东边水井，另 1 台水泵安装于西边水井。2 口水井通过 1 根受控水管连通。每台电机提供指示其转动/停止状态的开关量信号。将自动/手动选择开关置于自动位置可启动电机。执行梯形逻辑图可以表示东西 2 台水泵根据用户历程表交替运行的状况。图 3-19 所示为该例程的网络 1，该网络按小时循环使用时间累加器。图中的 COUNT_DN 是通过计数器逻辑形成一次触发标志，接下来的两节将针对其展开讨论。当累加器的值大于等于用户规定时间时，上述标志为真。

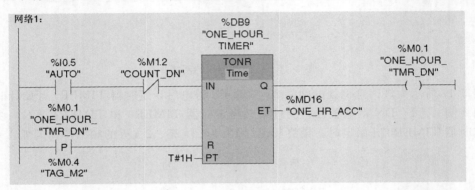

图 3-19　水泵交替运行网络 1

　　图 3-20 所示为该例程的网络 2，当累加器的值大于等于用户规定时间时，输出 INCR 寄存器加 1。正沿指令用于防止 INCR 寄存器溢出。第 4 章将对 ADD 指令进行详细介绍。

图 3-20　水泵交替运行网络 2

　　图 3-21 所示为该例程的网络 3，当用户历程终止时，切换东面水泵的位置，令累加寄存器处于最低有效位。（注意，处理器交换了 2 个存储字节。）

图 3-21　水泵交替运行网络 3

图 3-22 所示为该例程的网络 4，当用户历程终止时，切换西面水泵的位置，令累加寄存器处于最低有效位。

网络4:

```
      %I0.0              %M9.0                                    %Q0.1
      "AUTO"             "INCRB"                                  "W_PUMP"
  ─────┤ ├───────────────┤ ├──────────────────────────────────────( )────
```

图 3-22　水泵交替运行网络 4

3.2　计数器基础

西门子 S7-1200 PLC 有 3 种计数器：增计数器（CTU）、减计数器（CTD）及增减计数器（CTUD）。表 3-3 所示为 3 种计数器的基本参数。3 种计数器的运用将在接下来的 3 个章节中详细介绍。3.2.4 节是计数器的应用举例分析。本节所有有关计数器的概念是以西门子 PLC 为基础进行介绍的，但同样适用于其他品牌的 PLC。

表 3-3　CTU、CTD 和 CTUD 的参数

参数	数据类型	说明
CU、CD	逻辑	用一个计数器进行加减计数
R（CTU，CTUD）	逻辑	计数器清 0
LOAD（CTD，CTUD）	逻辑	设定值装载控制
PV	SINT、INT、DINT、USINT、UINT、UDINT	预设计数器值
Q、QU	逻辑	CV≥PV 时为真
QD	逻辑	CV≤0 时为真
CV	SINT、INT、DINT、USINT、UINT、UDINT	当前计数器的值

3.2.1　增计数器

增计数器（CTU）的主要功能是检测输入端口从 0 到 1 的正向跳变，检测到 1 次就在当前计数值的基础上加 1。如果当前计数值（count value，CV）等于设定值（preset value，PV），则输出 Q 置位。当复位输入（R）为真时，计数值（CV）和输出 Q 复位清 0。计数器设定值可以是常数值，也可以是用标号代表的变量。图 3-23 所示为增计数器模块图，各端口标号以双引号标识，各端口赋值使用标准的系统标号，并以％开头。图 3-24 所示为该增计数器的工作时序图。

图 3-25 所示为包含 2 个网络的增计数器示例梯形图程序。网络 1 包含常开启动（START）开关触点（I0.0）、常闭停止（STOP）开关触点（I0.1）、自动/手动选择开关（I0.2）、输出电机控制线圈（Q0.0）以及既定时间设定为 3 s 的延时关断定时器。网络 2 包

含既定时间设定为 2 s 的延时导通定时器、设定计数值为 100 的增计数器、上升沿触点（M1.2）、输出指示灯（Q0.1）。被控电机驱动传送系统，按下启动开关后，传送系统即开始运转。输送系统运行后，电机启动器将送回电机运转的指示信号（MOTOR _ RUN）。电机运转时间是根据需要传送的物品数量确定的，本例中设定为 100。该例程梯形图的执行过程如下。

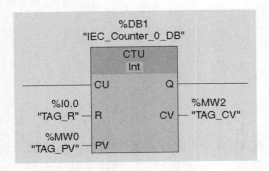

图 3-23　增计数器模块图

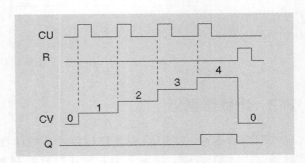

图 3-24　增计数器工作时序图（设定值为 4）

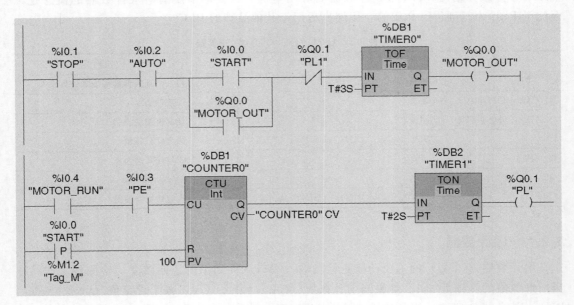

图 3-25　增计数器应用举例

- 网络 1 初始状态为无效状态，因为当前启动（START）开关（I0.0）未闭合，但停止（STOP）开关（I0.1）和选择开关 AUTO（I0.2）为闭合状态。
- 当按下启动（START）开关后，I0.0 置位，定时器 TIMER0 输出置位，输出线圈 MOTOR _ OUT 为真，其常开触点自锁启动（START）开关，电机开始运转。
- 电机运转后，网络 2 中的指示信号 MOTOR _ RUN 为真，计数器 CTU 开始累加计数。

- 指示信号 MOTOR _ RUN 为真表示传送系统正常运转，相应的光电单元将在传送物品经过时产生正向窄脉冲。计数器检测该正向脉冲，并累加计数。
- 如果当前计数值（CV）等于设定值（PV），计数器输出 Q 为真，定时器 TIMER1 启动定时。2 s 后指示灯 PL 点亮指示本周期结束。延时 2 s 是为了使最后 1 个传送物品通过计数扫描位置。
- 指示灯点亮后，计数器的计数值（CV）通过复位输入脉冲清 0。延时关断定时器输入（IN）复位，定时器 TIMER0 启动定时，3 s 后，输出线圈 MOTOR _ OUT 复位，驱动电机停转。延时 3 s 是为了使最后 1 个传送物品到达指定位置。
- 在由定时器延时的 5 s 内，图 3-25 中未表示出的门开关将会关闭，以阻止物品继续通过计数站。值得注意的是，该例程原本只需要 1 个定时器即能实现。用 2 个是为了演示 TON 和 TOF 的使用方法。

3.2.2　减计数器

减计数器（CTD）的主要功能是检测输入端口从 0 到 1 的正向跳变，检测到 1 次就在当前计数值的基础上减 1。如果当前计数值（count value，CV）等于或小于 0，则输出 Q 置位。当装载控制输入 LD 由低电平变为高电平时，减计数器将设定计数值（PV）存为当前计数值（CV）。只要装载控制输入 LD 保持为高电平，减计数器就不会启动计数。图 3-26 所示为减计数器模块图。图 3-27 所示为减计数器的工作时序图。

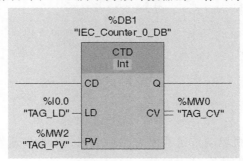

图 3-26　减计数器模块图

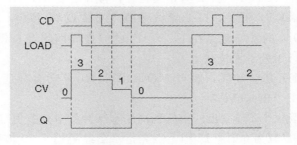

图 3-27　减计数器工作时序图（设定值为 3）

图 3-28 所示为减计数器指令的梯形图示例。该例子包括常开启动（START）开关触点、常闭停止（STOP）开关触点、光电单元常开触点 PE、电机 MOTOR1 运转状态指示触点 MOTOR1 _ RUN、减计数器设定值 10、电机控制输出线圈 Q0.0、输出指示灯 Q0.1。该例程同样包含 2 个网络。本例以及前一个例子都假设电机启动后，状态指示触点 MOTOR1 _ RUN 将立即置位，也就是在 PLC 的同一个扫描周期中实现电机启动和状态指示触点导通。实际上，状态指示触点将在好几个扫描周期后才能导通。本章最后将详细解释这个问题。

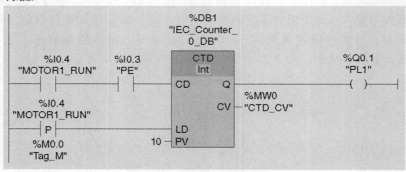

图 3-28   减计数器应用举例梯形图

前一个例子是通过电机驱动传送系统的控制示例。本例实现在阻挡既定个数物品后将其停止的功能。本例程序的执行过程如下。

- 初始，常闭停止（STOP）开关为导通状态，常开启动（START）开关为断开状态。
- 按下启动（START）开关，I0.0 置位导通，线圈 Q0.0 得电，电机 MOTOR1 开始转动。线圈 Q0.0 的常开触点在下一个 PLC 扫描周期闭合自锁启动（START）开关，并保持网络 1 处于置位状态。
- 电机 MOTOR1 开始转动后，触点 MOTOR1 _ RUN 闭合导通，光电单元每阻挡 1 个物品即发出 1 个正向窄脉冲。
- 减计数器每接受 1 个 PE 发出的由低到高的窄脉冲就对计数值（CV）减 1。
- 当计数值（CV）减为 0 时，灯 PL1 点亮指示已经阻挡了 10 件物品。此时需要停止电机和传送系统。

- 这一系列的操作可以通过启动（START）开关重启，设定的减计数初始值将在电机运转状态触点 MOTOR1 ＿ RUN 的上升沿写入计数值（CV）中。

显然，本例中通过减计数器实现的控制功能同样可以用增计数器实现。

3.2.3　增减计数器

增减计数器（CTUD）的主要功能是实现在当前计数值（CV）的基础上增计数或者减计数。如果 PE1 触点出现由 0 到 1 的正向跳变，则计数器在当前计数值（以 COUNT ＿ CV 标记）的基础上加 1。如果 PE2 触点出现由 0 到 1 的正向跳变，则计数器在当前计数值（以 COUNT ＿ CV 标记）的基础上减 1。当 LOAD 触点出现由 0 到 1 的正向跳变，计数器就将设定值（以 COUNT ＿ PRE 标记）存为当前计数值（CV）。只要 LOAD 触点保持为 1，计数器就不会工作，即忽略 PE1 和 PE2 触点的上升沿。当输入 R（以 RESET 标记）出现 0 到 1 的正向跳变，则当前计数值（CV）清 0。当输入 R 保持为 1 的状态时，输入端口 CU、CD、LD 上的任何跳变都将被忽略。图 3-29 所示为增减计数器模块图。图 3-30 所示为增减计数器的工作时序图。

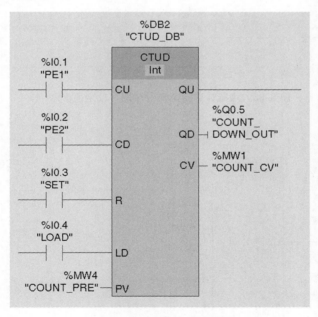

图 3-29　增减计数器模块图

如图 3-30 所示，计数器设定值存储于以 COUNT ＿ PRE 标记的变量中，输出 QD（以 COUNT ＿ DOWN ＿ OUT 标记）在当前计数值（CV）小于或等于 0 时置位。计数器装载当前计数值（CV）的操作不会影响输出 QD 状态。如果当前计数值（CV）大于或等于设定值 PV，输出 QU 将置位。如果当前计数值小于设定值（PV），则输出 QU 复位。复位操作或计数器装载操作也不会影响输出 QU 状态。该计数器没有计数上溢情况。如果当前计数器累加到其数据格式的最大值，则停止累加。当前计数值（CV）的下溢情况通过输出 QD 指示。

图 3-31 所示为增减计数器的应用接线图。增减计数器有 4 个输入触点（PE1、PE2、RESET 及 LOAD），2 个输出（COUNT＿UP＿OUT 和 COUNT＿DOWN＿OUT），2 个参数（COUNT＿CV 和 COUNT＿PRE）。增减计数器工作过程如下。

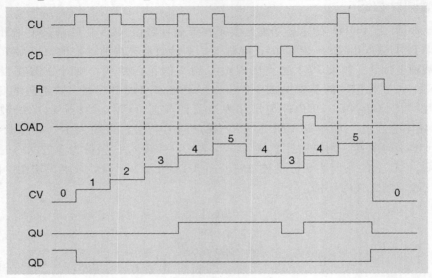

图 3-30　增减计数器工作时序图（设定值 PV＝4）

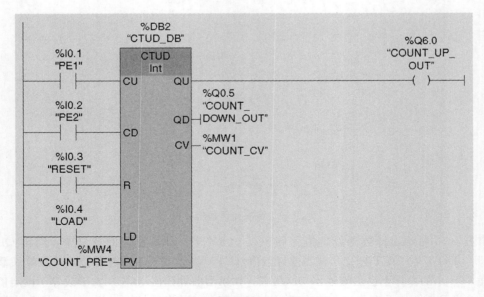

图 3-31　增减计数器应用接线图

● 光电单元的 PE1 触点计数通过传送站的物品数量。光电单元的 PE2 触点计数阻挡的物品数量。当复位输入 RESET 为真时,当前计数值(COUNT _ CV)清 0。触点 LOAD 为真时,计数器将 COUNT _ PRE 的值设为当前计数值 COUNT _ CV。当 LOAD 或 RESET 为真时,计数器忽略触点 PE1 和触点 PE2 的跳变。

- 当触点 PE1 由 0 变为 1 时,当前计数值加 1。
- 当触点 PE2 由 0 变为 1 时,当前计数值减 1。
- 当前计数值表示通过传送站的物品数量。
- 如果当前计数值(CV)大于或等于设定值(PV),则输出 QU 置位。
- 如果当前计数值(CV)小于或等于 0,则输出 QD 置位。

3.2.4 计数器应用举例

图 3-32 所示为供料流量控制例程梯形图,该例实现将 32000 gal(容积加仑的缩写)的溶液注入空的反应釜中的过程。常开触点 LS _ VALVE 对应的开关装在控制阀门上。当控制阀门打开时,触点 LS _ VALVE 闭合。计数器设定值 32 代表 32×1000 gal 反应溶液。计数器增加 1 代表注入了 1000 gal 的溶液。存储寄存器 FEED _ FLOW 中存储了累计的溶液体积数。例程执行过程如下。

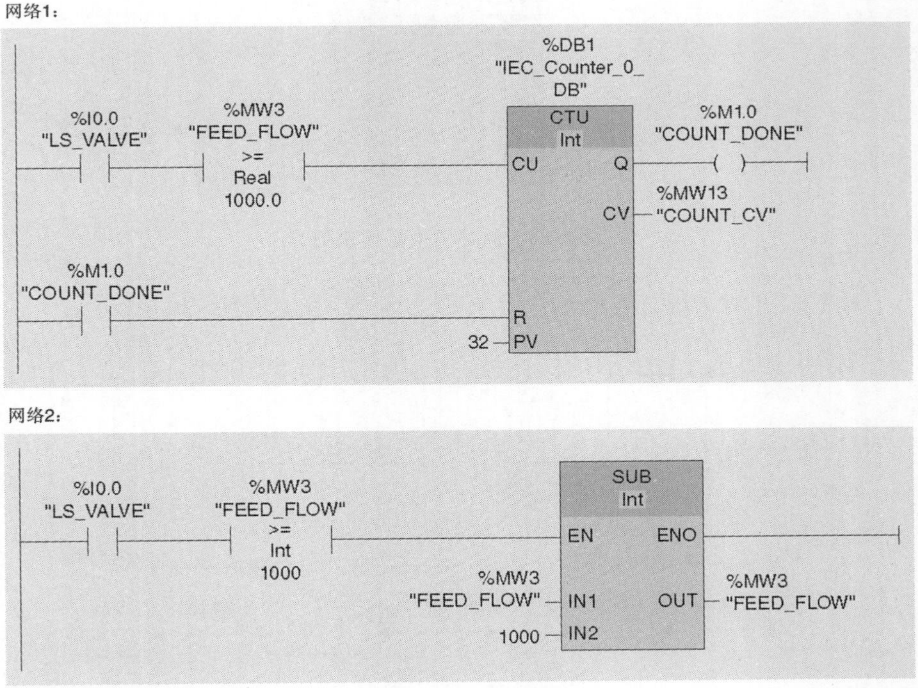

图 3-32 供料流量控制例程梯形图

- 网络 1 中触点 LS _ VALVE 在控制阀打开后导通。一旦寄存器 FEED _ FLOW 中的值大于或等于 1000,计数器当前计数值 COUNT _ CV 就加 1。如果当前计数值

COUNT_CV 大于或等于 32（表示注入了 32000 加仑溶液），则计数器输出 Q 置位。计数器当前计数值在 PLC 下一个扫描周期内清 0。

● 网络 2 中，当控制阀打开且 FEED_FLOW 中的值大于或等于 1000 时，FEED_FLOW 的值将减去 1000。

3.3   特殊定时指令

本节将讨论两种常用的特殊定时指令：脉冲发生器和上升沿/下降沿指令。还包括两指令在实际工业控制现场的应用实例。

3.3.1   脉冲发生器/脉冲定时器

脉冲发生器根据预设的时间宽度产生脉冲。如果梯形图输入为真，则在预设值识别阶段输出 Q 为真，命名为 T_PRE。图 3-33 所示为脉冲发生器模块图，图 3-34 所示为脉冲发生器工作时序图。

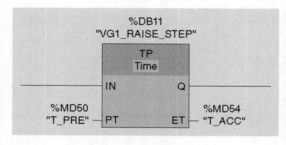

图 3-33   脉冲发生器模块图

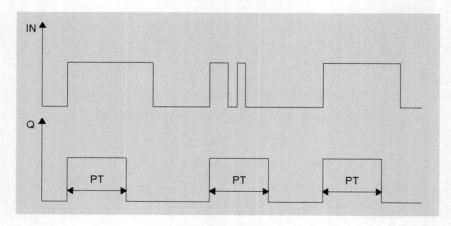

图 3-34   脉冲发生器工作时序图

图 3-35 所示为脉冲发生器的应用接线图。图中设定一个常开输入 M27.6，其信号记为 VG1_AUTO_START，设定既定时间 VG1_PRE=15 s；输出 Q0.0，其信号记为 VG1_

Raise。当脉冲触点 VG1 _ AUTO _ START 为真时，脉冲发生器置位 15 s 后复位，使驱动垂直升降门的电机 MOTOR1 正向旋转 15 s，从而完全开启垂直升降门。

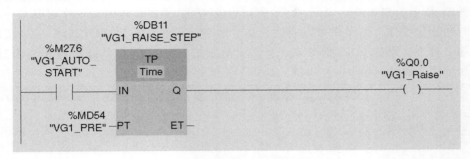

图 3-35　脉冲发生器应用接线图

3.3.2　单稳态指令

单稳态指令（one-shot instruction）是用于检测上升沿或下降沿跳变的指令。本书中的单稳态指令和上升沿/下降沿指令是可互换使用的。

-- | P | --：上升沿指令

上升沿指令用于比较触点 OPERAND _ 1 的当前状态与该触点前一扫描周期的状态（存在 M17.0，以 OPERAND _ 2 标记）。当两者不一致时，上升沿指令输出 1 个上升沿并维持 1 个扫描周期（见图 3-36）。

-- | N | --：下降沿指令

下降沿指令用于比较触点 OPERAND _ 1 的当前状态与该触点前一扫描周期的状态（存在 M17.1，以 OPERAND _ 2 标记）。当两者不一致时，下降沿指令输出 1 个下降沿并维持 1 个扫描周期（见图 3-37）。表 3-4 所示为上升沿指令和下降沿指令的参数表。如果有多个上升沿指令或下降沿指令同时使用，则必须保证每一条指令的 OPERAND _ 2 使用的存储单元是唯一的。这两条指令常用于实现初始化、数据传送以及事件检测等功能。

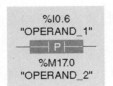

图 3-36　上升沿指令　　　图 3-37　下降沿指令

表 3-4　上升沿/下降沿指令参数表

参数	说明	数据类型	记忆区	说明
运算对象 1	输入	布尔型	I、Q、M、D、L	被扫描的信号
运算对象 2	存储位	布尔型	I、Q、M、D、L	边缘存储位，上次扫描的状态可以被保存

3.3.3   单稳态指令应用举例

图 3-38 所示为组织模块（OB100）的初始化过程。系统上电时，程序需要对一系列的数值进行初始化操作。该操作可以通过将指令放在启动组织模块（OB100）中来实现，而不使用第 2 章中介绍的 ONS 指令或者上升沿触发指令。当 PLC 状态由停止变为运行时，则放在启动组织模块（OB100）中的全部指令将被执行一遍。

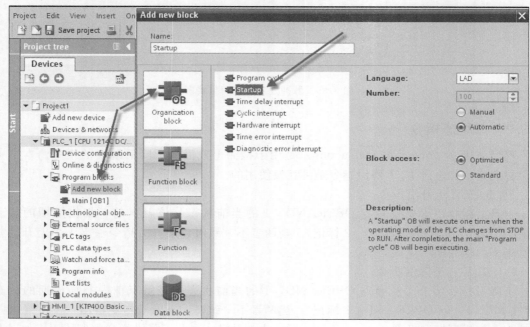

图 3-38

启动程序可以由 1 个或者多个启动 OB（OB 的编号为 100 或者≥123）来实现。当 PLC 状态由停止变为运行时，该启动程序执行且仅执行一次。当启动 OBs 全部执行完毕后，PLC 读入输入映像存储器中的值，并开始周而复始地执行程序扫描。图 3-38 所示为启动 OB100 的配置过程。建立启动 OB 的步骤如下。

- 点击 "Add new block"；
- 点击 "Organization block"；
- 点击 "Startup"，编号 100 将自动分配给建立的启动 OB。

图 3-39 中使用了第 2 章（例 2.3）介绍的 MOVE 指令，例 2.3 是通过边沿触发指令启动 MOVE 指令将定时器的设定值清 0 的。此例中将 MOVE 指令直接放在 OB100 中，当 PLC 处理器开关从 STOP 切换到 RUN 时，清 0 所有定时器的设定值。

3.3.4   计数器应用举例

本章重点介绍了功能近似的 PLC 定时器和计数器。定时器使能后，在给定的初始值基础上对确定的时钟脉冲进行持续增计数。计数器是在给定的当前计数值基础上对输入触点的由 0 到 1 的跳变进行增或减计数，该触点再次导通前必须先复位到断开状态（逻辑 0），输入触点在导通状态或者断开状态的保持时间对计数器功能没有任何影响，计数器只对由 0 到 1 的正向跳变计数，并且该跳变频率必须小于 PLC 的程序扫描频率，否则将出现跳变脉冲丢失的情况。

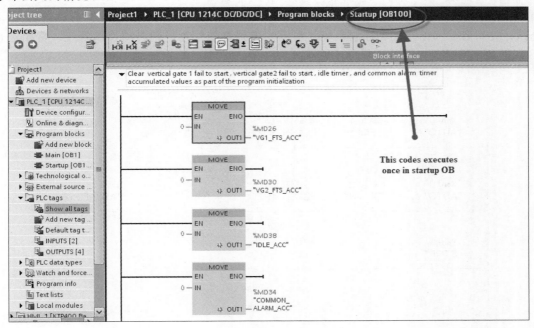

图 3-39 启动 OB 初始化程序

【例 3-5】

图 3-40 所示为容器液位与流量控制示意图。该过程控制系统由计数器实现。该系统包括 2 个电磁阀：1 个注液阀 SV1 和 1 个排液阀 SV2。容器液位通过增减计数器（CTUD）模拟。当液位大于或等于 10 m 时，则打开排液阀 SV2；当液位小于或等于 1 m，则打开注

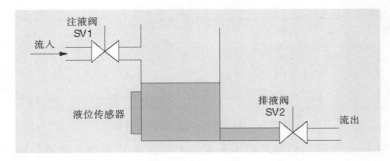

图 3-40 容器液位与流量控制示意图

液阀 SV1。

容器注液和排液过程通过西门子 S7 PLC 处理器内嵌的脉冲触点来模拟。在注液阶段，脉冲触点每产生 1 个脉冲表示液位增加 1 m，在排液阶段，每产生 1 个脉冲表示液位减少 1 m。上述功能通过 3 个网络的程序来实现。具体实现过程如下。

网络 1 如图 3-41 所示，容器液位通过增/减计数器（以 TANK _ LEVEL 标记）来控制。PLC 内嵌脉冲触点 M100.5 每秒产生 1 个脉冲，代表 1 m 的液位变化。通过自动/手动选择开关来启动和停止整个控制系统，当开关选到自动位置，则启动控制系统。常闭停止（STOP）开关触点有效时将复位计数器。

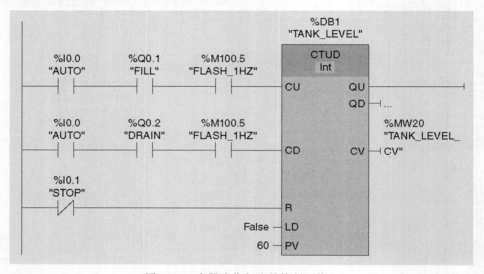

图 3-41   容器液位与流量控制网络 1

网络 2 如图 3-42 所示，容器液位大于或等于 10 m 表示容器已满，此时停止注液，开始排液。

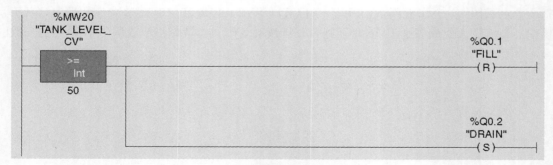

图 3-42   容器液位与流量控制网络 2

网络 3 如图 3-43 所示，容器液位小于或等于 1 m 表示容器无溶液，此时就停止排液，开始注液。

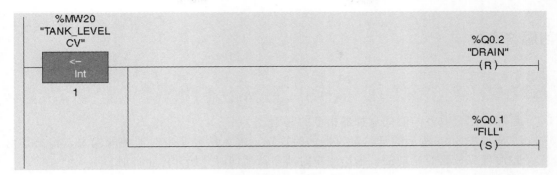

图 3-43　容器液位与流量控制网络 3

【例 3-6】

该例检测电磁阀由 0 到 1 的状态变化，并使用增计数器累加跳变的次数来统计传输线上被阻挡的物品数量。当被阻挡的物品达到 100 件时，停止传输线驱动电机。复位按钮 RESET 用于清零计数器当前计数值。启动（START）开关和停止（STOP）开关分别用于启动和停止驱动电机 M1。电磁开关 SV1 每阻挡 1 件物品就接通 1 次。监测和阻挡生产或组装的产品是自动化生产线上的常见功能。阻挡的产品超过给定数量就表示生产线存在异常，在操作员纠正异常前不会继续运行。图 3-44 和图 3-45 为上述功能具体实现的梯形图。

图 3-44　传输线控制示例网络 1

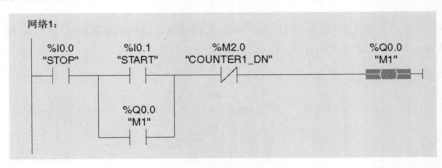

图 3-45　传输线控制示例网络 2

习题与实验

 习题

3.1 解释延迟定时器与时间累加器指令的区别。

3.2 完成如图 3-46 所示的延时定时器的时序图。输入信号是定时器使能输入，输出是由定时器完成延时驱动的，指出当定时器累计值何时开始和停止计时。

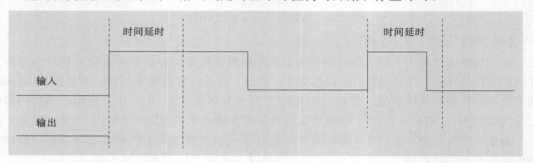

图 3-46

3.3 图 3-47 所示的梯形网络被设计为一个定时器循环，循环周期以小时为单位。当程序被测试时，它不能正常工作。为什么？

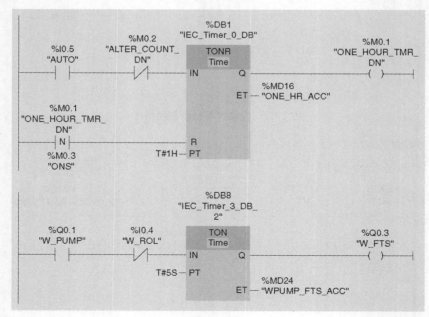

图 3-47

3.4 检查如图 3-48 所示的网络，并回答以下问题：

    a. 如果 LS1 是 OFF，则电机是什么状态？

    b. 如果 LS1 持续 30 s 是 ON，则电机是什么状态？

    c. 当 LS1 是 OFF 时，计时器的累计值是什么值？

    d. 当 LS1 持续 10 s 是 ON 时，电机 2 是什么状态？

    e. 如果 LS1 是 OFF，SOL1 和 SOL2 是什么状态？

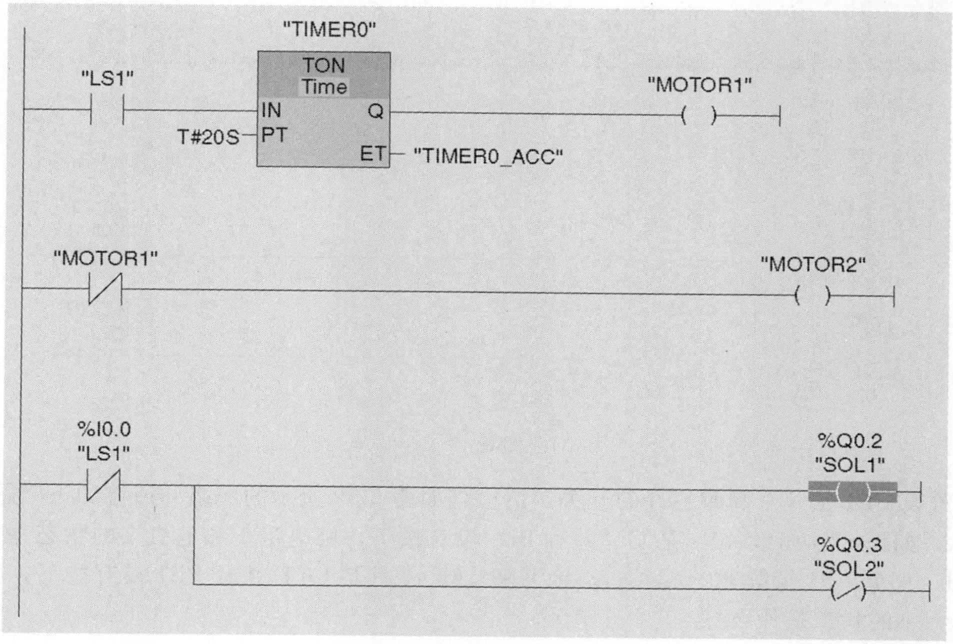

图 3-48

3.5 编写一个梯形逻辑程序，实现：当 START 开关按下时，电机 1 开启；10 s 后，电机 2 开启，STOP 开关同时停止两个电机。

3.6 可以在不同的地点 A 和 B 来控制一台电机。每个地点有一个 START/STOP 开关用于控制。画一个逻辑流程图来让这个电机可以在任一地点被控制。

3.7 编写一个梯形逻辑程序，实现：当 START 开关按下时，电机 1 和电机 2 启动；当 STOP 开关按下时，电机 1 停机；5 s 后，电机 2 停机。

3.8 检查如图 3-49 所示的网络，并回答以下问题：

    a. 如果 LS1 是 OFF，则电机 1 的状态是什么？

    b. 如果 LS1 持续 20 s 为 ON，则电机 1 的状态是什么？

    c. 当 LS1 是 OFF 时，定时器累计值是多少？

    d. 当 LS1 是 ON 时，10 s 后电机 2 的状态是什么？

    e. 如果 LS1 是 OFF，则 SOL1 和 SOL2 的状态是什么？

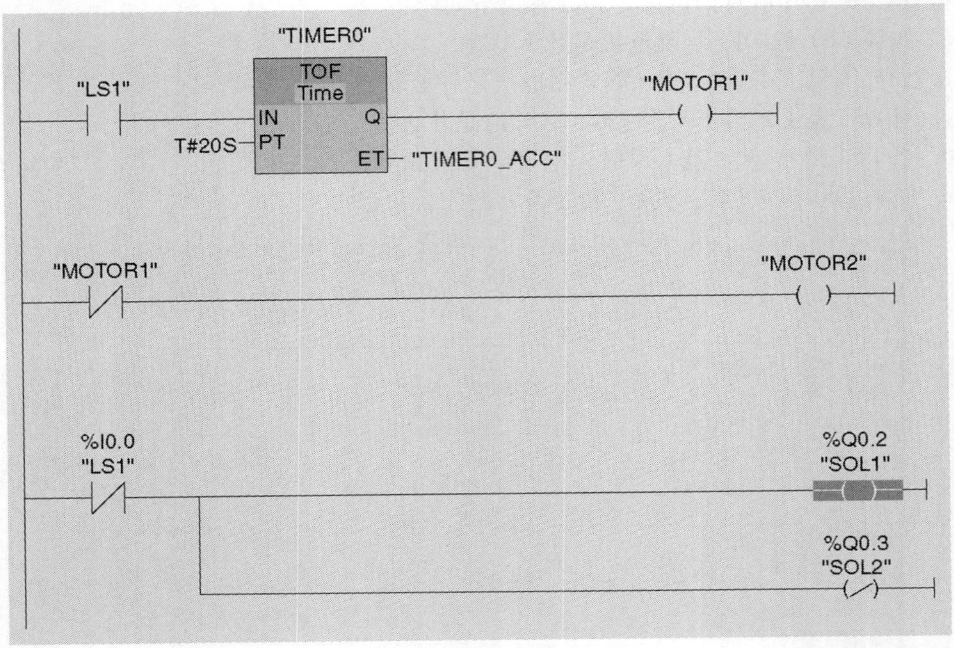

图 3-49

3.9   假设 PB1 是一个瞬时打开的开关，请检查如图 3-50 所示的网络并回答如下问题：

    a. 如果 LS1 持续 40 s 是 ON 并且 PB1 没有按下，则电机 1 和电机 2 的状态是什么？

    b. 如果 LS1 持续 60 s 是 ON，接下来持续 40 秒是 OFF 并且 PB1 没有按下，则电机 1 的状态是什么？

    c. 当 LS1 是 OFF 时，电机 2 的状态是什么？

    d. 如果 LS1 持续 50 s 是 ON，则 SOL1 和 SOL2 的状态是什么？

3.10   可以在不同的地点 A 和 B 来控制一台风扇。在任一地点，START A/START B 开关可以开启风扇；STOP A/STOP B 开关可以使风扇停止运行。完成下面任务：

    a. 编写一个梯形逻辑程序控制风扇；

    b. 用一个逻辑流程图来记录这个程序。

3.11   START 开关用于开启一系列指示灯（模拟真实的电机），按下 STOP 开关可在任何时间中断运行。依次开启 PL1、PL2 和 PL3，相同的顺序将不断重复直到程序停止。每个指示开启时长为 3 s 并且其他指示灯是熄灭的，完成下面任务：

    a. 按上文描述，编写一个梯形逻辑程序来指定指示灯顺序。

    b. 修改这个梯形逻辑程序：这个过程重复 5 次时，停止运行指示灯。

3.12   在以下情况下，用时间累加器指令画一个梯形逻辑流程图：

    a. 当自动/手动选择开关被置于自动位置时，定时器开始计时。如果自动/手动选择开关被置于手动位置，则定时器停止计时，定时器累计值保持它现在的计数值。

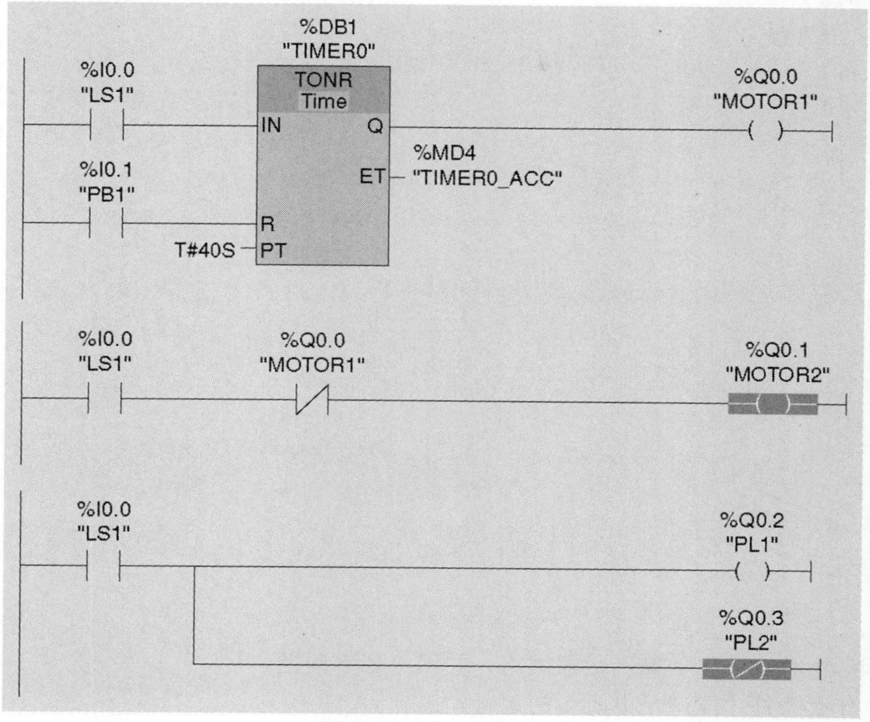

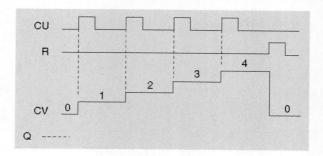

图 3-50

b. 开关被置回自动位置，定时器从停止处继续计时。当定时器的累计值等于预设值时，定时器的输出为 TRUE，并且定时器累计值置位为 0。

3.13 在图 3-51 中，给上升计数器画出 Q 输出，假设 Q 的初始值为低电平。

图 3-51

3.14 分析图 3-52 所示的增计数器网络，并回答下面问题：

a. 在什么情况下 M1 会变成 ON？

b. 在什么情况下 PL1 会变成 ON？

c. 当 I10.2 是 ON 时计数器累计值（COUNTER1 _ ACC）是多少？

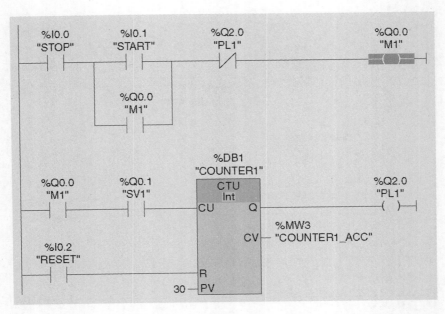

图 3-52

3.15   分析图 3-53 所示的减计数器网络，并回答如下问题：

a. 什么条件才能满足电机 1 的运行？

b. 什么条件才能满足指示灯 1 的开启？

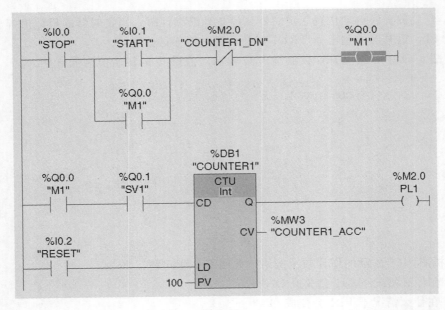

图 3-53

3.16　分析图 3-54 所示的网络，假设标签名称为 COUNT_PRE 的计数器的预设值一直为
10，回答以下问题：

　　a. 当 PB3 按下时，计数器的预设值是多少？

　　b. 当 PB3 被激活 12 次并且 PB2 被激活 15 次时，计数器的预设值为多少？

　　c. 当 PB4 被按下时，计数器的预设值是多少？

　　d. 在什么情况下 PL1 会开启？

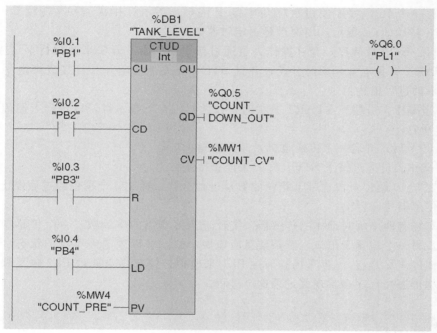

图 3-54

3.17　为图 3-55 所示的制冷控制系统编写一个梯形逻辑程序。温度必须保持在 0 ℃以下。
温度波动由传感器检测。如果温度升高到零度以上，则制冷系统在预设时间下打开。
这时，制冷系统开启，指示灯亮。

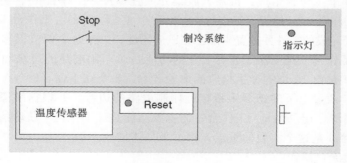

图 3-55

如果下面任一情况满足，则制冷系统和指示灯关闭：

- 传感器报告的温度低于 0℃；
- 预设制冷时间结束；
- Stop 开关被按下。

如果预设制冷时间结束，并且制冷房间的温度仍然太高，则可以通过 Reset 开关使制冷系统重启。提示：使用 TP（产生脉冲的指令）。

3.18　编写一个 PLC 程序使指示灯 ON/OFF 闪烁。指示灯在状态 ON 持续 5 s，在状态 OFF 持续 3 s。提示：用两个延迟定时器。

3.19　编写一个 PLC 程序，允许操作人员通过按下 START 开关来运行行李运输传送线。START 开关通常是瞬时开关，并且 STOP 开关是常闭开关且接成高电平。下面是简单的过程描述：

a. 当操作人员按下 START 开关时，每两秒闪一下指示灯，以警告人们传送带即将开启；

b. 80 s 后，开启一个传递电机，并关闭指示灯；

c. 操作人员通过按下 STOP 开关来停止传送带。

3.20　改变 3.19 题：对传送带上箱包的数量进行计数，在 100 个箱包经过后停止电机。添加传感器是必要的。

3.21　停车场有两个瞬时动作的传感器来统计进出停车场的车辆数。一个传感器被置于入口，另一个被置于出口。两条信息应该展示给顾客以表明停车场的状态（停车场是满或停车场是空）。停车场满通过 PL1 来模拟，停车场空通过 PL2 来反映。编写一个梯形逻辑程序来实现并记录这个过程。

 实验

【实验 3.1】　机床操作

本实验的目的是让读者熟悉用于机床控制的定时和计数指令。

过程描述

一台机床由 5 个工作台组成：机器人收集并放置零件（工作台 1）、送料平台（工作台 2）、固定喷涂（工作台 3）、检查（工作台 4）和丢弃（工作台 5）。工作台 1 运行开始时，机器人卸下已经加工完成的零件并放置未加工完成的零件。工作台 2 调节操作台运送零件到传递带上的速度。工作台 3 是喷涂工作台，它的功能是对印制电路的边缘和未完成的部分进行喷涂。工作台 4 是由 10 个钢琴手指组成的检验台，5 个在上面，5 个在下面。它的功能是检查喷涂质量，通过上下的钢琴手指接近印制电路的边缘，并根据喷漆的状态来记录 1 或 0。对于好的喷漆，记录为 1。工作台 5 的主要功能是从工作台 4 获取信号后丢弃不好的喷漆零件。工作台 3 是这个实验的重点，接下来具体描述。

工作台 3（喷涂）操作

当有限位开关（LS1）的零件被放置于这个工作台，这表明喷漆工作区域有零件。

- 当得电时，一个电磁阀（SV1）将把这个平台抬到喷涂室的高度。
- 一个限制开关（LS2）放置在较上层的位置，当被关闭时，表明零件已经上升到喷涂室的高度。
- 喷涂时间为 5 s。
- 当喷涂循环完成时，电磁阀应该掉电把平台降低到传送带水平上。
- 传送带和送原料的速度控制不是这个实验的部分。

实验要求

为工作台 3（喷涂台）编写一个梯形逻辑程序，使载有零件的平台上升，使它在喷漆台保持 5 s，再使已喷涂的零件下降到传送带上。

a. 分配 I/O 地址；

b. 分配位地址；

c. 设想并使用必要的传感器来控制喷涂过程；

d. 应用可能的场景概念来检验并解决异常情况；

e. 检查程序并用逻辑流程图来记录梯形逻辑程序。

【实验 3.2】 传送机系统控制

本实验的目的是让读者熟悉传送带系统控制中的基础定时和计数指令。一个正在传送带上移动的零件会通过光电单元。光电单元的功能主要是计算零件个数。当完成 100 个计数后，传送带会停下来。

设计要求

设计和实施一个梯形逻辑程序来满足下面一系列操作，并记录下该程序。

a. START 开关按下，经过 5 s 延迟，传送带电机启动。只要当 AUTO/MANUAL 开关置于 AUTO 位置时，电机就必须启动。只有当电机运转时，光电单元才工作。

b. 当计数器计数到 3 后，延时 2 s 停止传送带。

c. ON 指示灯表明到达序列的末端。

d. STOP 开关按下时，系统回到初始状态。

e. 操作员通过按下 START 开关来重启相同的序列。

注意：光电单元信号用 SS1，电机运转输入指示信号用 SS2，电机启动输出信号用 PL1，指示灯输出信号用 PL2。

实验要求

a. 分配系统输入和输出。

b. 进入图 3-56 所示的网络。

c. 对每一个网络进行注释。

d. 下载程序并联网。

e. 用测试单元的 I/O 或者西门子的仿真器来仿真这个程序，验证这个程序是否与程序描述一致。

f. 修改这个实验：如果电机运转，操作人员触发一个新的开关 HALT，但保留零件计数。HALT 开关停止电机运行并暂停计数器计数。HALT 开关的重新触发将启动电机并恢复零件计数。

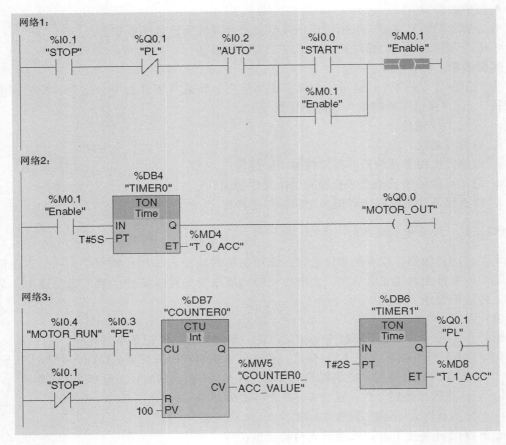

图 3-56

【实验 3.3】 泵启动失败报警

这个实验的目的是让读者熟悉当用定时器 TON 指令启动电机失败时触发报警器的方法。对于下面每一个泵启动/停止的数字信号输出，可根据以下内容查询图 3-57 所示的程序：

a. 列出成功的泵启停条件。

b. 针对启动失败、停止失败、启动和停止运行的操作，改变定时器预设值。

c. 使用较大预设时间值并监控 PLC 程序的运行。

d. 模拟与监控泵启停失败报警。

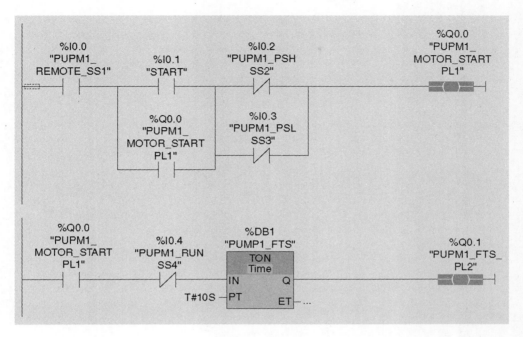

图 3-57

数学、传送、比较指令

本章将详细介绍3种梯形图程序设计指令：数学运算指令、比较指令以及传送指令。最后简要介绍西门子S7-1200 PLC系统的编号系统及表示方法。

本章目标

■ 理解数学运算指令；

■ 理解传送指令和比较指令；

■ 能在实际工业控制中应用这3种指令；

■ 熟悉西门子S7-1200 PLC开发软件。

本章将详细介绍 3 种 PLC 梯形图程序设计指令：数学运算指令、比较指令以及传送指令。3 种指令补充了第 2 章介绍的逻辑指令和输入/输出指令，并且这也是第 3 章详细讨论定时器和计数器指令后的延续。安排本章既不是为了内容的全面性，也不是为了重复介绍的内容，其目的在于为读者独立地学习、理解及应用各种编程指令打下基础。在介绍数学运算指令之前，本章简要介绍西门子 S7-1200 PLC 系统的编号系统及表示方法。

4.1 数学运算指令

数学运算是数字过程控制及自动化中不可或缺的部分。数学运算指令一般从用户接口或者测量单元接收数据，然后根据既定控制程序执行运算，最后输出运算结果，进而控制过程系统中的执行器，同时将必要信息显示在用户显示器上。模拟 I/O 接口的量化转换是数学运算指令的典型应用。

4.1.1 编号系统

常用的十进制计数系统是以 10 为单位的表示方法。十进制计数系统适用于整数和实数的表示。实数包括整数部分和小数部分，两者以小数点分开。从小数点位置向左，位的权重越来越大；从小数点位置向右，位的权重越来越小。例如十进制数 9623.154 等于如下各项之和

$$9623.154 = 9 \times 10^3 + 6 \times 10^2 + 2 \times 10^1 + 3 \times 10^0 + 1 \times 10^{-1} + 5 \times 10^{-2} + 4 \times 10^{-3}$$

实数常常采用标准的科学计数法表示，例如 $9623.154 = 0.9623154 \times 10^4$，小数部分（09623154）称为尾数，10 的右上角的 4 称为指数。该表示方法不仅具有无限的表示范围，还可以达到任意精度。但该种表示方法既不适用于资源有限的数字计算机系统，也不适用于实际的实时控制系统。

与数字计算相同，PLC 使用标准的二进制系统。自然数、整数以及实数都是由固定位数的二进制单元存储表示的。典型的存储单元长度一般为 1 个、2 个、4 个或者 8 个字节。数据存储单元长度可以是默认的标准长度，也可以通过可用的用户声明来改变。本书假定无符号整数和有符号整数的默认存储长度为 1 个字节（8 位）。八进制和十六进制表示法作为二进制表示法的补充，更有利于说明文档的表述，也会做简要介绍。以下是整数表示法的简单例子。

- 无符号整数表示法（范围:0～255）。例如
  $(97)_{10} = (0110\ 0001)_2$，$(1110\ 0001)_2 = (225)_{10}$。
- 有符号整数表示法（范围：−128～127）。例如
  $(97)_{10} = (0110\ 0001)_2$，$(-97)_{10} = (0110\ 0001)_2$ 的补码 $= (1001\ 1110)_2 + 1 = (1001\ 1111)_2$。

标准化的实数包含两部分：尾数和指数。尾数用二进制小数表示，指数用有符号整数表示，实数正负号用单独的 1 个二进制位表示。实数的默认存储单元包含 4 个字节：24 位存储尾数、7 位存储指数和 1 位符号位。更高精度的表示方法是增加 4 位尾数存储位。

4.1.2　西门子 S7-1200 PLC 的数据和计数表示法

西门子 S7-1200 PLC 中用到的变量可以定义为实型、整型或者布尔型。二进制位是最小的存储单元，可以存储 1 位数字 I/O 变量。1 个字节包含 8 位连续二进制位，1 个字包含 16 位连续二进制位，整型变量占用 1 个字的存储单元。4 个连续的字节形成 1 个双字，实型变量、长整型变量占用 1 个双字的存储单元。常见的布尔变量包括：数字 I/O 变量、比较标志位、计算标志位、中间逻辑变量。每个布尔变量占用 1 个比特存储位，其值要么为 0（假/断开），要么为 1（真/导通）。整型变量要么占用 1 个字（2 个字节）的存储单元，要么占用 1 个双字（4 个字节）的存储单元。实型变量要么占用 1 个双字（4 个字节）的存储单元，要么占用 1 个四字（8 个字节）的存储单元。西门子 S7-1200 PLC 没有存储交换功能，2 个字节的整型数存储时首先将高 8 位存在低地址存储单元，然后将低 8 位存储在高地址单元。表 4-1 所示为西门子 S7-1200 PLC 常见变量表示形式，但也支持其他类型的变量诸如字符型、字符串型、数组型及特殊类型的变量。

表 4-1 示出了常见的符号类型以及可用的地址范围。表中共列出了 5 种不同类型：I/O 信号、存储器、外围 I/O、定时器/计数器以及数据块。每种类型都分配了唯一的助记标识符和可用的数据类型。地址范围给出了起始地址和允许的最大地址。每种类型的地址范围都极宽泛，但实际应用中往往只用到很小的一部分。西门子 S7-1200 PLC 实际的 I/O 接口是有限的，用不到表中所示的那么大的地址范围。PLC 程序中的网络数量、用到的 I/O 点数、配置的存储器空间等决定了程序的大小，因而也决定了扫描周期的长短。该扫描周期与过程控制的实时性要求密切相关。在每个扫描周期中，CPU 执行整个梯形图程序并检查所有硬件设备。扫描周期越长，则过程控制系统的刷新频率越低。在一些应用中，被控系统的变化频率较小，扫描周期的长短相对不太重要。但在另外一些变化迅速的过程控制系统中，扫描周期的长短就相当关键，因而需要尽可能地缩短扫描周期。如果控制系统是冗余配置的 PLC 硬件系统，需要更多的时间用于内务操作和信息交换，则对扫描周期的要求就更高。因此，需要根据不同的应用需求确定 PLC 的配置和处理器速度。

表 4-1　允许地址和数据类型的符号表

存储空间	说明	数据类型	地址范围
I/O 信号			
I	输入位	BOOL	0.0～65535.7
IB	输入字节	BYTE, CHAR	0～65535
IW	输入字	WORD, INT, S5TIME, DATE	0～65534
ID	输入双字	DWORD, DINT, REAL, TOD, TIME	0～65532
Q	输出位	BOOL	0.0～65535.7
QB	输出字节	BYTE, CHAR	0～65535
QW	输出字	WORD, INT, S5TIME, DATE	0～65534
QD	输出双字	DWORD, DINT, REAL, TOD, TIME	0～35532

（续）

存储空间	说明	数据类型	地址范围
标识符存储			
M	存储位	BOOL	0.0～65535.7
MB	存储字节	BYTE，CHAR	0～65535
MW	存储字	WORD，INT，S5TIME，DATE	0～65534
MD	存储双字	DWORD，DINT，REAL，TOD，TIME	0～65532
外设 I/O			
PIB	外设输入字节	BYTE，CHAR	0～65535
PIW	外设输入字	WORD，INT，S5TIME，DATE	0～65534
PID	外设输入双字	DWORD，DINT，REAL，TOD，TIME	0～65532
PQB	外设输出字节	BYTE，CHAR	0～65535
PQW	外设输出字	WORD，INT，S5TIME，DATE	0～65534
PQD	外设输出双字	DWORD，DINT，REAL，TOD，TIME	0～65532
计时器和计数器			
T	计时器	TIMER	0～65535
C	计数器	COUNTER	0～65535
数据块			
DB	数据块	DB，FB，SFB，UDT	1～65535

例 4-1 说明了在做数学运算时，两数的数据类型和存储格式的转换过程。

【例 4-1】　数据格式

两个有符号整数具有不同的数据格式，第一个数为 2 字节的字，第二个数为 4 字节的双字。当需要对这两个数做加法时，必须首先将第一个数的数据格式转换成 4 字节的有符号整数。如果第一个数是正数，则只需在原数前添加 16 个 0（例如：hex 0000 0013）。当整数的最高位为 0 时，说明该数为正数。如果该数为负，则需要将该数转换成 32 位的二进制补码形式。假如原数为 −19，其 2 字节的二进制补码表示为 hex FFED。−19的 4 字节表示为 hex FFFF FFED，注意其最高位为 1，表示该数为负。

4.1.3　常用数学运算指令

本节涵盖了最常用的 7 种数学运算指令：加、减、乘、除、递增、递减以及通用等式计算。每条数学指令模块包括输入使能、输出使能以及 I/O。本章后面将讨论数学运算指令的实际应用实例。

转换指令是大多数微处理器指令集中的一部分，也是 PLC 指令系统的一部分。PLC 中转换指令可以完成大多数数据格式间的相互转换，例如整型数据、实型数据以及字符串数据间的相互转换。在用户程序中应该小心使用这些指令。

求和（ADD）指令

当 TAG_IN 为真时，执行 ADD 指令。将 TAG_VALUE1 和 TAG_VALUE2 相加，结果从 TAG_RESULT 输出。ADD 指令模块图如图 4-1 所示。

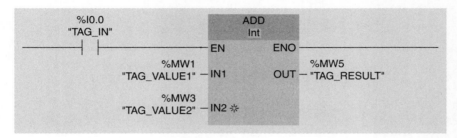

图 4-1　ADD 指令模块图

求差（SUB）指令

当 TAG_IN 为真时，执行 SUB 指令。TAG_VALUE1 的值减去 TAG_VALUE2 的值，结果从 TAG_RESULT 输出。SUB 指令模块图如图 4-2 所示。

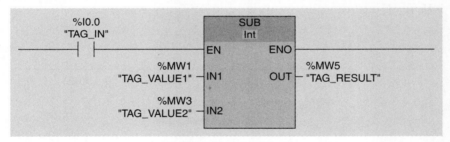

图 4-2　SUB 指令模块图

乘法（MUL）指令

当 TAG_IN 为真时，执行 MUL 指令。将 TAG_VALUE1 的值与 TAG_VALUE2 的值相乘，结果从 TAG_RESULT 输出。MUL 指令模块图如图 4-3 所示。

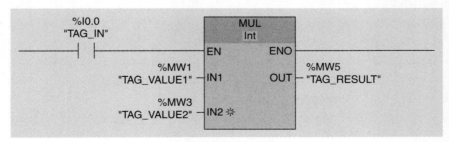

图 4-3　MUL 指令模块图

除法（DIV）指令

当 TAG_IN 为真时，执行 DIV 指令。将 TAG_VALUE1 的值除以 TAG_VALUE2 的值，结果从 TAG_RESULT 输出。DIV 指令模块图如图 4-4 所示。

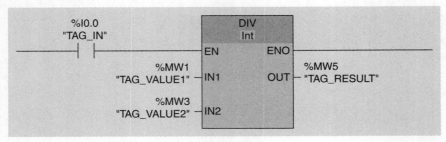

图 4-4　DIV 指令模块图

递增（INC）指令

当 TAG_IN 由 0 变为 1 时，执行 INC 指令。将 TAG_VALUE1 的值加 1，如果 TAG_IN 保持为高电平，则 TAG_VALUE1 的值不断加 1 直至向上溢出。INC 指令模块图如图 4-5 所示。

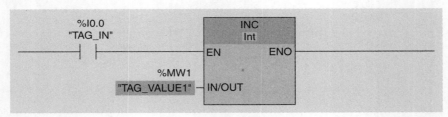

图 4-5　INC 指令模块图

递减（DEC）指令

当 TAG_IN 由 0 变为 1 时，执行 DEC 指令。将 TAG_VALUE1 的值减 1，如果 TAG_IN 保持为高电平，则 TAG_VALUE1 的值不断减 1 直至向下溢出。DEC 指令模块图如图 4-6所示。

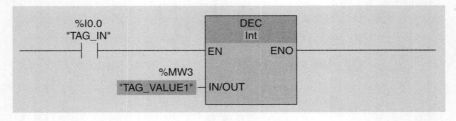

图 4-6　DEC 指令模块图

取小（MIN）指令

当 TAG_IN 为真时，执行 MIN 指令。将 TAG_VALUE1 的值与 TAG_VALUE2 的值进行比较，两值中较小的值从 TAG_RESULT 输出。MIN 指令模块图如图 4-7 所示。

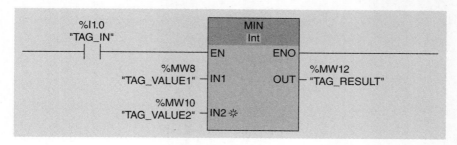

图 4-7   MIN 指令模块图

取大（MAX）指令

当 TAG_IN 为真时，执行 MAX 指令。将 TAG_VALUE1 的值与 TAG_VALUE2 的值进行比较，两值中较大的值从 TAG_RESULT 输出。MAX 指令模块图如图 4-8 所示。

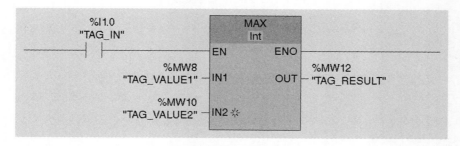

图 4-8   MAX 指令模块图

限幅（LIMIT）指令

当 TAG_IN 为真时，执行 LIMIT 指令。将 TAG_VALUE 的值与 TAG_MIN 的值和 TAG_MAX 的值进行比较，当 TAG_VALUE 的值小于 TAG_MIN 的值时，TAG_MIN 的值从 TAG_OUT 输出；当 TAG_VALUE 的值大于 TAG_MAX 的值时，TAG_MAX 的值从 TAG_OUT 输出；否则，TAG_VALUE 的值直接从 TAG_OUT 输出。LIMIT 指令模块图如图 4-9 所示。

交换（SWAP）指令

当 TAG_IN 为真时，执行 SWAP 指令（见图 4-10）。将 TAG_IN_VALUE 的高 8

位和低 8 位进行交换，结果从 TAG ＿ OUT ＿ VALUE 输出，如图 4-11 所示。

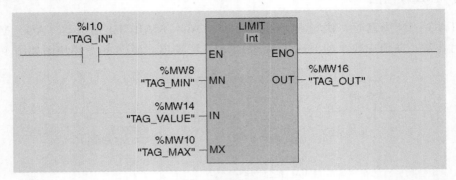

图 4-9　LIMIT 指令模块图

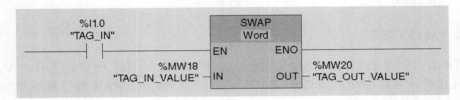

图 4-10　SWAP 指令模块图

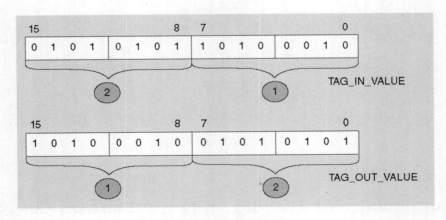

图 4-11　字节交换示意图

众所周知，1 个 16 位的整型数需占用 2 个字节连续的存储空间。然而，计算机在存储或者传输这 2 个字节时并没有标准顺序。因此，存储格式不同的计算机在整型数高低字节互换之前，是不能进行数据交换操作的。

虽然 16 位的整型数据都是分成 2 个 8 位的字节存储的，但这 2 个字节的存储顺序可能完全相反。例如十进制数 16，其十六进制表示为 hex 0010，其 2 个字节的表示形式如下：

$$00_{16} \qquad 高\ 8\ 位字节$$
$$10_{16} \qquad 低\ 8\ 位字节$$

以上这种整型数高低 8 位的定义方式是被普遍接受的。但是，这 2 个字节在不同处理器中的存储顺序可能不同。

基于 Intel 80x86 系列处理器的计算机系统将高 8 位字节存储在地址偏大的存储单元中，而将低 8 位字节存储在地址偏小的存储单元中。因此，在 Intel PC 中，如果要将整型数 16（hex 0010）存储到地址为 2000 的存储单元中，则 hex 10（低 8 位字节）将被存储在地址为 2000 的存储单元，hex 00（高 8 位字节）将被存储在地址为 2001 的存储单元。这种将整型数的低 8 位字节存储在较小地址单元中的存储方式称为"小端模式"（little-endian）。

基于 Motorola 68000 系列处理器的计算机系统的存储方式正好与 Intel 80x86 的相反。即 hex 00（高 8 位字节）将被存储在地址为 2000 的存储单元，hex 10（低 8 位字节）将被存储在地址为 2001 的存储单元。这种将高 8 位字节存储在较小地址单元中的存储方式称为"大端模式"（big-endian）。

当 2 台计算机交换整型数据时，必须知道双方数据的发送和接收顺序，否则，高低字节顺序可能弄反。在上述例子中，如果 Intel 处理器直接将 16 位的整型数据传送给 Motorola 处理器，Motorola 处理器将接收到的数据解释为 hex 1000（十进制数 4096）。西门子 S7-1200 PLC 是遵循大端模式的存储方式的。前面介绍的交换（SWAP）指令可完成高低 8 位数据的交换，从而实现存储方式不同的计算机系统间的数据传送。

取反（NEG）指令

当输入信号 TAG_IN1 或者 TAG_IN2 由 0 变为 1 时，执行 NEG 指令。对输入 TAG_IN_VALUE 值的符号取反，结果从 TAG_OUT_VALUE 输出。NEG 指令模块图如图 4-12 所示。

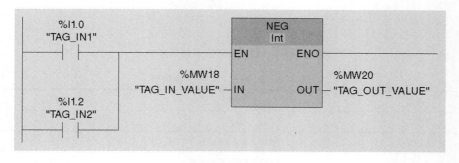

图 4-12　NEG 指令模块

比例缩放（SCALE_X）指令

当输入信号 TAG_IN1 由 0 变为 1 时，执行 SCALE_X 指令。输入 TAG_IN_VALUE 的值按比例缩放到由 TAG_MIN 和 TAG_MAX 定义的数据范围中。结果从

TAG _ RESULT 输出。SCALE _ X 指令模块图如图 4-13 所示。

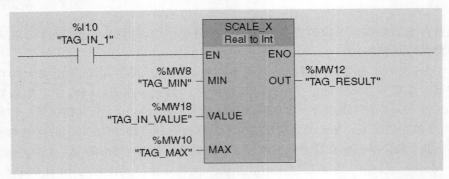

图 4-13   SCALE _ X 指令模块图

比例缩放指令将输入 TAG _ IN _ VALUE 的值缩放到特定的数值范围中。该指令执行时，将 TAG _ IN _ VALUE 输入的浮点数（0.5）按比例缩放到由 TAG _ MIN 和 TAG _ MAX 定义的数据范围（10～30）中。缩放得到的整型数（20）从 TAG _ RESULT 输出。图 4-14 示出了比例缩放指令的原理图。表 4-2 给出了该指令用到的参数。

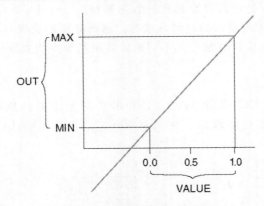

图 4-14   SCALE _ X 指令缩放原理图

表 4-2   SCALE _ X 指令参数表

参数	名称	数值
MIN	TAG _ MIN	10
MAX	TAG _ MAX	30
VALUE	TAG _ IN _ VALUE	0.5
OUT	TAG _ RESULT	20

标准化（NORM _ X）指令

当输入信号 TAG _ IN 为真时，执行 NORM _ X 指令。该指令将输入 TAG _ VALUE

的值按线性比例进行标准化（范围：0.0～1.0）。模块中的 MIN 和 MAX 限制了输入数据的范围，也定义了标准化的比例。标准化的实型数据结果从 TAG＿RESULT 输出。NORM＿X 指令模块图如图 4-15 所示。图 4-16 示出了标准化指令的原理图。

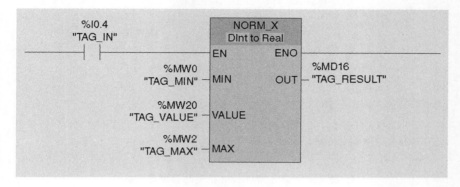

图 4-15　NORM＿X 指令模块图

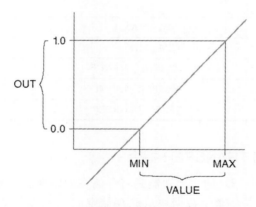

图 4-16　NORM＿X 指令线性化原理图

等式计算指令

等式计算（CALCULATE EQUATION）指令允许有多个输入（IN1、IN2、IN3 等），输入量可以作为等式中的独立变量或常量参与运算，最后得到独立变量（OUT）的输出结果。等式计算指令用于计算如下等式，该等式将模/数转换后的数字量"Digital Input"再次转换成以华氏度为单位的实际温度值"Degree F"。

$$Degree\ F = (MAX - MIN) / Digital\ Range \times Digital\ Input + MIN$$

图 4-17 所示为利用等式计算指令完成实际温度值的转换。表 4-3 列出了等式计算指令的参数表。

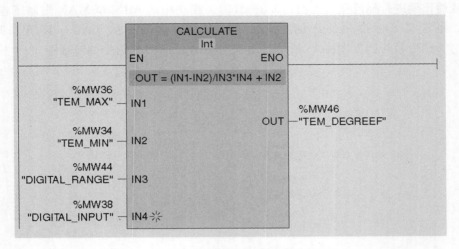

图 4-17　基于等式计算指令的温度值转换

表 4-3　等式计算指令参数表

参数	名称	数值
IN1	TEM _ MAX	400
IN2	TEM _ MIN	50
IN3	DIGITAL _ RANGE	4095
IN4	DIGITAL _ INPUT	1000
OUT	TEMP _ DEGREEF	135

4.1.4　MOVE 指令和 TRANSFER 指令

　　MOVE 指令（见图 4-18）的主要功能是将存储在确定地址单元的数据复制到新的存储单元。TRANSFER 指令是将整个数据块从原存储空间一次性移动到新的存储空间，该过程是通过存储器的阵列操作完成的。数学运算指令也可以通过存储器阵列操作完成。本书中不包括存储器阵列操作部分的内容，相关内容可以参考西门子网站上的编程指南。

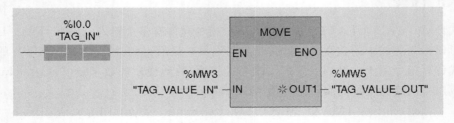

图 4-18　MOVE 指令模块图

当 TAG_IN 为真时，执行 MOVE 指令。输入 TAG_VALUE_IN 的值被复制到输出 TAG_VALUE_OUT。

MOVE BLOCK 指令

当 TAG_IN 从低电平变为高电平时，执行 MOVE BLOCK 指令。该指令将阵列 A_ARRAY 中 3 个单元（A_ARRAY [2…4]）的值复制到阵列 B_ARRAY 中的 3 个单元（B_ARRAY [1…3]）。MOVE BLOCK 指令模块图如图 4-19 所示。

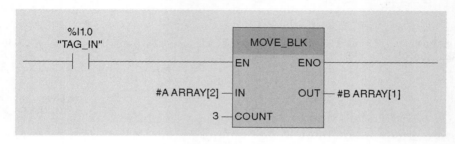

图 4-19　MOVE BLOCK 指令模块图

FILL BLOCK 指令

当 TAG_IN1 和 TAG_IN2 同时从低电平变为高电平时，执行 FILL BLOCK 指令（见图 4-20）。该指令将阵列 A_ARRAY 中的第 2 个单元（A_ARRAY [2]）分别复制到阵列 B_ARRAY 中从 [3] 开始的 4 个单元（B_ARRAY [3…6]）。

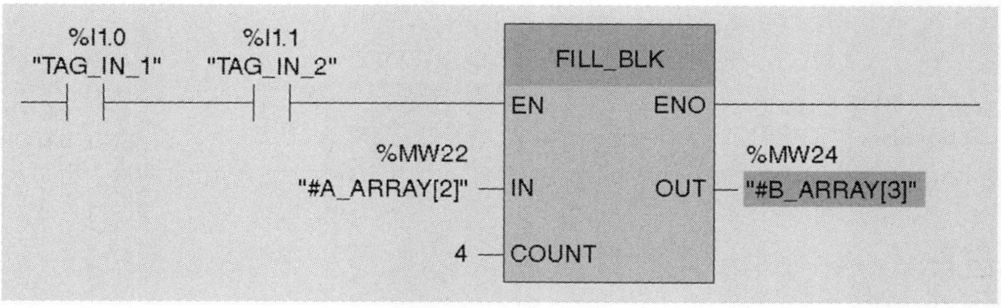

图 4-20　FILL BLOCK 指令模块图

【例 4-2】

一个多功能流水生产线可以生产 2 种产品。生产线上的成品数量都可以通过光电单元（PE1）计数。启动（START）开关用于启动整个批量流水生产线。生产哪种产品由相应的独立开关确定（产品 1 由 PB1 启动，产品 2 由 PB2 启动），但同一时间只能生产 1 种产品。在 1 种产品生产完成后才能生产另一种产品，或者通过 STOP 开关提前结束前一种产品的生产。产品 1 启动一次的生产量为 2000，产品 2 启动一次的生产量为 5000。灯 PL1 点亮表示一次生产过程的完成。计数器的 RESET 输入按钮用于复位记录产品的数量。图

4-21所示为完成上述过程的控制梯形图。

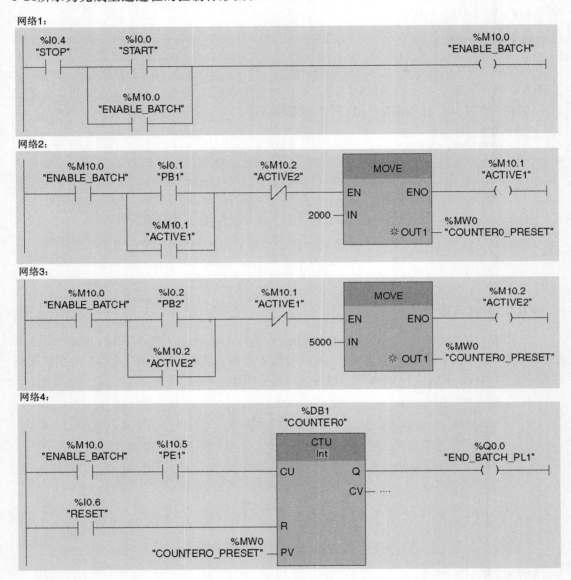

图 4-21　产品流水生产线控制梯形图

4.2　比较指令

本节将介绍最常用的比较指令及其他两个强大的指令：在范围指令和超范围指令。

4.2.1　相等、大于及小于指令

相等指令

当输入 TAG＿IN 为真时，执行相等（EQUAL）指令。该指令将 TAG＿VALUE1 的值和 TAG＿VALUE2 的值进行比较，如果两者相等，则将输出 TAG＿EQUAL 置位。相等指令模块图如图 4-22 所示。

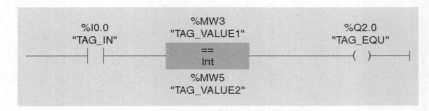

图 4-22　相等指令模块图

不等指令

当输入 TAG＿IN 为真时，执行不等（NOT EQUAL）指令。该指令将 TAG＿VALUE1 的值和 TAG＿VALUE2 的值进行比较，如果两者不等，则将输出 TAG＿NOT＿EQU 置位。不等指令模块图如图 4-23 所示。

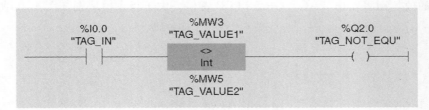

图 4-23　不等指令模块图

大于或等于指令

当输入 TAG＿IN 为真时，执行大于或等于（GREATER THAN OR EQUAL）指令。该指令将 TAG＿VALUE1 的值和 TAG＿VALUE2 的值进行比较，如果 TAG＿VALUE1 的值大于或等于 TAG＿VALUE2 的值，则将输出 TAG＿GREATER＿OR＿EQU 置位。大于或等于指令模块图如图 4-24 所示。

小于或等于指令

当输入 TAG＿IN 为真时，执行小于或等于（LESS THAN OR EQUAL）指令。该指令将 TAG＿VALUE1 的值和 TAG＿VALUE2 的值进行比较，如果 TAG＿VALUE1 的值小于或等于 TAG＿VALUE2 的值，则将输出 TAG＿LESS＿OR＿EQU 置位。小于或等于指令模块图如图 4-25 所示。

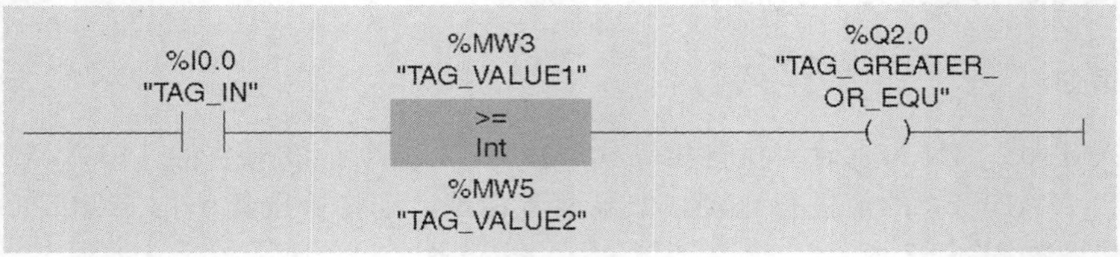

图 4-24   大于或等于指令模块图

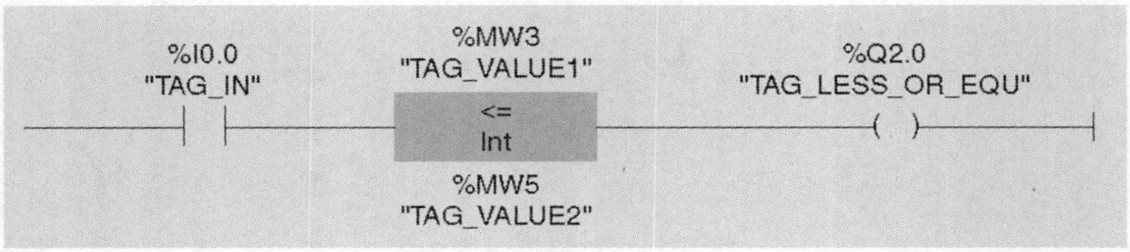

图 4-25   小于或等于指令模块图

大于指令

当输入 TAG _ IN 为真时，执行大于（GREATER THAN）指令。该指令将 TAG _ VALUE1 的值和 TAG _ VALUE2 的值进行比较，如果 TAG _ VALUE1 的值大于 TAG _ VALUE2 的值，则将输出 TAG _ GREATER 置位。大于指令模块图如图 4-26 所示。

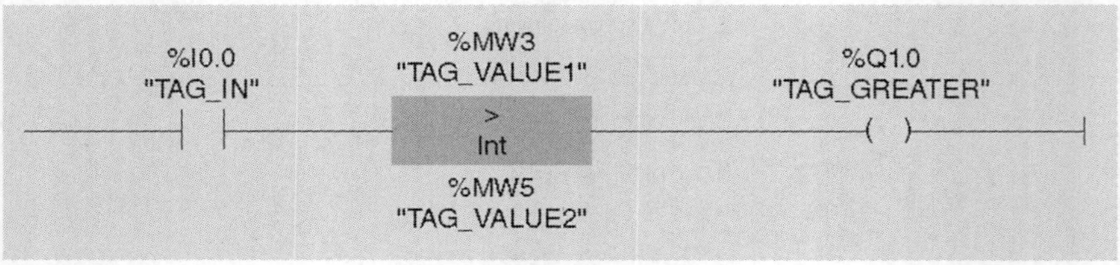

图 4-26   大于指令模块图

小于指令

当输入 TAG _ IN 为真时，执行小于（LESS THAN）指令。该指令将 TAG _ VALUE1 的值和 TAG _ VALUE2 的值进行比较，如果 TAG _ VALUE1 的值小于 TAG _ VALUE2 的值，则将输出 TAG _ LESS 置位。小于指令模块图如图 4-27 所示。

4.2.2   在范围指令和超范围指令

在范围指令

当输入 TAG _ IN 为真时，执行在范围（IN RANGE）指令。当输入 TAG _ VALUE 的

值处于 TAG＿MIN＿IN 和 TAG＿MAX＿IN 之间时，即 TAG＿MIN＿IN≤TAG＿VALUE≤TAG＿MAX＿IN，输出 TAG＿IN＿RANGE 置位。在范围指令模块图如图4-28所示。

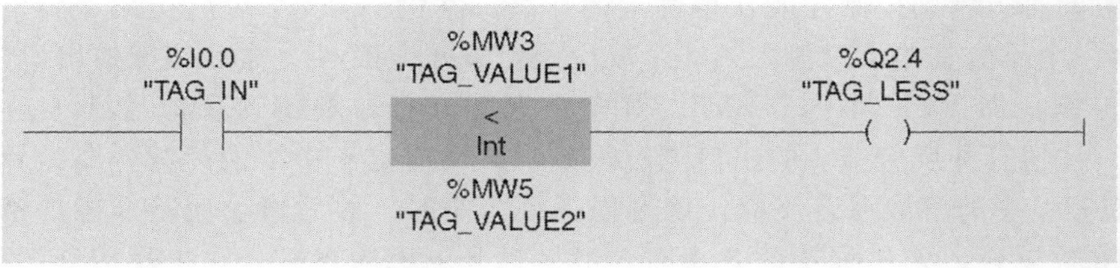

图 4-27　小于指令模块图

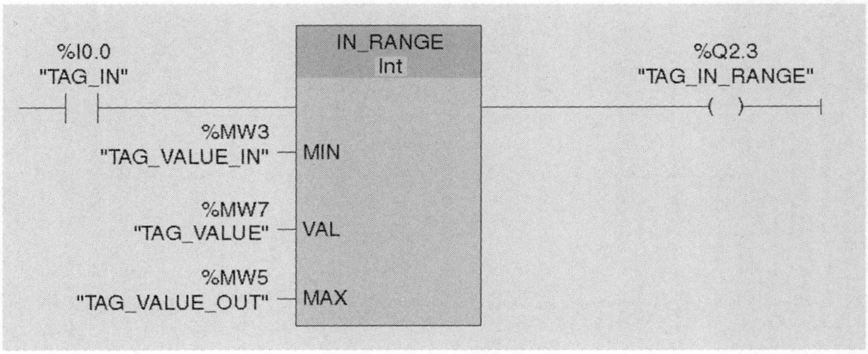

图 4-28　在范围指令模块图

超范围指令

当输入 TAG＿IN 为真时，执行超范围（OUT RANGE）指令。当输入 TAG＿VALUE 的值超出由 TAG＿MIN＿IN 和 TAG＿MAX＿IN 确定的范围时，即 TAG＿VALUE＜TAG＿MIN＿IN 或者 TAG＿VALUE＞TAG＿MAX＿IN，输出 TAG＿OUT＿RANGE 置位。超范围指令模块图如图 4-29 所示。

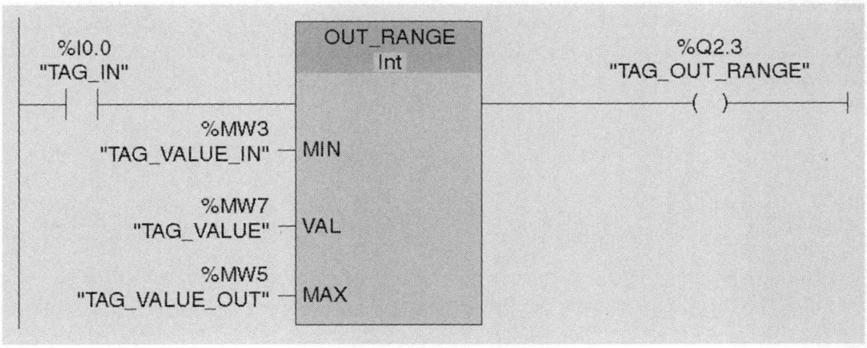

图 4-29　超范围指令模块图

【例 4-3】

级联箱式反应釜控制是一个典型的化学过程控制系统，其过程需要按照配方对混合原料的反应时间进行精确控制才能获得确定的产品。本例中，3 个反应釜从上到下级联布置（溶液从第一个反应釜的出口流入第二个反应釜，依此类推），3 个反应釜的出口分别通过 3 个电磁阀控制，即 SV1、SV2、SV3。首先根据配方将原料倒入反应釜 1 中，按下启动（START）按钮打开反应釜 1 的出口电磁阀 SV1。反应釜 1 中溶液持续不断地流入反应釜 2 并和反应釜 2 中的溶液混合反应，该过程持续 7 小时。然后将反应釜 2 中的溶液放入反应釜 3 中混合反应，该过程持续 8 小时。最后打开电磁阀 SV3，输出反应釜 3 中的成品，该过程持续 5 小时。图 4-30 所示为实现该控制过程的 4 个网络。

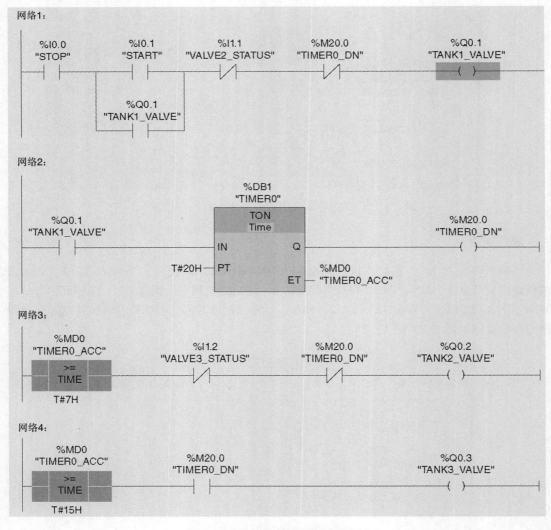

图 4-30　化学反应过程控制网络图

【例 4-4】

该例演示了延时导通定时器的应用方法。通过比较指令产生定时器计时位（Allen Bradley 公司的 PLC 以 TT 标记）。定时完成位（DN）和定时器累加值（ACC）如图 4-31 所示。该定时器运行过程如下。

- 网络 1：当输入 INPUT I0.1 为真时，定时器 Timer0 开始计时。当计时未到 10 s 时，输出线圈 Timer0 _ DN 和 OUTPUT 保持为失电状态。
- 网络 2：当输出线圈 Timer0 _ DN 为失电状态时，执行比较指令，定时器计时位 Timer0 _ TT 置位，表明当前定时器正在计时。
- 当累加器 TIMER0 _ ACC 大于或等于 10 s 时，输出线圈 Timer0 _ DN 和 OUTPUT 得电，网络 2 输入为假，定时器计时位 Timer0 _ TT 复位，表明当前定时器未计时。

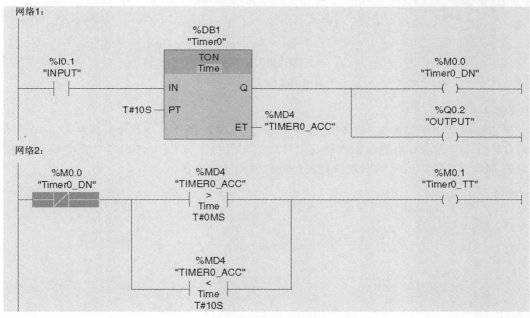

图 4-31　延时导通定时器应用梯形图

【例 4-5】

该例演示了减计数器和比较指令的应用方法。电磁开关 SV1 用于控制通过或者不通过的物品，该例使用电磁阀 SV1 控制 40 个物品通过，物品个数由光电单元计数。图 4-32 所示为实现该控制功能的 2 个网络。

- 当减计数器工作时，首先将设定计数值（PV）（100）存为当前计数值（CV）。
- 网络 1：当光电单元 PE1（I0.0）由低电平变为高电平时，计数器当前值（Counter0 _ Acc）减 1。如果当前值减为 0，则输出 Counter0 _ DN 置 1。
- 网络 2：当计数器当前值（Counter0 _ Acc）大于 60，则大于指令为真，电磁阀 SV1 保持导通状态。当计数器当前值（Counter0 _ Acc）小于或者等于 60，则该指令为假，电磁阀 SV1 断开。计数器计数值减到 0 后，Counter0 _ DN 置 1，设定计数值

（PV）（100）重新装载到当前计数值（CV）。

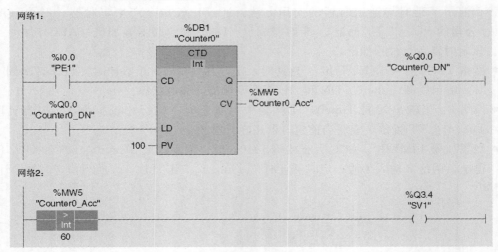

图 4-32　用于实现例 4.5 操作的 2 个网络

【例 4-6】

标志监测站用于监测 2 小时内遗漏标志超过 10 枚的事件。当该事件发生时，电机 M1 停转，FAULT 指示灯点亮。操作员必须排除故障并按下复位（RESET）开关后，才能重启电机 M1。图 4-33 所示为实现该控制过程的网络 4 梯形图。

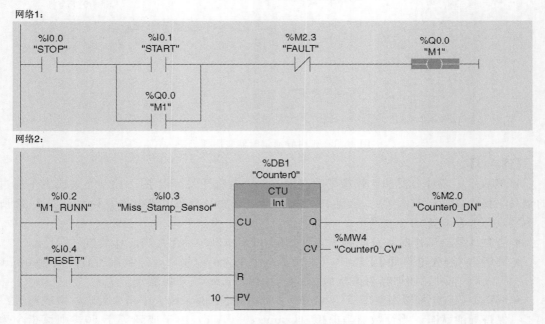

图 4-33　标志检漏控制梯形图网络

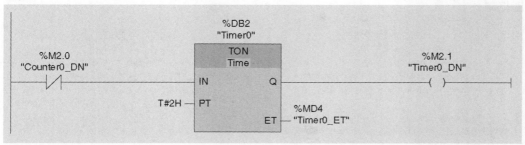

图 4-33　（续）

4.3　工业应用举例

　　本节将介绍一些已经成功实施项目中的任务，这些任务都是过程控制系统中的常见需求。紧接着介绍 3 个小的工业控制模块，这些模块阐释了一些前面介绍过的指令和概念。本节中的所有举例都在西门子 S7-1200 PLC 的软硬件系统上验证过，所有用到的技术和涉及的概念也都可以应用到其他 PLC 系统中。

4.3.1　过程控制常见任务

　　例 4-7 是一个灌溉渠下游平均水位计算的例子。该例通过 2 个安装在下游不同位置的水位传感器来实时测量实际水位。本例不包括采集数据的有效性检验步骤，但实际中必须在采集的数据进行计算之前执行该步骤。控制系统中经常采用冗余传感器同时采集被控变量，以防测量系统偶然的不精确或不可靠情况。控制系统冗余测量的使用虽然要在充分理解控制过程和被控设备的基础上，但更应该在设计和实施阶段多加考虑。

　　【例 4-7】

　　该例中有 2 个下游水位传感器输出值 DS1 _ LEVEL 和 DS2 _ LEVEL。图 4-34 的梯形图程序采用了 ADD 指令和 DIV 指令计算平均水位。ADD 指令将水位 DS1 _ LEVEL 的值和水位 DS2 _ LEVEL 的值加起来得到 DS _ SUM，然后用 DIV 指令将 DS _ SUM 除以 2，并将结果从 DS _ AVE 输出。

　　例 4-8 是过程控制需要采用比较指令控制被控对象的例子。下游水位的调节控制是根据期望水位设定值和预定义的死区范围进行的。当下游实际水位与设定水位的偏差处于预定义死区范围内时，控制器是没必要动作的。控制系统设计的要点之一就是去除不经济的过度控制。

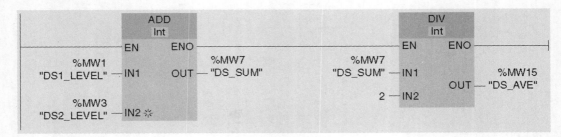

图 4-34   下游水位平均值计算

【例 4-8】

图 4-35 所示为利用大于或等于指令判断下游平均水位是否超过死区阈值上限的例子。采用大于或等于指令比较采样水位平均值 DS_AVE 和上限阈值 DS_HIGH_LEVEL 的大小，当前者大于或等于后者时，输出线圈 DS_HLEVEL 置位。

图 4-35   下游实际水位与阈值上限比较程序

【例 4-9】

图 4-36 所示为利用小于或等于指令判断下游平均水位是否超过死区阈值下限的例子。采用小于或等于指令比较采样水位平均值 DS_AVE 和下限阈值 DS_LOW_LEVEL 的大小，当前者小于或等于后者时，输出线圈 DS_LLEVEL 置位。

图 4-36   下游实际水位与阈值下限比较程序

控制系统中被控变量的实际值往往可以从本地控制面板、人机界面（HMI）或者其他联网控制点直接得到。在控制过程中，传感器也提供了所需的全部实时测量数据。所有用户输入数据或者传感器输入数据必须经过检验才能采用，例 4.10～例 4.14 为输入数据检验的例子。

【例 4-10】

图 4-37 所示的梯形图网络实现了设定值的限幅功能。当设定值 SP 超出了下限值 SP_LL 和上限值 SP_HL 确定的范围时，输出线圈 SP_OUTSIDE_LIMIT 置位。

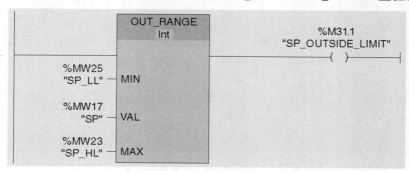

图 4-37　下游水位设定值超限检测

【例 4-11】

图 4-38 所示的梯形图网络实现了检查设定值是否在限定范围内的功能。当设定值 SP 处在下限值 SP_LL 和上限值 SP_HL 确定的范围内时，输出线圈 SP_INSIDE_LIMIT 置位。

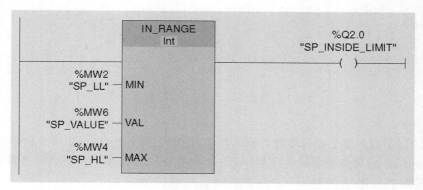

图 4-38　下游水位设定值限定范围检测

【例 4-12】

图 4-39 所示的梯形图网络实现了传感器输入信号的有效性检验。输入 INPUT_SIGNAL 是一个 12 位模/数转换结果，其范围为 0～4095。采用 2 条 MOVE 指令实现：当输入值小于 0 时输出 0；当输入值大于 4095 时输出 4095。

【例 4-13】

前一例子以 2 条比较指令、2 条 MOVE 指令构成的 2 个梯形图网络展示传感器输入数据的检验方法。该例介绍使用 1 条 LIMIT 指令完成同样任务的高效方法。LIMIT 指令同样将设定值与允许的最大最小值进行比较，当设定值超过允许最大最小值确定的范围时，就以相应的最大值或者最小值作为设定值，梯形图程序如图 4-40 所示。

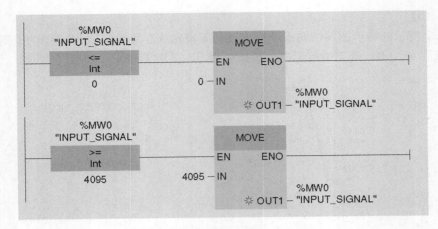

图 4-39　传感器输入信号有效性检验

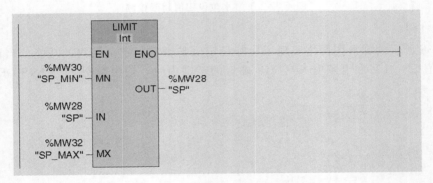

图 4-40　设定值 LIMIT 指令检验梯形图

【例 4-14】

该例使用 LIMIT 指令检验传感器输入的 12 位数据的有效性。12 位分辨率数据的有效范围为 0～4095。如果传感器输入数据小于 0，则将 0 作为其输入；如果传感器输入数据大于 4095，则将 4095 作为其输入，梯形图程序如图 4-41 所示。

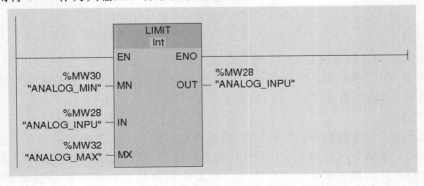

图 4-41　传感器输入值 LIMIT 指令检验梯形图

【例 4-15】

本例将介绍传感器输入数字量转换成实际物理量的方法，即将 0～4095 范围中的某数字值转换成对应的华氏温度值，测试间的温度监测常常要用到该转换功能。烤炉的温度范围为 50～400 华氏度，该温度通过一个 12 位分辨率的传感器采集。转换程序将按照图 4-42 所示的线性规律把数字量转换成实际温度值，从而可以在控制器的 HMI 上显示。HMI 的配置、接口和操作将在第 5 章详细介绍。

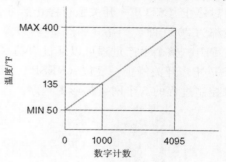

图 4-42　线性转换规律

具体的转换过程可以用等式计算指令、标准化指令或者比例缩放指令来实现，相应的指令配置如图 4-43 和图 4-44 所示。

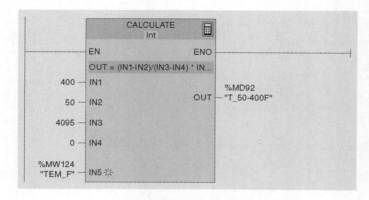

图 4-43　等式计算指令实现转换

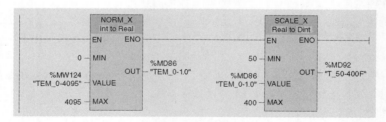

图 4-44　标准化指令实现转换

4.3.2　小型工业过程控制应用

为了进一步阐明在实际工业过程控制小型模块应用中的有关概念，本节将介绍 3 个小型工业控制应用范例。

【例 4-16】

一条多功能流水生产线可以生产 3 种不同的产品，但同一时间只能生产一种产品。产品数量通过安装在流水线上的光电单元统计。3 种不同的产品分别由 3 个专用的常开开关控制，但同一时间只能有一个开关闭合。另一种产品只能在当前产品生产周期完成后或者通过停止（STOP）开关强行停止后才能生产。现假定产品 1 和产品 2 的一个生产周期产量都为 2000 件，产品 3 的产量为 5000 件。每种产品的一个生产周期完成后都会点亮指示灯 PL1。整个生产过程可以通过启动（START）开关启动，同时可以在任何时间通过停止（STOP）开关停止。复位（RESET）开关用于对计数器的累加器清 0。图 4-45 所示为实现该控制过程的 5 个网络梯形图程序。

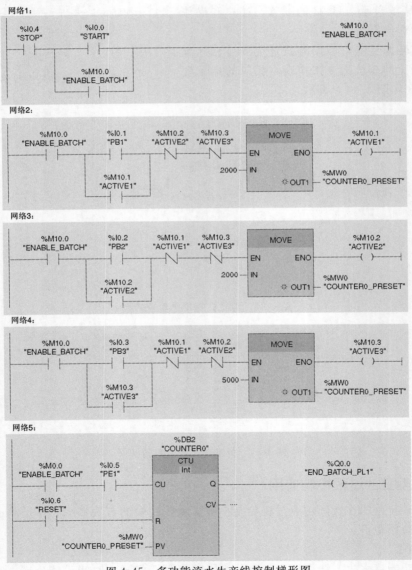

图 4-45 多功能流水生产线控制梯形图

【例 4-17】

级联反应釜控制是化学过程控制系统中的常见需求。在本例中，3 个带出口电磁阀的反应釜从上到下级联布置。反应过程正式启动后，首先打开反应釜 1 的出口阀门使反应釜 1 中的原料持续不断地流入反应釜 2 中，两者混合反应，该过程将持续 7 小时。之后关闭反应釜 1 出口阀门，打开反应釜 2 出口阀门，使反应釜 2 溶液流入反应釜 3 中混合反应，该过程持续 8 小时。最后关闭反应釜 2 出口阀门，打开反应釜 3 出口阀门输出成品，该过程要持续 5 小时。整个生产过程持续 20 小时，之后关闭所有反应釜出口阀门。停止（STOP）开关用于中断整个过程并将所有阀门复位到初始的关闭状态。启动（START）开关用于启动整个反应过程。图 4-46 所示为实现上述控制过程的 4 个网络梯形图程序。

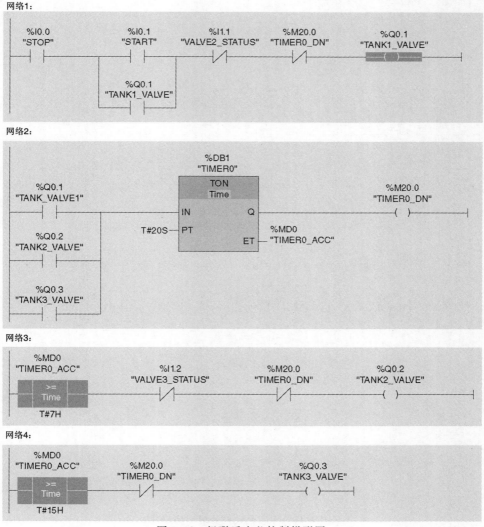

图 4-46 级联反应釜控制梯形图

【例 4-18】

该例介绍生产流水线上部件标志丢失数量的检测统计功能。当在 2 小时内检测到有 3 张邮票丢失时，则认为发生一次故障。当故障发生时，整个生产线停止运转，故障指示灯点亮。操作员必须排除故障后才能通过启动（START）开关使生产流水线重新开始工作。图 4-47 所示为实现上述控制过程的 6 个网络梯形图程序。

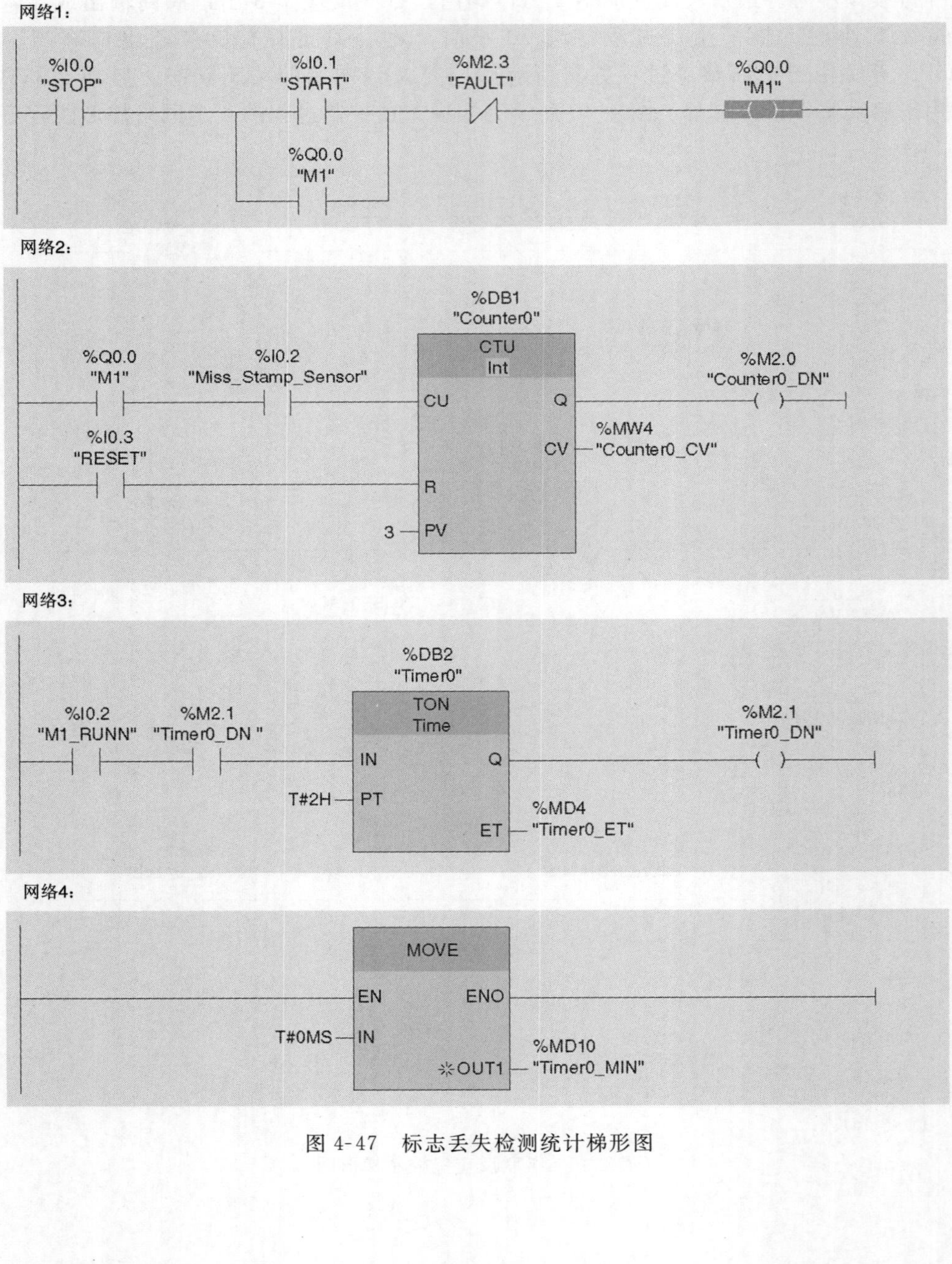

图 4-47   标志丢失检测统计梯形图

网络5:

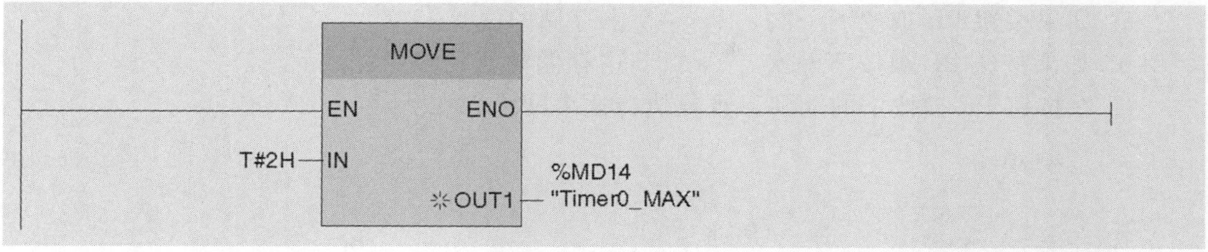

```
            ┌──────────────────┐
            │       MOVE       │
          ──┤ EN           ENO ├──────────────
            │                  │
   T#2H ────┤ IN               │
            │          %MD14   │
            │ ✳ OUT1 ─ "Timer0_MAX"
            └──────────────────┘
```

网络6:

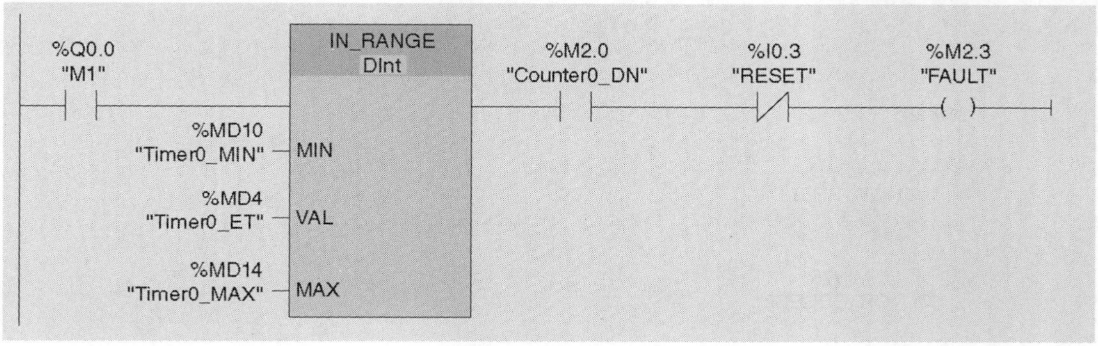

```
  %Q0.0      ┌──────────────────┐   %M2.0         %I0.3       %M2.3
  "M1"       │     IN_RANGE     │   "Counter0_DN" "RESET"     "FAULT"
 ──┤ ├───────┤      DInt        ├────┤ ├──────────┤/├─────────( )───
            │                  │
  %MD10     │                  │
 "Timer0_MIN"┤ MIN             │
            │                  │
  %MD4      │                  │
 "Timer0_ET"┤ VAL             │
            │                  │
  %MD14     │                  │
 "Timer0_MAX"┤ MAX            │
            └──────────────────┘
```

图 4-47 （续）

习题与实验

 习题

4.1 解释字和双字的区别。

4.2 当 MOVE 指令把存储字 MW4 中的内容传送到 MW10 中时，传送指令的 IN 和 OUT1 区域被写入的地址是什么？

4.3 说明 MAX 和 MIN 指令是如何工作的。用一个梯形网络来证明你的答案测试并记录你的梯形网络。

4.4 在 S7-1200 中有多少个比较指令可以使用？列举并解释三个指令。

4.5 说明图 4-48 中两个网络的功能。

4.6 如图 4-49 所示，假设 PB1 是常开按钮，Tag_1（MW20）中的值为 0，解答下列问题。

　　a. 如果 PB1 被按 3 次，Tag_1（MW20）中的值是什么？

　　b. 如果 PB1 被替换为持久开关 SS1，且开关闭合，Tag_1（MW20）中的值是什么？

4.7 如果设定值超过了最大或最小范围，请编写一个梯形逻辑程序，使标识名为 SP_OUTSIDE_LIMIT 的存储位打开。

4.8 参考图 4-50 中提到的数学指令，假设 Tag_1 和 Tag_2 的值分别为 5 和 10，回答下

列问题:

a. 如果按钮 PB 被按下一次,Tag＿5 中存储的值是多少?

b. 如果按钮 PB 被按下两次,Tag＿5 中存储的值是多少?

c. 在按钮 PB 被按下的期间,重复执行这个网络。

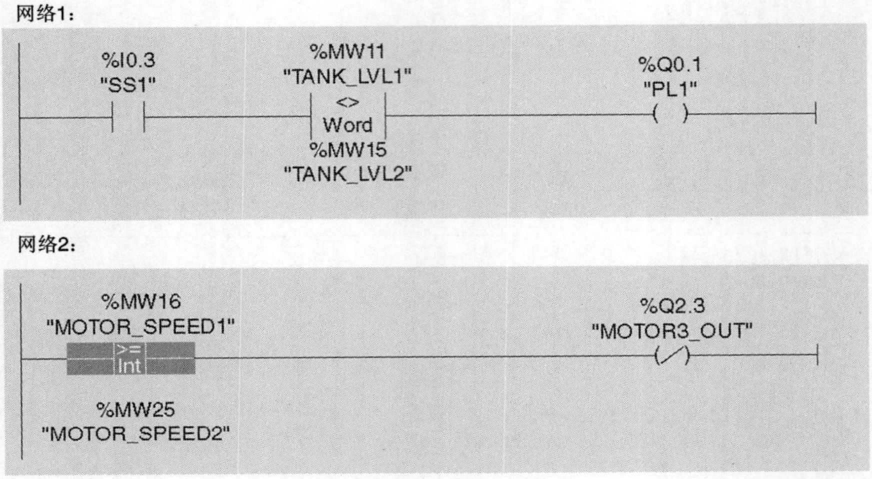

图 4-48　4.5 题的网络图

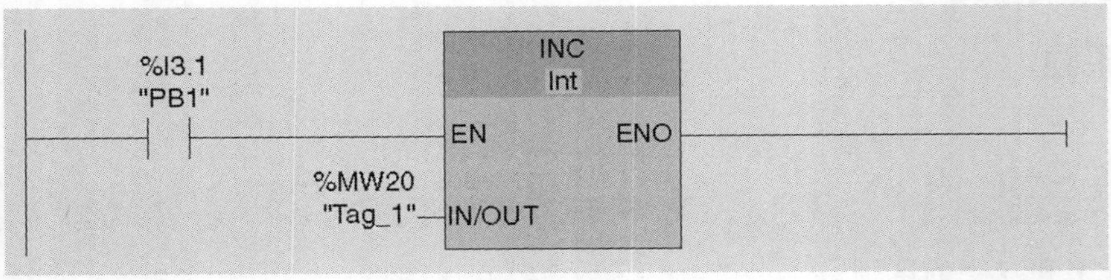

图 4-49　4.6 题的网络图

4.9　参考图 4-51 所示网络中提到的数学指令,假设 Tag＿1 和 Tag＿2 的值分别为 5 和 10,回答下列问题:

　　a. 如果按钮 PB 被按下一次,Tag＿5 中存储的值是多少?

　　b. 如果按钮 PB 被按下两次,Tag＿5 中存储的值是多少?

4.10　如果计数器 CTU 的累加值在 10 和 20 之间,请设计一个用 IN RANGE 指令转向 M0.0 存储单元的网络。

4.11　设计一个 PLC 网络,把摄氏温度转换为华氏温度。转换的公式如下:

℉＝(9×℃)/5＋32

4.12　如图 4-52 所示,假设 SS1 是在断开位置选择的开关。Tag＿1 的值是 10,Tag＿2 的值是 3,Tag＿3 的值是 0,回答下列问题。

　　a. 如果 SS1 处于闭合状态,则 Tag＿3 的值是多少?

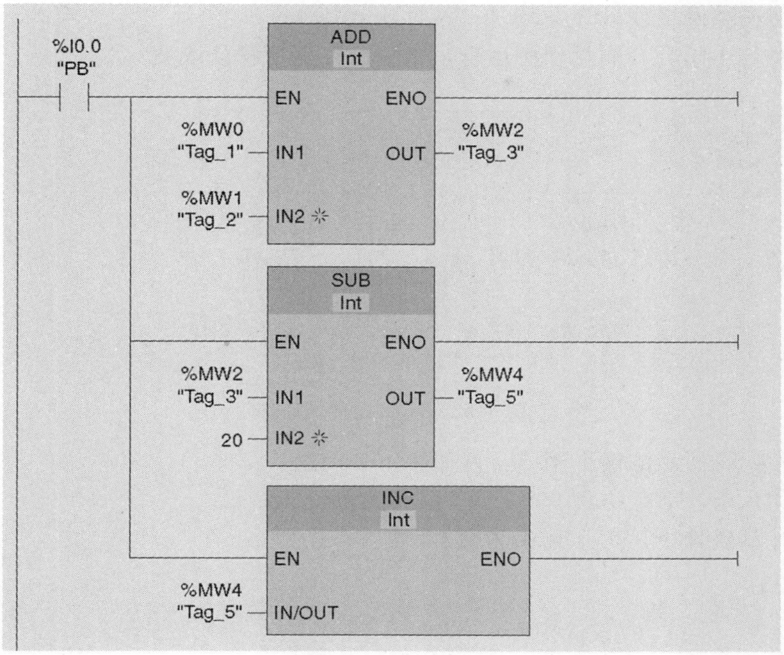

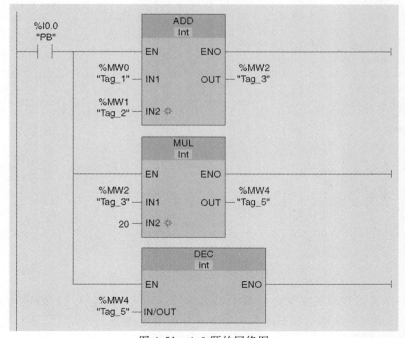

图 4-50　4.8 题的网络图

图 4-51　4.9 题的网络图

b. 如何调整网络使 SS1 只增加一次而不还原？

c. 如果 SS1 闭合，而且程序运行，则哪个存储字将会改变？

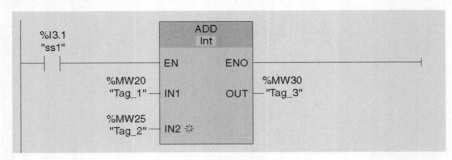

图 4-52   4.12 题的网络图

4.13   研究图 4-53 所示的两个网络，并回答下列问题：

a. 在什么条件下，Counter0 _ DN 输出为真？

b. 在什么条件下，SV1 输出为真？

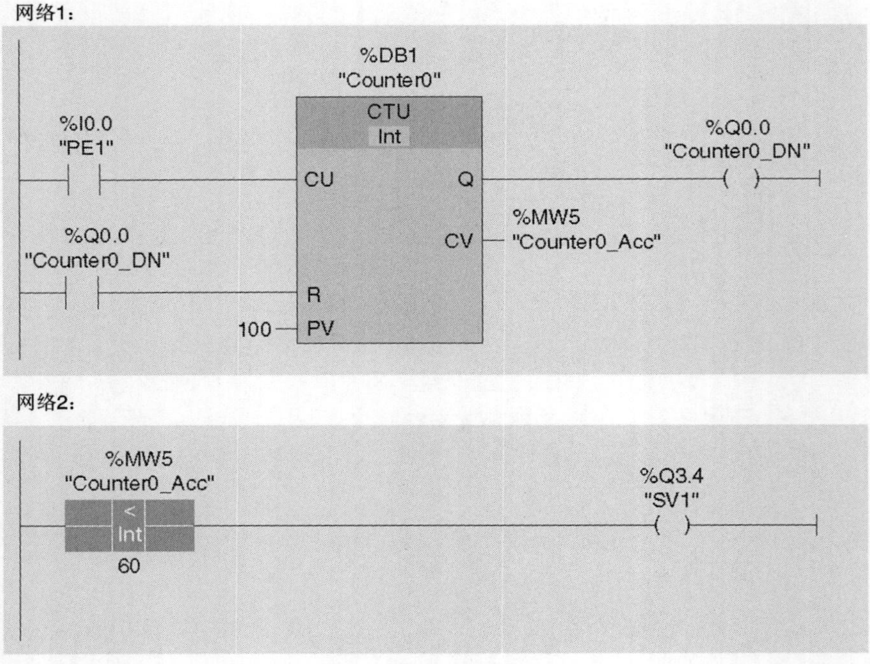

网络1：

网络2：

图 4-53   4.13 题的网络图

4.14   编写一个梯形逻辑程序来计算两个模拟信号（输入 1、输入 2）的平均值。IW64 和 IW66 分别对应这两个模拟信号。MD40 分配给平均值。

4.15   一个 0～10 V 的信号与一个 12 位的 A/D 模块相关联。编写一个网络程序，需要验证数字输入的计数，假设这个计数已被设定在 0～4095 的范围内。

4.16　用 EQU 和 TON 指令编写一个梯形逻辑程序，如果定时器的当前值大于或等于 10，则置位电机 1 输出；如果定时器的当前值等于 30，则重置电机。

4.17　只用一个计时器和 GREATER THAN OR EQUAL 指令，对第 3 章中图 3-12 的一个旋转木马的例子编程。

4.18　举一个例子，当 TON 计时器计数的值大于或等于 15 时，如何打开一个输出线圈。

4.19　如图 4-54 所示，在梯形网络中，标记值是多少能启动 M1？

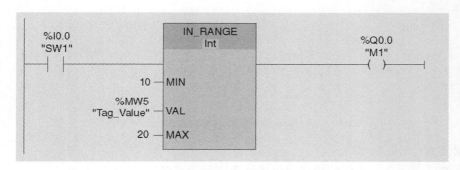

图 4-54　题目 4.19 的网络图

4.20　设计一个网络，当存储字 MW10 的最低有效位被置位时，可以把存储单元 MW4～MW6 的内容移动到计数器 IEC_Counter_0_DB 到 IEC_Counter_2_DB 的预设值中。

4.21　举一个例子，当存储字 4 的最低有效位是 ON 时，如何将 TON 计时器 0 目前的值转移到存储字 10 中。

4.22　设计一个网络，当输入 I0.2 被置位时，将存储地址 MW10～MW20 中的内容清 0。

4.23　设计一个网络，当计时器累计计数在 40～60 之间时，打开一个存储位。

4.24　当 START 开关被按下时，针对三个计时器的累计计数，设计一个阶梯清 0 网络。

4.25　编写一个梯形逻辑程序，一旦计时器计数并且输入值低于 200，则 TON 计时器的预设值置为 19。

4.26　利用 CALCULATE 指令编写一个梯形逻辑程序，使输入信号 0～4095 对应 4～20 mA。

 实验

【实验 4.1】　油箱报警

本实验包含算术/比较指令，它们使用在 S7-1200 梯形编程中，用于产生一个高液位警报。

过程描述

油箱的油位超出预设的最高阈值（120）时，油箱的高液位警报 Tank No ＿1 将会开启（ON）。该警报维持开启（ON）状态直到液位降低至阈值（100）以下。在数字逻辑设计应用中，这个逻辑称为施密特触发器（Schmitt Trigger）。油箱模拟输入信号通过换算后存放到存储器 MW20 里，模拟程序在第 5 章讨论。梯形逻辑程序如图 4-55 所示。

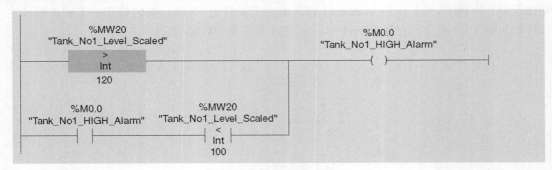

图 4-55　油箱报警网络图

实验要求

- 在测试单元上，改变油箱高液位地址来匹配指示灯（PL1）的地址。
- 模拟报警器，监控 PL1。
- 添加必要的逻辑模块使 PL1 闪烁，指示 ON 和 OFF 状态，ON 持续 2 s，OFF 持续 2 s。
- 记录并调试你的程序。

【实验 4.2】　进料消化池控制

在本实验中，你将会学到如何在实际工业应用中使用算术指令和比较指令以及计数器。

实验说明

一个增计数器（计数器 0）用于计算流入消化池中的进料量，并以千加仑为单位。现共有 32000 加仑需要被释放到消化池中，为了提供消化池中流量的精确测量值，需要校准阀 PV1。每当阀 PV1 打开时，FEED ＿ FLOW 的增量会基于流量从 0 到 1000 加仑变化。当达到 1000 加仑时，它就会复位，如网络 2（图 4-56）所示。计数器的累计值以每 1000 加仑增加 1，如网络 1（图 4-56）所示。LS ＿ VALVE ＿ PV1 是阀限制开关的标签，当阀打开时，它将保持断开状态。高速计数器常被用于包括化学过程控制在内的工业自动化应用中的流量计算。

实验要求

- 修改计数器操作来模拟原料流入消化池。使用切换开关 SS1 来使能计数器。将 1000 加仑变为 10，总量由 32000 变为 60 加仑。
- 切换开关 SS1，监控计数器的运行。
- 当进料超出 50 加仑时，打开指示灯 PL1。

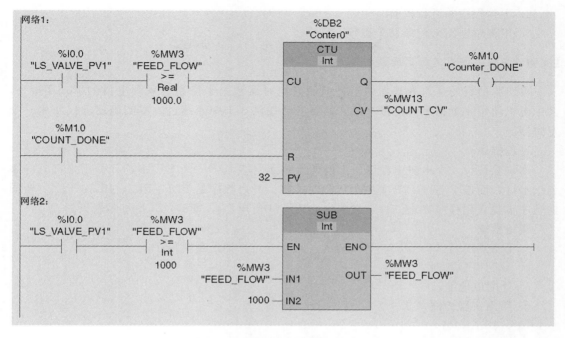

图 4-56 进料消化池梯形逻辑图

【实验 4.3】 油罐填充/排放控制

一个圆柱形油罐的底面积是 10 m²。保持油罐中液体体积始终在 10～50 m³，如图 4-57 所示。该油罐有两个电磁阀：注液阀（SV1）和排液阀（SV2）。油罐中液体高度传感器由一个加法计数器和一个减法计数器模拟。当高度大于或等于 50 m 时，打开阀门 2 排液；当高度小于等于 10 m 时，打开阀门 1 注液。在标记为 Tank_Volume 的标签上显示油罐容积值。

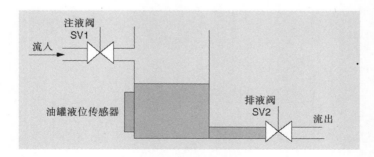

图 4-57 油罐填充/流水过程

实验要求

1. 根据之前的过程，编写梯形逻辑程序，并记录你的程序。

2. 下载程序并进行校验。

3. 用逻辑框图来记录这个程序。

【实验 4.4】　使用定时器的旋转木马

本实验的目的是熟悉基本的上升沿触发定时器和用于控制一系列电机的 Equal 指令，其中电机使用 4 个指示灯模拟，相同的要求已在例 3.1 中介绍过。本实验要求仅使用一个定时器。

过程描述

本实验假设 4 个电机由教练机上的 4 个指示灯表示，一个 START 开关用来打开一系列指示灯，而按下 STOP 开关则可以随时关掉。开启顺序是 PL1、PL2、PL3、PL4。相同的顺序重复直到程序终止。每个被选中的指示灯会开 5 s，期间，其他灯是熄灭的。

实验要求

a. 仅使用一个 ON-DELAY 定时器，编写并记录梯形逻辑程序。

b. 分配 I/O 地址。

c. 分配位地址。

d. 给出实验检测结果。

设备配置与人机界面

本章将详细介绍PLC过程控制系统中常用的人机界面（HMI）的基本原理，还将介绍PLC和HMI的配置方法及其步骤。

本章目标

- 能完成PLC/HMI的配置；
- 能实现HMI的应用和通信编程；
- 能实现工业自动化系统中基于HMI的监测和遥控功能。

PLC是从硬连接的模拟控制系统演化而来的。PLC广泛采用了网络化的人机界面（HMI），以便使用户可以通过可视化和友善的工具与被控过程进行交互。HMI的主要功能是系统状态量的实时显示，HMI可以在任何需要的地方或全球联网的任何地方为操作员提供控制接口，兼具灵活性和可扩展性。HMI最核心的功用在于为生产过程提供实时的持续的质量改进手段，从而有效保证产品的质量。本章将详细介绍PLC过程控制系统中常用人机界面（HMI）的基本原理。HMI除了能为系统提供任何时间、任何地点的实时监测和控制外，还可以提供改善整个系统控制性能的实用工具。全球一些大型的化工企业提供了对所辖生产控制系统的实时接入功能，这种接入可以在任何地方任何时间以多种权限进行，这种接入可以通过PC、笔记本电脑、智能手机以及其他联网的智能设备实现。

5.1　设备及PLC/HMI配置

本节重点介绍西门子S7-1200 PLC的硬件配置方法，包括PLC和HMI配置的详细步骤。本节介绍的方法是西门子S7-1200 PLC软件开发下多种途径中的一种。读者可以通过高效的在线帮助和实际动手操作来达到对软件及配置的熟练掌握。

5.1.1　西门子S7-1200 PLC硬件准备

在配置PLC之前，需要按照图5-1准备如下的模块。

（1）通信模块（CM）3个：装在插槽101、102、103。

（2）CPU模块：插槽1。

（3）CPU模块上的以太网接口。

（4）信号板1块：扩展在CPU模块上，装在插槽1。

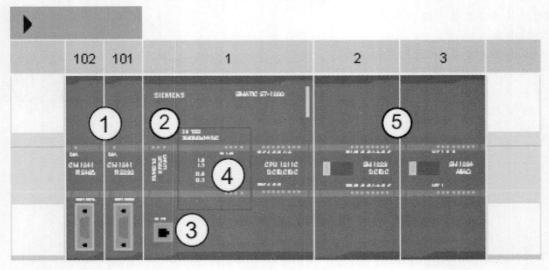

图5-1　西门子S7-1200 PLC硬件准备

（5）数字或模拟输入/输出的信号模块：可以在插槽 2～9 装 8 个模块（CPU 1214C 支持 8 块，CPU 1212C 支持 2 块，CPU 1211C 不支持）。

5.1.2 PLC/ HMI 配置

以下是新建项目的 PLC/HMI 配置步骤，项目命名为 Project1。

- 为项目加入 CPU 模块启动设备配置。
- 选择"Create new project"，输入项目名称"Project1"，点击"Create"按钮，如图 5-2 所示。

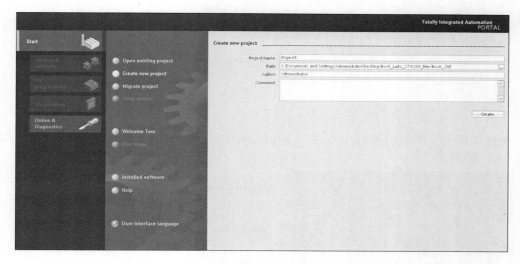

图 5-2

- 在如图 5-3 所示的门户界面点击"Write PLC program"开始 PLC 编程。

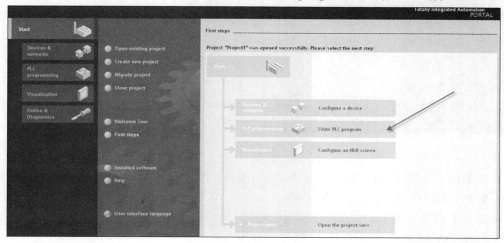

图 5-3

● 在如图 5-4 所示的项目界面点击 "Configure a device" 开始设备配置。

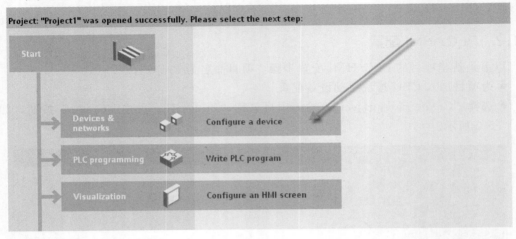

图 5-4

● 在如图 5-5 所示的界面中点击 "Add new device"，弹出添加设备界面，选择 PLC 和 HMI。

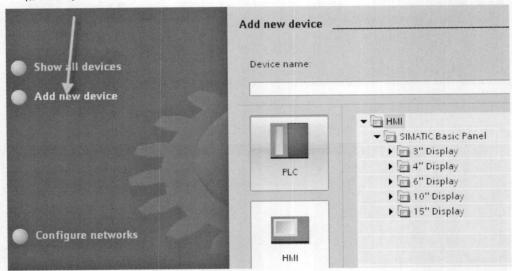

图 5-5

● 在如图 5-6 所示的界面选择 PLC，然后选择 CPU 类型，确保选择正确的型号和硬件版本，如 V2.0、V2.1、V2.2 等。

● 点击如图 5-7 所示的 "Add new device"。

● 选择 HMI，选择正确的 HMI 型号，如图 5-8 所示。

● 在如图 5-9 所示界面的 "Browse" 下选择 PLC 1，然后点击 "Finish" 按钮。

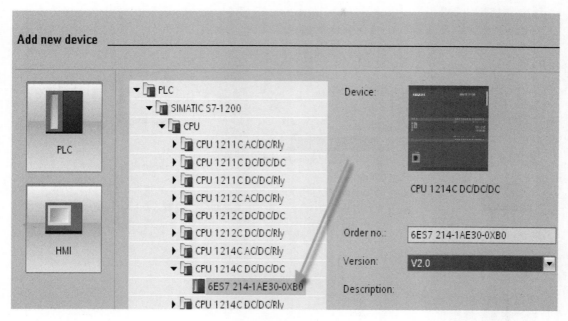

图 5-6

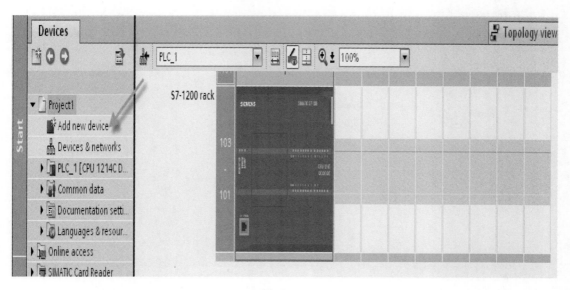

图 5-7

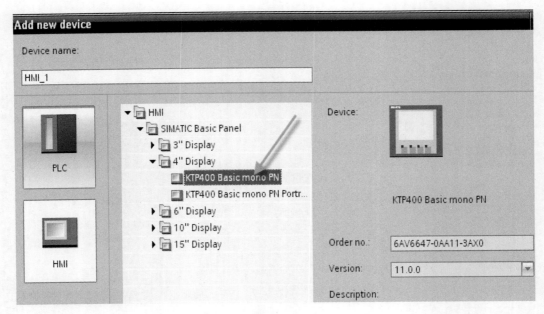

图 5-8

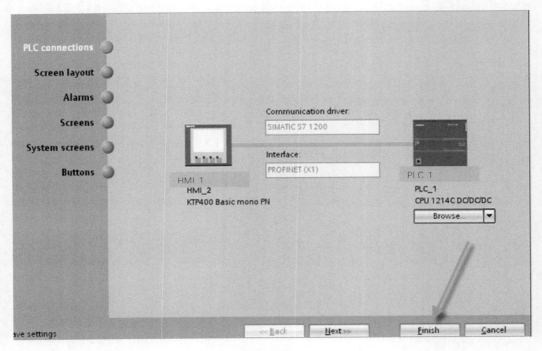

图 5-9

● 在如图 5-10 所示的界面中点击 "Devices & networks" 查看配置的设备。

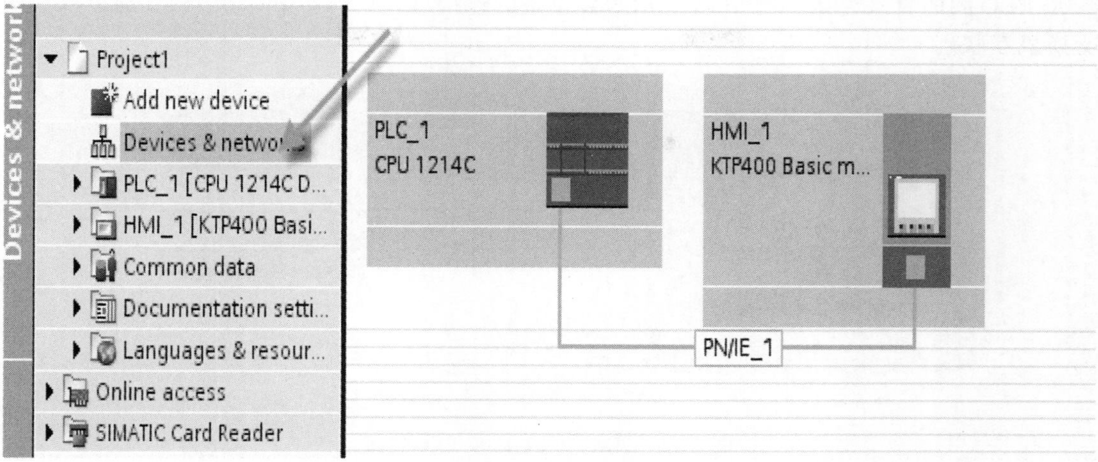

图 5-10

5.2　HMI

　　当今的数字控制技术已发展为集中控制模式，即将先进的界面友好的 HMI 集中装配在控制中心。HMI 可以实现生产过程的虚拟展示以及产品质量的实时改进，也可以通过各种标准网络接口和通信协议实现与 PLC 的连接，借此工程师可以在位于得克萨斯州休斯顿市的办公室或家里实现对远在中国的生产过程的监视和遥控。例如，美国一家大型化学制品公司拥有全球最大的内部计算机网络，该公司要求旗下全球范围内的所有计算机和设备全部接入。本节将简要但不失全面性地介绍 HMI 在实时数字控制系统中的应用。

5.2.1　通信基础

　　PLC 与 HMI 间的双方向通信在实时控制系统中至关重要。多台 PLC 和 HMI 设备接入同一网络可构成分布式的实时控制系统。PLC 的 CPU 模块可以通过 PROFINET 接口建立与 HMI 间的双向通信。配置和建立 CPU 模块与 HMI 通信时要注意如下要点。

● CPU 模块上的 PROFINET 接口必须配置成与 HMI 相连。必须创建和配置 HMI。

● HMI 配置信息是整个项目的一部分，因此可以在项目内配置和下载。

● 在点对点的通信中不需要以太网交换器，在多于 2 个设备的通信中才需要网络交换器。

● 通过机架安装的西门子 CSM1277 4 端口以太网交换机模块可用于多个 CPU 模块与 HMI 的通信。CPU 模块上的 PROFINET 端口不包含以太网交换功能。

● HMI 设备可以向 CPU 模块读取/写入数据。

● HMI 能从 CPU 读取消息和状态信息，也可以下发对 PLC 的控制命令。

图 5-11 所示为 HMI 与西门子 S7-1200 PLC 间的连接。图 5-12 所示为两台西门子 S7-1200 PLC 间的直接连接。图 5-13 所示为多设备的连接（3 个 PLC 和 1 个 HMI 通过以太网交换机互联）。

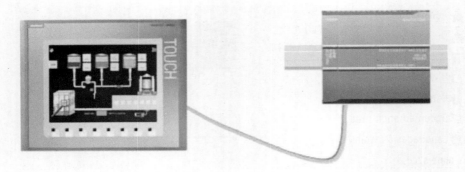

图 5-11　HMI 和 S7-1200 PLC 连接

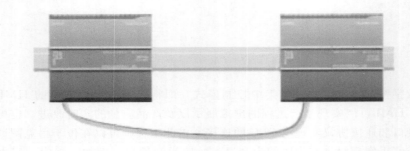

图 5-12　S7-1200 PLC 与 S7-1200 PLC 连接

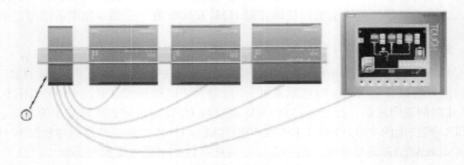

图 5-13　网络连接（大于 2 个设备的连接）

5.2.2　PROFINET 与以太网协议

西门子 S7-1200 PLC 的 CPU 模块集成了一个 PROFINET 接口，该接口支持直连或基于以太网协议的连接。直连可以实现 CPU 与编程器、HMI 以及另一个 CPU 模块间的连接。基于以太网协议的连接可以实现两个或多个设备的互联（例如多个 CPU、多个 HMI、编程器以及非西门子设备间的互联）。图 5-14 所示为编程终端与西门子 S7-1200 PLC 间的连接。直连方式可以将 S7-1200 PLC 的 CPU 模块与编程器，或者与 HMI，或者与另一个 S7-1200 PLC 的 CPU 模块连接起来。多个 PLC 或 HMI 是可以在同一个网络中互联的，不同设备通过唯一的网络地址来标识。本章将详细介绍基于 PROFINET 端口的直连或以太网通信。

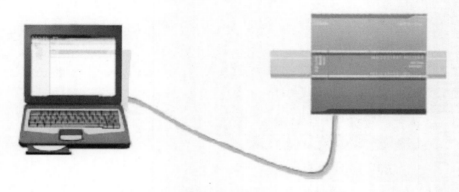

图 5-14　编程终端与 S7-1200 PLC 的连接

5.2.3　HMI 编程

我们将通过一系列的工业实时控制实例来展示和讲述 HMI 编程方法。这些实例在演示虚拟交互界面的配置应用方法的同时，也介绍了通常的工业控制项目实施。

图 5-15 所示为 HMI 开发环境的主界面，该界面在西门子的技术文档中有详细介绍。本节例子将频繁地用到该界面中的两块区域：工具和属性窗口。工具窗口提供了一系列的目标元件，包括图形元件和操作运算符元件，这些目标元件都可以加入 HMI 的显示界面中。除此之外，工具窗口还提供了预装的目标元件库和界面图片库。所有的目标元件都可以通过拖曳方式放置于工作区中。

在属性窗口中可以编辑目标元件的属性，例如改变元件颜色等，属性窗口只能在某些编辑器中才能访问。在属性窗口中，被选元件的属性一般分类显示，且一旦退出属性窗口的输入框，已更改的数值立即生效。当输入的数值为无效数值时，其背景将用颜色标识，同时一个瞬时窗口将显示该参数的有效数值范围。另外，被选元件的动画效果和事件处理也在属性窗口进行配置，例如，一个按钮在按下和松开时的显示效果变换。

【例 5-1】

该例介绍 HMI 中圆形元件和文本框元件的添加方法。该例对应的控制程序是第 3 章讨论过的"旋转木马"示例。4 台电机由教学套件中的 4 盏灯表示。启动（START）开关用于启动整个电机运转流程，停止（STOP）开关可以在任何时间停止流程。电机 Motor1、Motor2、Motor3、Motor4 将依次运转，每台电机启动后将持续运转 5 s。图 5-16 所示为 4 台电机运转状态。电机 Motor1 运转时，HMI 中的灯 PL1 将闪烁，其他 3 台电机不转，则对应灯不会闪烁。

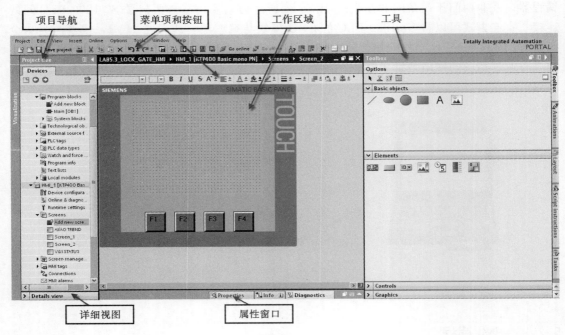

图 5-15

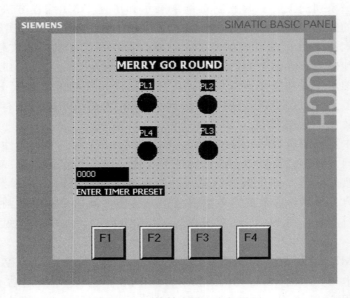

图 5-16　"旋转木马"人机界面

圆形元件

圆形元件是一个封闭的目标元件（见图 5-17），其中可以用纯色或图案填充。在主界面可以自主订制目标元件的位置、几何形状、边框、填充颜色等。还可以对以下属性做特殊设置。

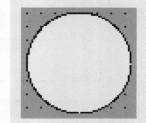

图 5-17　圆形元件的目标元件

- 圆形元件配置：可以从工具窗口拖曳圆形元件。
- 圆形元件外观：如图 5-18 所示，在圆形元件上右击选择"Properties"，从属性中选择背景和边框色彩。
- 圆形元件显示：如图 5-19 所示，圆形元件上右击选择"Animations"，再选择"Display"→"Add new animation"→"Visibility"。输入 PLC 中对应设备的标识名及范围，从而使该圆形元件可见。

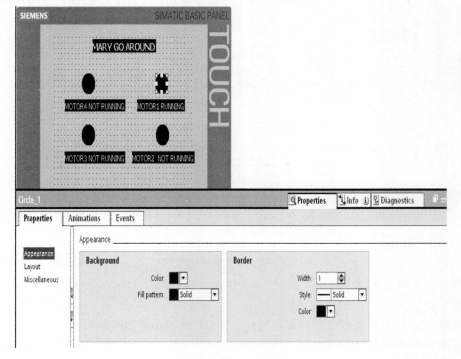

图 5-18　圆形元件外观

文本框元件

在 Inspector 窗口中，用户可以自定义对象位置、几何结构、字体、框架和颜色。在主界面窗口中可以对文本框的以下属性做特殊设置（见图 5-20）。

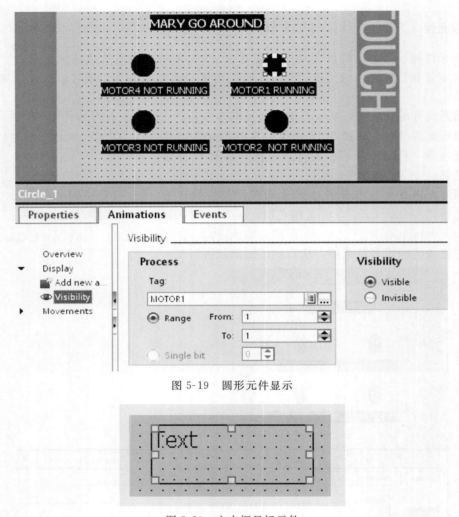

图 5-19 圆形元件显示

图 5-20 文本框目标元件

- 在主界面窗口选择 "Properties" → "Properties" → "General"。
- 输入文字。
- 当需要输入文字有多行时，可以通过 "Shift ＋ Enter" 键换行。

尤其用户可以调整以下属性。

- 文本框配置：从工具窗口拖曳文本框元件到工作区。
- 文本框外观：如图 5-21 所示，点击文字选择 "Properties" → "Background" → "Board" 设置背景和边框。
- 文本框显示：如图 5-22 所示，点击文本框选择 "Animations"，再选择 "Display" → "Add new animation" → "Visibility"。输入 PLC 中对应设备的标识名及范围，从而使该文本框可见，如图 5-23 所示。

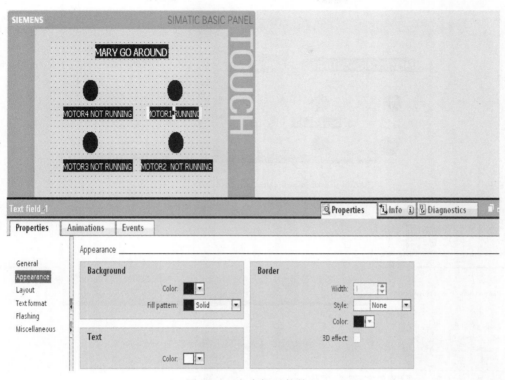

图 5-21 文本框元件外观

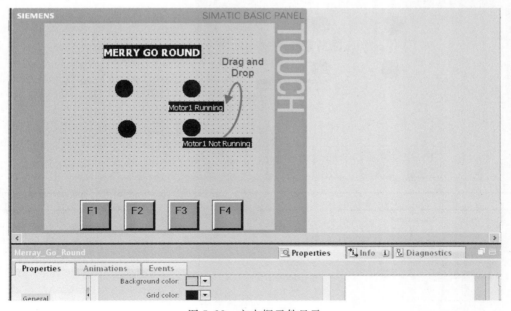

图 5-22 文本框元件显示

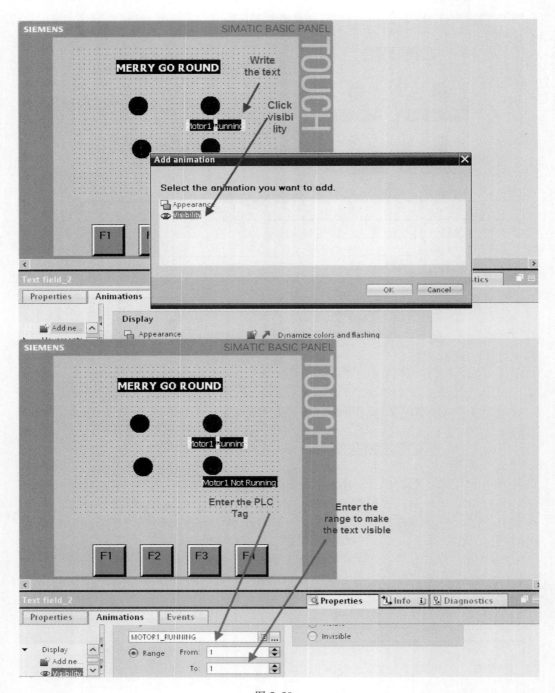

图 5-23

【例 5-2】

本例介绍 HMI 输入/输出接口及按钮使用配置方法。该例的控制程序已经在第 3 章 3.3.1 节讨论过，一个控制按钮控制一台电机。按钮开关（AUTO START PULSE）按下后，电机 Motor1 将运转，在达到用户定义的时间长度后停下。图 5-24 所示为电机控制人机界面（HMI）图。用户在按下"AUTO START PULSE"开关后，就可以输入预设时间。人机界面（HMI）中的功能键可用于页面切换浏览，稍后即将介绍。

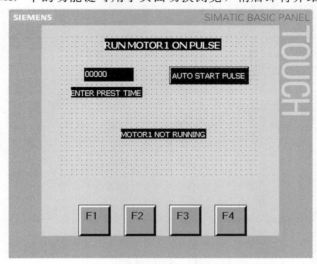

图 5-24　电机控制人机界面图

I/O 框元件

I/O 框目标元件用于实现设定数值的输入和过程量的输出显示。可以对 I/O 框元件的以下属性进行设置。

- 模式：定义该元件在运行过程中的响应模式。
- 显示格式：定义 I/O 框的数据显示格式。
- 输入：在运行过程中只能在 I/O 框输入的值。
- I/O 框的响应设置在主界面窗口的 Properties→General→Type。I/O 框只用于输出值。

在 Inspector 窗口中，用户可以自定义对象位置、几何、结构、字体、框架和颜色。尤其用户可以调整以下属性。

- I/O 框配置：从工具窗口拖曳 I/O 框到工作区。
- I/O 框外观：如图 5-25 所示，右键点击 I/O 框，选择"Properties"→"Background"→"Border"设置背景和边框。
- I/O 框信息录入：输入如图 5-26 所示的 I/O 框信息，右键点击 I/O 框，选择"Properties"→"General"输入 PLC 对应设备的标识名，在"Type"下选择"Input"。在 Format 下输入 I/O 信息。

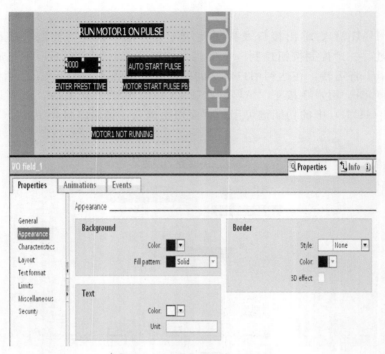

图 5-25　I/O框外观设置

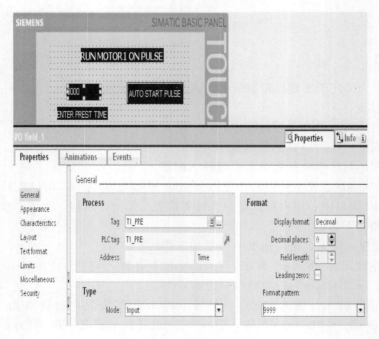

图 5-26　I/O框信息录入

按钮元件

按钮元件可以实现运行中的实时控制功能。在主界面中可以自主定制按钮元件的位置、几何形状、边框、填充颜色等。还可以对以下属性进行设置。

- 模式：定义按钮元件的表示图形。
- 文字/图形：定义表示图形是静态图形还是动态图形。
- 定义操作键：定义一个操作员操作按钮元件的键。

在主界面的"Properties"→"General"→"Mode"下定义以下属性。

- 按钮元件配置：从工具窗口拖曳按钮元件到工作区。
- 按钮元件外观：如图 5-27 所示，右键点击按钮元件，选择"Properties"→"Back-ground"→"Border"设置背景和边框。

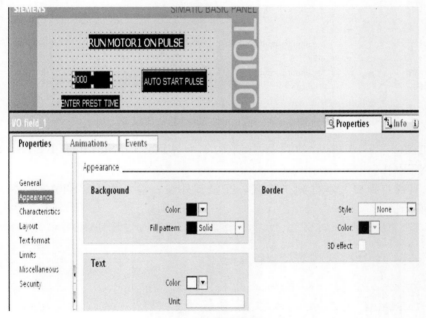

图 5-27　按钮元件外观设置

- 按钮元件编辑：如图 5-28 所示，置位位和复位位设置如下。
- 置位位设置：在"Events"事件下，点击"Press"→"SetBit"输入 PLC 梯形图中对应的置位标识名。
- 复位位设置：在"Events"下，点击"Press"→"ResetBit"输入 PLC 梯形图中对应的复位标识名。

【例 5-3】

该例介绍 HMI 功能键编程，用到了 3 个界面（FUNCTION KEYS、STATUS、CONTROL）。按下 F1 或 F2 键将从 FUNCTION KEYS 界面切换到另两个界面中的一个，在 STATUS 界面或者 CONTROL 界面按下 F1 键将切换到 FUNCTION KEYS 界面。图 5-29所示为功能键编程步骤。

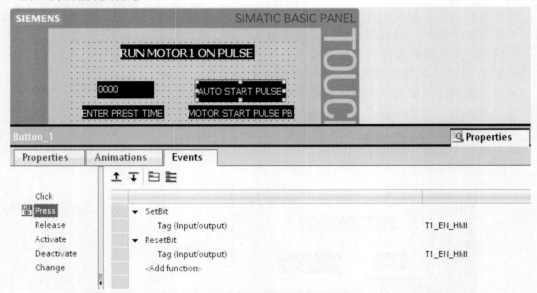

图 5-28 按钮元件置位/复位位设置

- 在如图 5- 29 a）所示的项目中创建 3 个界面：FUNCTION KEYS、STATUS、CONTROL。
- 在工具窗口拖曳文本框到工作区，配置其外观，输入文本"STATUS"，如图 5-29 b）所示。

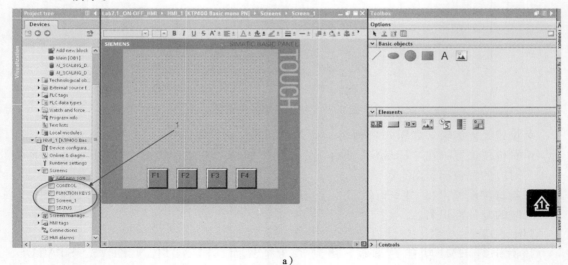

a）

图 5-29 a）、b）功能键界面；c）功能键编程界面

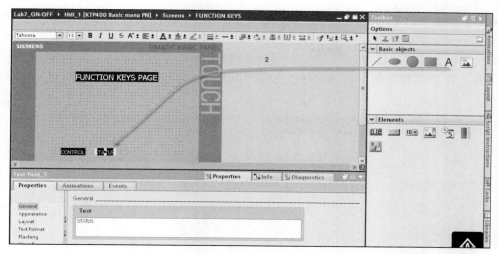

b)

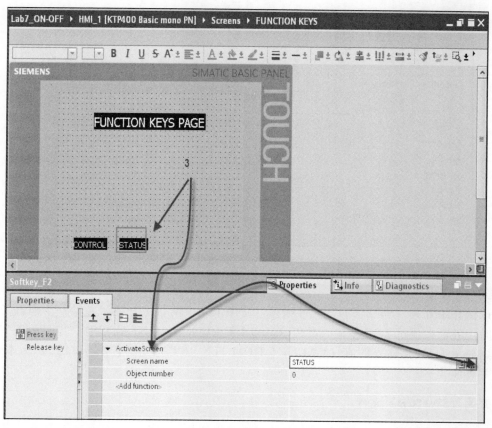

c)

图 5-29 （续）

- 右键单击 F2，"STATUS" 变为红色选中状态。在 "Events" 下，选择 "Activate-Screen"，再从下拉菜单中选择 "STATUS"。
- 重复以上步骤配置 "CONTROL" 界面，如图 5-30 所示。

注意：在下载程序到 PLC 和 HMI 之前，需要将 FUNCTION KEYS 界面配置成初始界面。

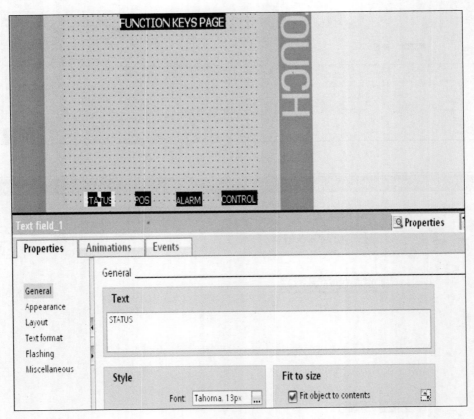

图 5-30　功能键页面状态

【例 5-4】

该例介绍开关（SWITCH）元件编程，使用了一个两状态开关（左/右）。当开关置于左边时，界面上显示 PLC 中输入的值（VALUE_LOCAL_STATUS），当开关置于右边时，则显示 HMI 上输入的值（VALUE_REMOTE_STATUS），图 5-31 所示为本地/远程开关页面。

开关（SWITCH）元件

开关元件用于运行时在两个预先定义的状态间切换。开关元件的外观设置在主界面窗口的 "Properties" → "General" → "Settings" 中。开关元件的位置指向代表开关的当前状态。运行中拨动开关将改变该开关状态。

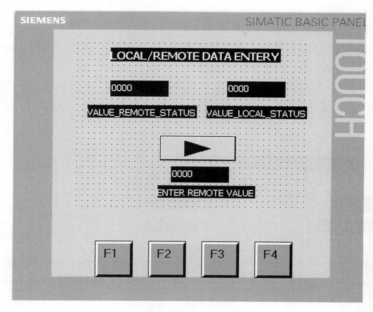

图 5-31　本地/远程开关页面

【例 5-5】

如图 5-32 所示，一个本地/远程开关决定输入数据的来源，是从 PLC 中输入还是从

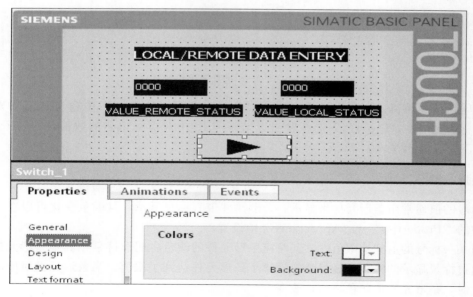

图 5-32　本地/远程开关外观

HMI 输入。在"General"下定义开关在 PLC 对应中的标识名，在"Graphic"下定义开关的类型和指向。

- 开关元件配置：在工具窗口拖曳开关元件到工作区。
- 开关元件外观：如图 5-32 所示，右键点击开关元件，选择"Properties"→"Background"→"Board"设置背景和边框。
- 开关元件编辑：如图 5-33 所示，右键点击开关元件，选择"Properties"→"General"，在"Process"中输入 PLC 中对应的标识名，在"Type"中输入开关信息。

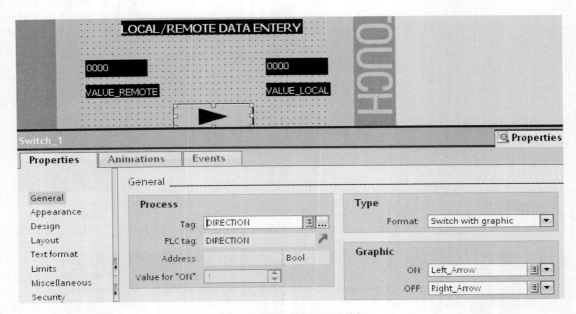

图 5-33　本地/远程开关编辑

- 输出信息编辑：如图 5-34 所示，在"General"的"Process"中输入 PLC 中对应的标识名，在"Type"下选择输出以监视 PLC 中对应标识名的数值，在"Format"下定义显示样式。

条形（Bar）元件

标号的值通常用条形元件来显示。条形元件带有标尺显示，且颜色变化可以在主界面窗口中的"Properties"→"Appearance"中设置。

当某一标号的值到达限值时，其对应条形元件的颜色将明显区别于其他条形元件。因此，通过标尺显示的值可以轻易地知道哪个条形元件达到了限值。当条形元件对应的标号满刻度时，条形元件的颜色将整体改变。

图 5-35 为人机界面（HMI）中带有标尺的线条、图标等的配置和显示情况。

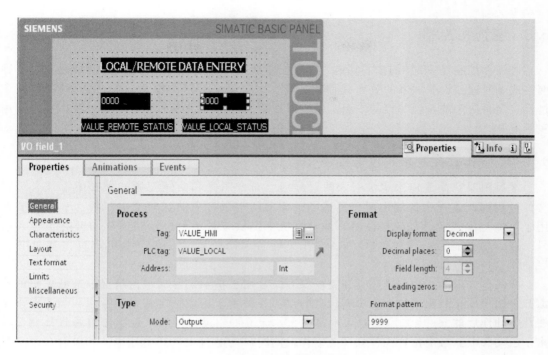

图 5-34　本地/远程开关输出信息编辑

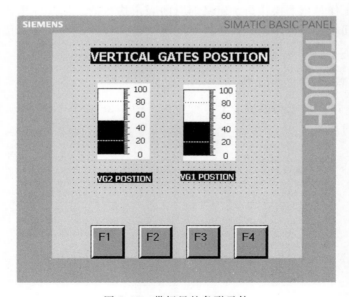

图 5-35　带标尺的条形元件

5.3 监视和控制

监视和控制是 HMI 的核心功能。在整个系统中，PLC 和 HMI 可以被看成是通过各种网络或实时通信设备联系的分布式控制装置。本节将介绍这个概念，重点是 HMI 在整个过程控制系统中的监视和控制作用。本节讨论的内容将围绕废水处理厂的水泵站控制应用实例展开。

5.3.1 分布式控制系统过程描述

暴风雨时，高流速雨水被引入两口分别分布在东侧和西侧连通的大井中存储，预定义的过程控制流程会控制由两台恒速电机驱动的水泵将水抽到河流中。两台水泵都装有用于监测过温或者过载的报警器，两台电机都提供有指示电机运转情况的开关量输入信号。在本地控制台，当 AUTO/MAN 开关处于手动位置时，两台电机都可以通过开关启动。

在两口井里的三个关键位置装有浮漂开关，用于指示实际的水位情况。最低位置的浮漂开关用于停止两水泵抽水；中间位置的浮漂开关用于启动选定的水泵抽水，当选定水泵在开关动作后的 5 s 内未启动时，则第二台水泵立即启动，同时，控制器报警告知操作员水泵启动失败。最高位置的浮漂开关动作，同时启动两台水泵开始抽水。如果两台水泵都启动失败，则控制器发出相应级别警报。

两台水泵的工作是依照操作员预定义的时间表来执行的。当井中水位位于最低和最高浮漂开关位置之间时，两台水泵是按轮换时间表交替工作的。当井中水位高于最高浮漂开关位置时，两台水泵同时工作抽水。

5.3.2 过程控制系统 I/O 配置

图 5-36 和图 5-37 所示为系统的 I/O 配置表，图 5-38 和图 5-39 所示为 PLC I/O 端口与梯形图程序的对应表。

端口名称	地址编码	注释
PL1	Q0.0	东面水泵
PL2	Q0.1	西面水泵
PL3	Q0.2	东面水泵启动失败
PL4	Q0.3	西门水泵启动失败
PL5	Q0.4	报警

图 5-36 水泵站系统输出

端口名称	地址编码	注释
SS1	I0.0	OFF Float 开关
SS2	I0.1	ON Float 开关
SS3	I0.2	超载开关
SS4	I0.3	东侧运行线触点
SS5	I0.4	西侧运行线触点
SS6	I0.5	AUTO 开关
SS7	I0.6	ESD 开关
SS8	I0.7	东侧超载
SS9	I1.0	西侧超载

图 5-37　水泵站系统输入

输入

	名称	数据类型	地址
01	OFF_FLOAT	Bool	%I0.0
01	ON_FLOAT	Bool	%I0.1
01	OVERIDE_FLOAT	Bool	%I0.2
01	E_ROL	Bool	%I0.3
01	W_ROL	Bool	%I0.4
01	AUTO	Bool	%I0.5
01	ESD	Bool	%I0.6
01	E_OVERLOAD	Bool	%I0.7
01	W_OVERLOAD	Bool	%I1.0

图 5-38　水泵站系统 PLC 输入标号

输出

	名称	数据类型	地址
01	E_PUMP	Bool	%Q0.0
01	W_PUMP	Bool	%Q0.1
01	E_FTS	Bool	%Q0.2
01	W_FTS	Bool	%Q0.3
01	COMMON_ALARM	Bool	%Q0.4

图 5-39　水泵站系统 PLC 输出标号

5.3.3　水泵站控制梯形图设计

所用 CPU 模块支持以下类型的代码模块，这些模块可以使整个程序结构更加高效。

● 组织块（OB）用于定义程序的结构。

- 功能（FC）和功能块（FB）是包含有特殊任务或组合参数的代码模块。每个 FC 或 FB 都提供了一系列的输入/输出参数用于与调用块共享数据。
- 数据块（DB）用于存储各代码模块的数据。

功能

图 5-40 所示的网络示出了 PLC 需要实现的功能（系统初始化、水泵启停、水泵工作轮换、报警）。如下是对实现功能的具体定义。

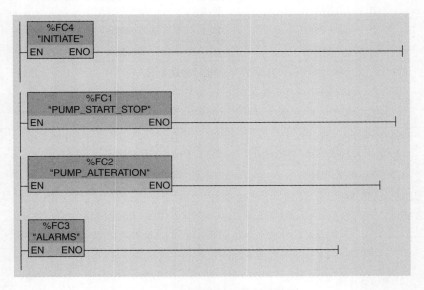

图 5-40　水泵站 PLC 控制功能图

- 水泵启停（pump start/stop）。实现根据三个浮漂开关指示的水位情况控制相应水泵启动或停止的功能。
- 水泵工作轮换（pump alternation function）。当井中水位位于最低和最高浮漂开关位置之间时，两台水泵需要按照既定轮换时间表交替工作。轮换时间表是以 16 位整型数存储在 MW4 中的，采用大端模式存储，低字节存储在 %M5 中，高字节存储在 %M4 中。该时间表对轮换定时器输出位进行累加，定时器输出置位一次，时间表数值加 1。因此，如果时间表数值为偶数（M5.0 为 0），则启动两台水泵中的一台，如果时间表数值为奇数（M5.0 为 1），则启动另一台。
- 报警功能（pump alarm function）。报警功能由两台水泵各自的报警器实现。当出现水泵电机启动失败、过载或者紧急停机等情况时，相应报警器发生报警信号。
- 系统初始化（initialization function）。系统初始化功能将对系统所有参数进行初始化。
- 初始化逻辑功能（initialization logic function）。图 5-41 所示为梯形图初始化网络，当选择开关置于 AUTO 位置时，该网络对定时器、计数器和累加器的累计值清 0。

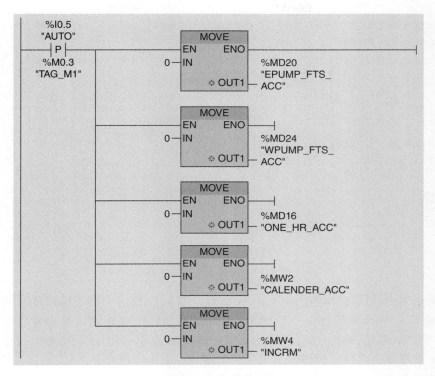

图 5-41　初始化网络

● 水泵启停控制（pump STAPT/STOP logic function）。两台水泵的启停控制由两个
网络实现，图 5-42 所示的网络控制东侧水泵启停，图 5-43 所示的网络控制西侧水
泵启停。

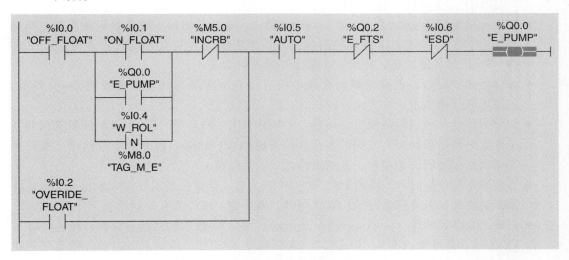

图 5-42　东侧水泵启停网络

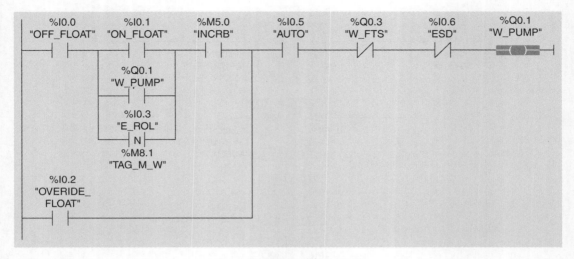

图 5-43　西侧水泵启停网络

- 东侧水泵启停网络（east pump network）。图 5-42 所示的网络包含常开触点 OFF_FLOAT、常开触点 ON_FLOAT、常开触点 AUTO、东侧水泵启动失败常闭触点 E_FTS、紧急停止开关常闭触点 ESD、常闭触点 INCRB。ESD 触点用于在紧急情况下立即停止电机。该梯形图包含一个网络，工作过程如下。

- 初始时，如果水位高于最低浮漂开关位置，则触点 OFF_FLOAT（I0.0）为真，如果水位高于最高浮漂开关位置，则触点 ON_FLOAT（I0.1）为真。

- 常闭触点 INCRB 由轮换工作模式控制，当东侧水泵工作时间未满时，该触点保持闭合状态。如果水位未超过最高限位（工业控制中称为上上限（high-high limit）），则 OVERIDE_FLOAT 触点为假。

- 当系统控制选为自动时，触点 AUTO（I0.5）为真。如果东侧水泵启动正常，则触点 E_FTS（Q0.2）保持为导通状态。如果当时没有紧急情况出现，则触点 ESD（I0.6）保持导通状态。此时，东侧水泵具备启动条件。

- 综合上述情况后，假设使控制电机的所有触点都为导通状态，则线圈 Q0.0 得电，东侧水泵开始抽水。

- 如果当前水位超过最高限位，则触点 OVERIDE_FLOAT 闭合，此时不管当前轮换工作定时器结果如何，东侧的水泵立即开始抽水。此时，西侧的水泵同样不受轮换工作模式限制而开始抽水，直到水位低于最高限位。

- 当西侧水泵停机时，下降沿触点 W_ROL 为真。当这种情况发生在水位位于最低浮漂开关位置和最高浮漂开关位置之间时，则东侧水泵即刻开始抽水。

- 西侧水泵启停网络（west pump network）。图 5-43 所示的网络包含常开触点 OFF_FLOAT、常开触点 ON_FLOAT、常开触点 AUTO、西侧水泵启动失败常闭触点 W_FTS、紧急停止开关常闭触点 ESD、常开触点 INCRB。该梯形图包含一个网络，工作过程如下。

- 初始时，如果水位高于最低浮漂开关位置，触点 OFF＿FLOAT（I0.0）为真，如果水位高于最高浮漂开关位置，则触点 ON＿FLOAT（I0.1）为真。

- 常闭触点 INCRB 由轮换工作模式控制，当轮到西侧水泵工作时，该触点为真。如果水位未超过最高限位，则 OVERIDE＿FLOAT 触点为假。

- 当系统控制选为自动时，触点 AUTO（I0.5）为真。如果西侧水泵启动正常，则触点 W＿FTS（Q0.3）保持为导通状态。如果当时没有紧急情况出现，则触点 ESD（I0.6）保持导通状态。此时，西侧水泵具备启动条件。

- 综合上述情况后，假设使控制电机的所有触点都为导通状态，则线圈 Q0.1 得电，西侧水泵开始抽水。

- 如果当前水位超过最高限位，则触点 OVERIDE＿FLOAT 闭合，此时不管当前轮换工作定时器结果如何，西侧的水泵立即开始抽水。此时，东侧的水泵同样不受轮换工作模式限制而开始抽水，直到水位低于最高限位。

- 当东侧水泵停机时，下降沿触点 E＿ROL 为真。当这种情况发生在水位处于最低浮漂开关位置和最高浮漂开关位置之间时，则西侧水泵即刻开始抽水。

- 水泵工作轮换（pump alternation）。水泵工作轮换功能由 3 个网络组成：1 小时定时器、计数器、求和运算，分别如图 5-44、图 5-45 和图 5-46 所示。

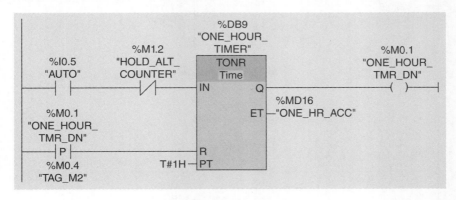

图 5-44 1 小时定时器

- 1 小时定时器（one-hour timer）。该定时器定时 1 小时，定时时间到后自动复位。常闭触点 HOLD＿ALT＿COUNTER 是控制定时器暂停计数的，该功能将在第 9 章详细介绍。

- 计数器（counter logic）。计数器可以对 1 小时定时器的输出脉冲计数，从而可以灵活地改变轮换工作的时间间隔。

- 求和运算（add logic）。求和运算在计数器输出置位时，将轮换时间表变量 INCRM 加 1，以此方式不断改变该变量最低位的奇偶状态，从而使两水泵交替工作。

- 报警功能（pump ALARM logic function）。报警功能由 3 个梯形图网络实现：东侧水泵启动失败报警、西侧水泵启动失败报警、常规报警，分别如图 5-47、图 5-48 和图 5-49 所示。

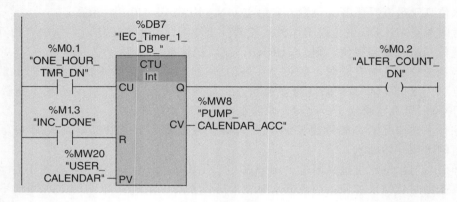

图 5-45 计数器

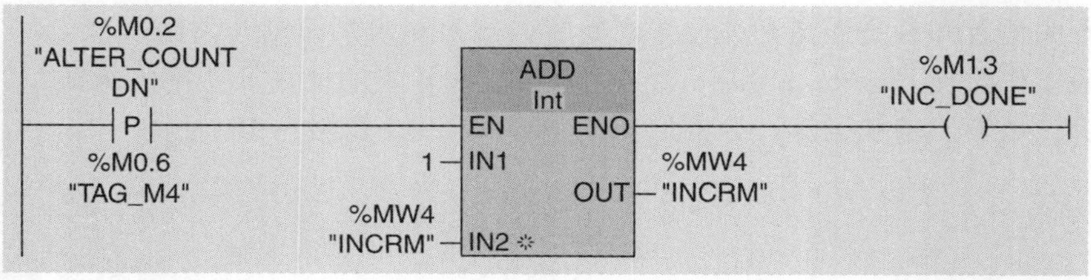

图 5-46 求和运算

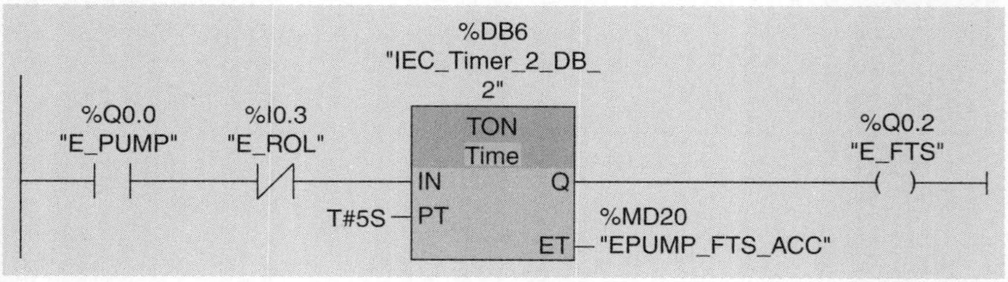

图 5-47 东侧水泵启动失败报警网络

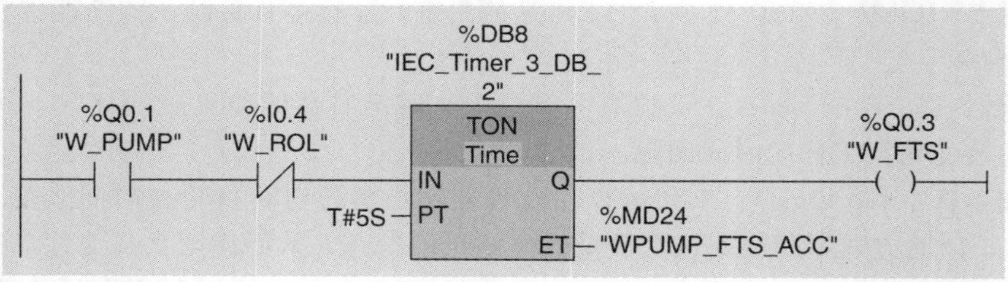

图 5-48 西侧水泵启动失败报警网络

- 东侧水泵启动失败报警网络（east pump failed-to-start network）。如图 5-47 所示，该网络包含常开触点 E _ PUMP（Q0.0），常闭触点 E _ ROL（I0.3），5 s 延时的延时导通定时器，输出线圈 E _ FTS（Q0.2）。该网络工作过程如下。
- 初始时，因为东侧水泵启动（Q0.0 为真），触点 E _ PUMP 为真。触点 E _ ROL 表示电机的运行状态，在电机未启动时该触点保持导通状态。延时导通定时器得电并开始计时。

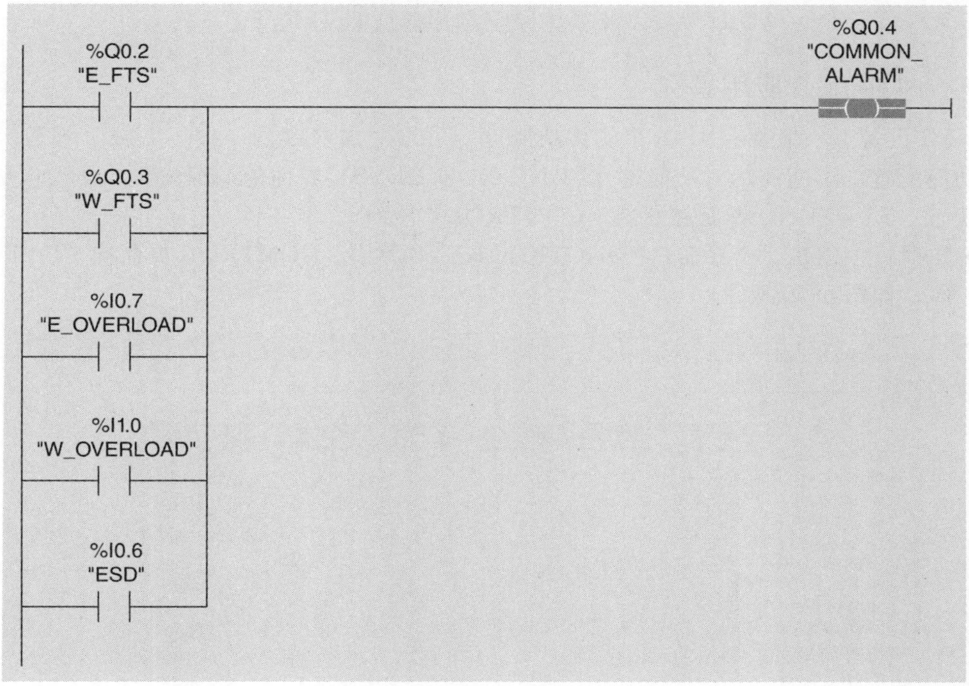

图 5-49　常规报警网络

- 当定时器累计时间等于设定时间 5 s 时，输出线圈 E _ FTS（Q0.2）得电，指示东侧水泵启动失败。水泵完成正常启动的情况下，在定时器计时到 5 s 之前，触点 E _ ROL 就会断开，从而停止定时器。
- 西侧水泵启动失败报警网络（west pump failed-to-start network）。如图 5-48 所示，该网络包含常开触点 W _ PUMP（Q0.1），常闭触点 W _ ROL（I0.4），5 s 延时的延时导通定时器，输出线圈 W _ FTS（Q0.3）。该网络工作过程如下。
- 初始时，当控制西侧水泵启动时，触点 W _ PUMP 为真，触点 E _ ROL 表示电机的运行状态，在电机未启动时该触点保持导通状态。延时导通定时器得电并开始计时。
- 当定时器累计时间等于设定时间 5 s 时，输出线圈 W _ FTS（Q0.3）得电，指示西侧水泵启动失败。定时器 5 s 的定时时间是个经验值，该值与电机种类和容量有关。实际中必须谨慎设定该值，以免错误触发启动失败报警。

如图 5-49 所示，当水泵启动失败时，相应的启动失败报警和常规报警都会发出信号。在操作员完成必要的操作和清除报警之前，该启动失败的水泵不会再次启动。操作员可以通过人机接口的控制面板进行上述操作，第 6 章将更加全面地介绍这部分内容。

- 常规报警（common alarm network）。图 5-49 所示为常规报警的梯形图网络。该网络包括东侧水泵启动失败常开触点 E_FTS Q0.2、西侧水泵启动失败常开触点 W_FTS Q0.3、东侧水泵过载常开触点 E_OVERLOAD I0.7、西侧水泵过载常开触点 W_OVERLOAD I1.0，以及紧急停止常开触点 ESD I0.6。

5.3.4　HMI-PLC 应用举例

HMI 设备上一般都有 4~6 个实体功能键，可以对这些键的"按下"或"释放"事件进行功能配置。本例演示对功能键（FUNCTION KEYS）界面的编程配置，使操作员能切换到状态（STATUS）界面和控制（CONTROL）界面。

- 在项目中创建 3 个界面：FUNCTION KEYS 界面、CONTROL 界面和 STATUS 界面，如图 5-50 所示。

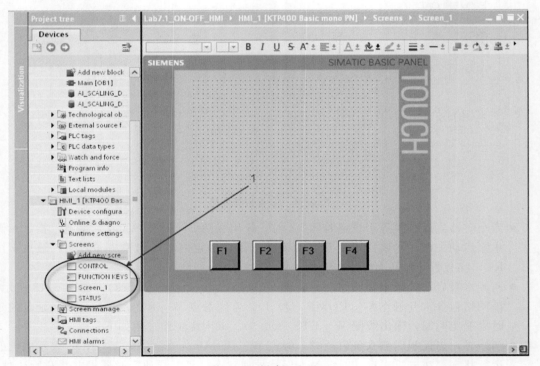

图 5-50　创建 3 个界面

- 从工具窗口拖曳文本框到工作区，调整文本框外观并输入文字"STATUS"，如图 5-51 所示。
- 在功能键 F2 上单击右键，一个红色的框出现在"STATUS"文字周围，在属性（properties）下的事件（events）窗口中选择激活界面（activate screen），并在其下拉菜单中选择 STATUS，如图 5-52 所示。

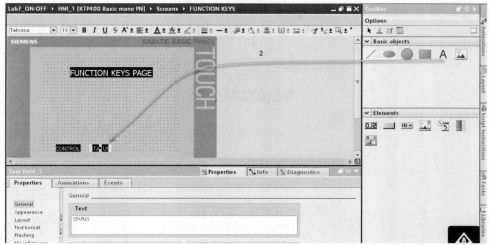

图 5-51　添加文本框

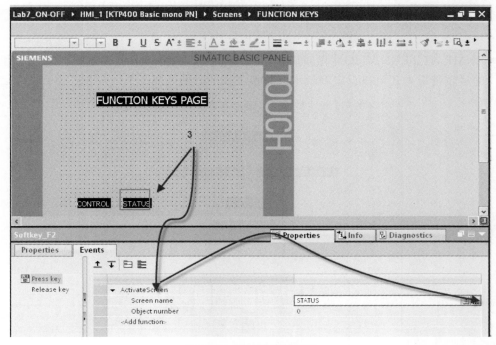

图 5-52　设置功能键事件

注意：在下载程序之前，必须将 FUNCTION KEYS 界面配置成初始界面。

● 重复上述步骤配置 CONTROL 界面。

应用上述方法创建简单的水泵站控制人机界面，其中包含 3 个可切换界面：FUNC-

TION KEYS 界面、PUMP ALTERNATION 界面以及 ALARM 界面。如下是对 3 个界面实现的简要介绍。

- FUNCTION KEYS 界面。如图 5-53 所示，操作员在该界面上通过 3 个功能键可以切换到 STATUS 界面、PUMP ALTERNATION 界面或者 ALARM 界面。

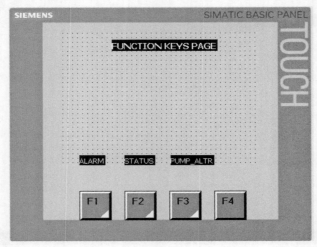

图 5-53　HMI FUNCTION KEYS 界面

- PUMP ALTERNATION 界面。如图 5-54 所示，该界面可监视东侧水泵和西侧水泵的运转情况，还可以设定两台水泵轮换工作的时间间隔。

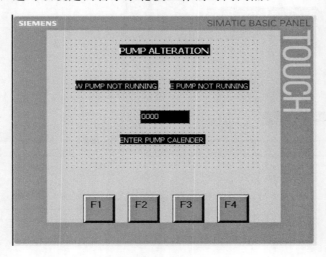

图 5-54　HMI PUMP ALTERNATION 界面

- ALARM 界面。如图 5-55 所示，该界面显示了东侧水泵启动失败报警、西侧水泵启动失败报警和常规报警。

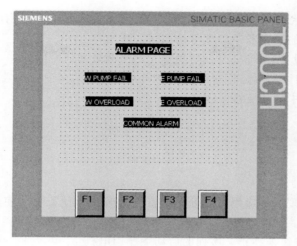

图 5-55 HMI ALARM 界面

习题与实验

 习题

5.1 列出工业自动化和过程控制中使用 HMIs 的 4 点好处。

5.2 解释 PLC 和 HMI 是如何交换信息的。

5.3 HMI 上可以连接多少个设备？

5.4 直接交互和网络交互的区别是什么？

5.5 电路对象是什么？列举几个例子。

5.6 文本框元件是用来干什么的？列举几个例子。

5.7 I/O 框元件是用来干什么的？

5.8 I/O 框元件的属性是什么？

5.9 电路对象是什么？列出创建这种对象所需的步骤。

5.10 按钮元件是用来干什么的？列出配置一个按钮所需的步骤。

5.11 按钮元件的特点是什么？解释几个 HMI 按钮的关键属性。

5.12 列出 I/O 预定事件编程所需的步骤。

5.13 从前面章节的实验中选出一个小的控制应用，解释 HMI 在其中的作用。

5.14 解释开关元件的作用，并举例来演示它的使用。

5.15 列出改变开关元件外观所需的步骤。

5.16 解释条形元件，并举例说明它可以用在哪里。

5.17 解释分布式控制系统，并举例说明它可以用在哪里。

5.18 简述分布式过程控制在大型自动化项目中列举的技术。

5.19   HMIs 被用在状态和系统远程控制中，其他面板通常也是可用的并可以提供相同的功能。这之间的冲突和资源竞争是如何去除的？

5.20   当使用 HMI 设备和 PLC 时，信息交互的协调是如何完成的？

5.21   PROFINET 和以太网是遵守冲突检测局域网协议的多途径接入网络。它们如何限制实时控制应用中的节点数？

 实验

【实验 5.1】   旋转木马人机接口

实验 4.4 已经实现了本应用，此处的重点在人机接口任务上。使用教学系统的 4 个指示灯来代表 4 个电机。一个 Start 按钮用于开启一系列的电机运行，且上述电机运行可以随时通过按下 Stop 按钮来终止。序列的启动顺序为电机 1、电机 2、电机 3、电机 4。同样的顺序会重复直到过程停止。每台被激活的电机会运行 5 s 的时间。在这 5 s 中，其他电机是空闲的。这个计时器项目被学生命名为"旋转木马"项目。

实验要求

● 编写并记录一个梯形逻辑程序。

● 如图 5-56 所示，配置人机接口页面以显示 PL1、PL2、PL3、PL4 所代表的 4 种电机状态。配置一个按钮，允许用户在几秒内进入定时器的预设值。

● 下载程序，并进行实验室检测。

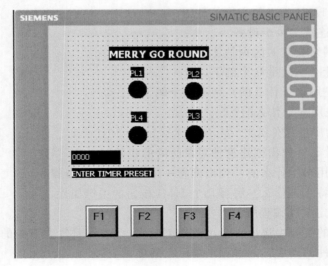

图 5-56

【实验 5.2】   消化池供料流量控制

通过完成本实验，你将学习如何与人机接口（HMI）进行通信，以及配置控制、状态和报警页面来展示/控制供给消化池内的加仑数。本实验着重于人机接口（HMI）的使用和配置，以检测和验证第 4 章的实验 4.2。

实验要求

- 加载实验 4.2 中消化池的梯形逻辑程序。
- 如图 5-57a）所示，配置人机接口（HMI）功能键页面，使操作者可以在控制、报警和状态页面之间切换。

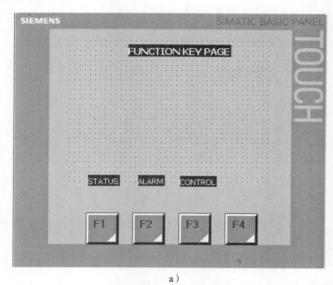

a）

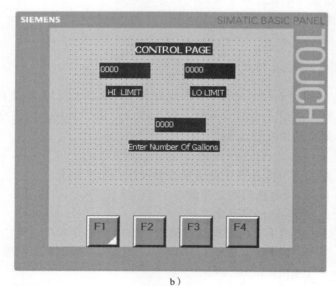

b）

图 5-57

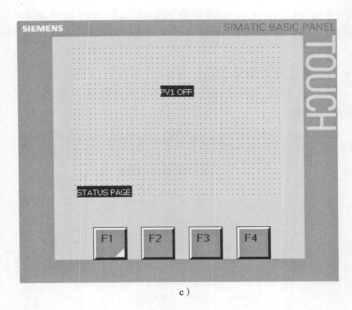

c)

图 5-57 （续）

- 如图 5-57b）所示，配置人机接口（HMI）控制页面，使操作者可以输入消化池所要求的供料总加仑数以及总加仑数上下限。
- 如图 5-57c）所示，配置人机接口（HMI）状态页面，监测 PV1 的 ON/OFF 状态。
- 验证操作者所输入的在上、下限之间的总加仑数。
- 在控制页面上配置消息 "Wrong number of gallons entered. Enter a valid number of gallons"。

【实验 5.3】 下游水闸/垂直门监测

1 个水闸/垂直门配有 1 台电机和 2 个限制开关（LS1 和 LS2）。垂直门可以向内或向外移动来调节灌溉运河的航运。当门全开时，LS1 闭合，LS2 断开。当门全关时，限制开关逻辑与门全开时的逻辑是相反的。

实验要求

使用教学系统或西门子仿真器开发梯形逻辑程序，要求如下：

- 点亮指示灯 1，表明垂直门是全开的。
- 点亮指示灯 2，表明垂直门是全关的。
- 指示灯 3 闪烁，表明垂直门在预期时间内没有达到全开或全关的位置。
- 如果在 15 s 内垂直门没有到达最终位置，则配置人际接口报警页面来显示消息 "Vertical Gate 1 stuck in Between"。

注意：图 5-58a）展示了一种链接梯形程序变量和人机接口（HMI）新建动态标签的简单方法。图 5-58b）展示了人机接口（HMI）VGI 报警的创建。

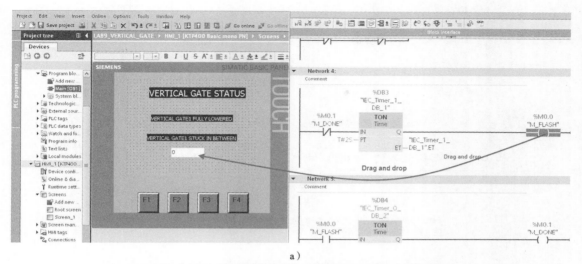

a)

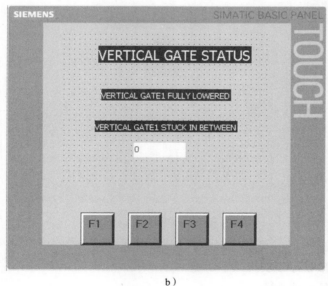

b)

图 5-58

【**实验 5.4**】　电机启动失败报警

为了确认电机在接收到 PLC 发送的启动指令后开始运转，电机激活后 5 s 内从电机磁启动器接收 1 个输入信号。如果在规定时间内没有接收到输入信号，则必须向人机接口（HMI）发送 1 个启动失败报警信号以提示电机启动失败。此实验的梯形程序在第 3 章讨论过，并且在图 5-59 中也列出了。

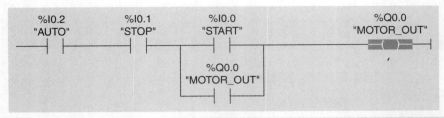

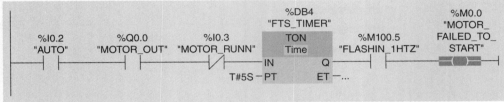

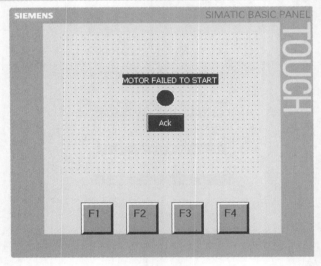

图 5-59

实验要求

编写和测试梯形程序以实现以下功能。

● 列出成功的泵启动条件。

● 修改启动失败操作计时器的预设值。

● 使用比较大的计时器预设值,并观察 PLC 中程序的运行结果。

● 在教学系统的指示灯或在西门子仿真器上仿真和监测泵启动失败报警。

● 配置人机接口(HMI)的圆形元件每秒闪烁一次,并使用红色表示电机启动失败。

【实验 5.5】 存储区域监控

图 5-60 展示了一个传送带系统。这个系统由 2 个传动带和 2 个传送带之间的暂存区域组成。传送带 1 将包裹传送到存储区域。在传送带 1 末端靠近存储区域处有 1 个光电单元

来监测输送到存储区域的包裹数量。传送带 2 将包裹从暂存区域传递到装货码头。在装货码头，包裹被装载到卡车上，并送至客户。在暂存区域出口设有 1 个光电单元来监测由暂存区域送至装货码头的包裹数量。1 个设有 5 盏指示灯的展示面板指示暂存区域的使用状况。当传送带重启时，当前计数值被设置为暂存区域中的现存包裹数。

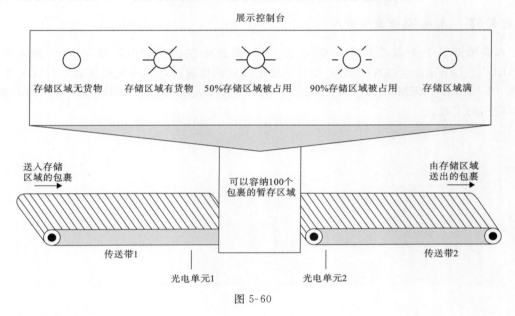

图 5-60

实验要求

图 5-61 中梯形程序应用的实现步骤如下。

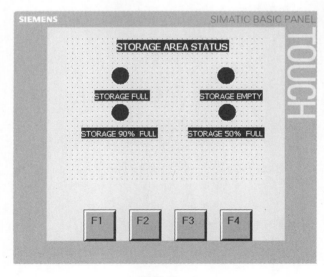

图 5-61

- 按图 5-61 所示配置人机接口（HMI）状态页面。
- 仿真状态页面所展示的 6 种状态。
- 监测状态信息，并报告结果。
- 开启传送带重启按钮，并对结果进行评价。

【实验 5.6】 　本地/远程数据输入

　　本应用设置 1 个双位开关（左/右）。当开关处于左边位置时，展示 PLC 输入的值（VALUE_LOCAL_STATUS），当开关处于右边的位置时，展示人机接口（HMI）输入的值（VALUE_REMOTE_STATUS）。例 5-5 采用人机接口（HMI）Switch field 描述了本应用的实现。

过程控制系统设计与故障诊断

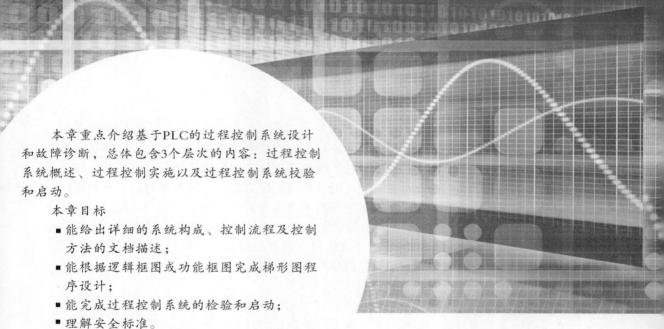

本章重点介绍基于PLC的过程控制系统设计和故障诊断，总体包含3个层次的内容：过程控制系统概述、过程控制实施以及过程控制系统校验和启动。

本章目标

- 能给出详细的系统构成、控制流程及控制方法的文档描述；
- 能根据逻辑框图或功能框图完成梯形图程序设计；
- 能完成过程控制系统的检验和启动；
- 理解安全标准。

　　本章介绍过程控制/自动控制系统设计的基本方法和相关的工业标准。类似计算机操作系统或网络通信协议分层结构,本系统也采用从低到高的分层结构。总体包含 3 个层次:过程控制系统概述(层次 1)、过程控制实施(层次 2)以及过程控制系统校验和启动(层次 3)。本章前 3 节将分别概述 3 个层次设计实施的一般原则。在进入下一层次之前,都需要对当前层的设计进行复核和批准。有关控制系统设计和实施方面的内容即层次 1 和层次 2 在前几章中详细介绍过了,在第 8 章的综合实例中也会再次涉及,因此本章将重点关注依据相关标准的系统校验技术(层次 3)。

6.1　过程控制系统概述 (层次 1)

　　层次 1 主要是过程控制/自动控制系统概况,包括对系统层次和被控对象的综合定义。层次 1 是进行预算估计、资源需求评估和项目时间计划等操作的基础。该层次包括以下几个关键问题:

- 控制系统需求。
- 过程的启动和停止。
- 扰动和报警处理策略。
- 过程约束。
- 监管和安全需求。

　　层次 1 中形成的文档资料是层次 2 实施具体控制策略的基础。层次 1 描述项目的范围和目的,包括该过程控制系统的基本信息,例如该项目是对当前系统的功能扩展、完全替换还是升级改造等。文档中应尽量避免使用专业词汇或缩略词,除非这些词汇已经给出专门的定义或解释,因为这些文档通常要呈现给系统所有者,比如企业股东,他们了解整个控制系统的概况,但可能不会详细地知道具体如何实现。文档中用到的参考资料或者信息应尽可能一并提供。层次 1 中需要细化的内容包括被控的生产过程描述、控制系统层级、控制系统组成等,这些内容将在接下来的 3 小节中详细叙述。

6.1.1　过程描述

　　本节将简单介绍自动控制或过程控制系统的功能。过程控制系统应明确被控对象和生产过程,以及每一过程的重要属性。所有关键点应以文档的形式记录下来,例如质量问题、安全因素、能源消耗、可能的扰动等。所有有助于理解整个控制过程的信息都应考虑到。本节内容可看成是过程控制专家们的典型工作成果。

　　以下是项目中典型的过程控制目标。

- 尽力减少人工干预(minimize manual interactions)。自动控制的基本目标是完全去除或尽力减少人工操作。包括容器装载和卸载的自动化、基于计算机的数据采集、被控设备的自动控制、安全功能以及其他的促进质量改进的功能。
- 设备保护(protection of equipment)。设备保护包括关键设备的运行限制条件、启动和停机过程中的安全保护,以及其他标准的操作和维护程序。

- 质量控制（quality control）。质量控制包括对原材料的正确处理、生产配方的精确控制、过程变量的准确测量、产品标准的满足，以及对产品质量的持续监视。
- 安全与环境（safety and the environment）。安全与环境包括对危险原料或者有毒原料的处理、高温高压环境下的设备操作、泄漏和飞溅的避免、风险最小化及安全程序等。
- 能源消耗和循环利用（energy use and recycling）。能源消耗和循环利用包括减少能源消耗、提高循环或再利用产量、消除或减少浪费，废水和废料的处理与循环利用。
- 资产利用（asset utilization）。资产利用包括增加容量、缩减生产过程周期、增强产品生产的灵活性、改善过程控制性能、延长设备使用寿命。
- 新技术应用（new technology）。新技术应用包括安全高效地利用新技术改善系统性能和产品质量。

6.1.2　自动化控制系统的层级

本节将明确定义控制系统的推荐层级，包括过程启动、运行、停止及可能的扰动/干扰。推荐层级必须考虑系统的复杂性、集成等级、安全要求、危害及整个生产周期中对灵活性和精确性的要求。推荐层级的应用是增加现有系统的价值，其产出应能说明投入的合理性。

本节将定义启动形式，包括人工启动、自动启动以及人工/自动启动 3 种。以下是几个需要考虑的问题要点。

- 过程控制实施单元及其相应的功能。
- 子系统协调及调度。
- 报警、互锁机制以及相关流程。
- 过程控制基本限制条件以及旁路条件和流程。
- 紧急停机、断电重启以及系统恢复功能。

本文详细介绍了过程控制系统在运行和停机状态下的功能和目的。为了保证系统的正常运行和安全性，一些特殊的约束和限制将被加入系统中。每一层级都应确定系统控制所涉及的管控要求和专业标准。标准既包括行业内组织的惯例，也包括特殊合同或协议的指导原则。自动化项目的社会影响以及由此产生的对股东的影响都必须包含到文中。

很多国家标准和国际标准都对过程控制或自动化项目的设计和实施进行了规范。其包括美国食品药品管理条例、有毒物质控制法案（TSCA）、企业与控制系统网络接口开发标准（ISA—95）、优良的自动化制造惯例（GAMP—4）、美国联邦法规（CFR）、美国国家标准学会（ANSI）以及其他的特别条例。

6.1.3　控制系统组件

本节将在更高一级的层级上描述过程控制系统及其辅助系统的功能。控制系统类型应该由已经确定的特殊系统组件标识，否则，就必须给出系统的通用需求，以及诸如用户设备接口、操作面板、远程输入/输出、野外控制室、控制室集中显示、与其他控制系统通信等方面的特殊需求。定义基本系统的结构框架，确定和解释在基本系统上的特殊要求。

以下是一个典型的控制系统示例。

- 列出控制系统输入接口和对应传感器的清单。
- 列出控制系统输出接口和对应被控对象/执行器的清单。
- 基本系统的控制结构和报警单元。
- 控制系统安全需求。
- 人机界面（HMI）显示和控制界面。
- 生产过程信息系统和数据采集。
- 生产过程配方控制、协调及流程安排。
- 通信及网络接口。

本节还将详述控制系统对所选用软件版本的具体要求，例如对操作员接口、人机界面（HMI）、过程模拟或高级控制、数据采集、仿真模拟等的要求，以及生产过程中针对操作员误操作的保护闭锁机制。有关控制系统保护的问题需要特别关注，例如生产过程自动控制中的人工干预。

6.2 过程控制实施 (层次 2)

项目文档中包含过程控制系统实施的所有相关信息，例如软件设计、硬件配置以及使用的通信协议，还包含提供给系统所有者的项目实施合作和沟通机制。因为合作经常能对项目实施带来好处，所以显得尤为重要。控制系统的参与者通常包含各行各业的专家（例如电气、机械、化工、公共事业、环境、工业工程或技术），还可能包含系统的运行操作和维护人员。

在过程控制实施（层次 2）阶段所作的假设，以及在校验和启动（层次 3）阶段对假设所做的进一步确认、说明和补充都必须写入项目文档中。尚未解决的且需要继续跟进或咨询的问题应明显标识出来。这些问题也必须在进行校验和启动（层次 3）阶段之前，也就是在过程控制实施阶段完全解决。本节最后将详细介绍过程控制实施的具体步骤，包括详细 I/O 表、数据采集任务、闭环控制、项目流程图、梯形图功能模块说明以及整体项目文档。

6.2.1 I/O 表

过程控制系统用到的所有输入/输出接口必须和与其对应连接的设备一起添加到 I/O 表格中，各 I/O 接口应明确精度或分辨率。过程控制设计人员还必须在 I/O 表中对连接设备的特殊问题进行确认，例如输出接口失效保护的默认状态、输入接口的校准要求、设备冗余等。I/O 表中包含了程序设计需要的大部分细节，分为模拟和数字、输入和输出。

- 数字输出（digital outputs）。确定每个数字输出接口在过程控制各个阶段的状态，以及和其他输出接口间的互锁关系。必须明确记录故障后的断开动作。利用输出接口模板进行程序设计。必须充分理解和传达每个数字输出接口的作用和操作情况。
- 数字输入（digital inputs）。确定每个数字输入接口在过程控制各个阶段的状态，以及和其他输入接口间的互锁关系。必须明确记录故障后的断开动作。利用输入接口模板进行程序设计。必须充分理解和沟通每个数字输入接口的作用和动作情况。

- 模拟输出（analog outputs）。所有模拟输出接口都包含在 I/O 表中，其中有程序设计需用到的大部分信息。确定每个模拟输出接口在过程控制各个阶段的状态，以及和其他输出接口间的互锁关系。确认故障后是否直接断开。利用模板输出接口进行程序设计。

- 模拟输入（analog inputs）。所有模拟输入接口都包含在 I/O 表中，其中有程序设计需用到的大部分信息。确定每个模拟输入接口在过程控制各个阶段的状态，以及和其他输入接口间的互锁关系。确认故障后是否直接断开。利用模拟输入接口模板进行程序设计。

在过程控制系统中经常会用到一些特殊的 I/O 接口，例如用于测量流体流速或者步进电机转速的高速脉冲计数接口。必须详细记录所有特殊 I/O 接口的相关配置和参数。另外，必须明确标识出通过特殊 I/O 连接的设备，以及与默认标准接口设备间的区别和特殊要求。模拟输入接口的量化必须考虑传感器的校准情况以及输入电压信号超出预定范围的偏差。

6.2.2　数据采集和闭环控制

数据采集是采集表征实际物理量的模拟信号并将其转换成相应数字值的过程，如此才能被 PLC 利用，或者才能由更普遍的计算机进行建模、仿真和数据库存储操作。大多数的模拟输入接口都被看成是数据采集系统的一部分，但这种方式的接口在闭环控制系统中的数量较少。任何一个闭环控制系统至少有两个模拟输入量：被控变量和控制变量。数据采集系统和闭环控制系统的要点主要包含以下几个方面。

- 构成一个简单数据采集功能的传感器必须包含在功能描述文档和详细过程控制实施文档中，细节中应包括所使用的方法，例如，在冗余传感器配置情况下的数据校验或者基于补充传感器的数据融合技术等。

- 与数据采集功能相关的 HMI 必须具体到相关的通信协议和图形界面。梯形图程序和 HMI 间的关联关系对于系统维护和将来的系统升级非常重要。

- 一些数据采集的上位机程序通常用各种通用程序设计语言开发，例如 Visual Basic、Java、C++、LabVIEW 等。这些信息也应记录到整个过程控制系统的文档中。

- 闭环控制系统首先应明确被控变量、控制变量、数字量格式、物理量单位、控制类型以及控制方法等。ON/OFF 控制和比例积分微分（PID）控制是最常见的过程控制方法，但近年来，模糊控制方法是一种新的发展趋势。

第 7 章将详细介绍过程控制的具体方法和相关的控制设备。第 8 章中的实例将具体演示数据采集和过程控制等功能的设计和实现方法。

6.2.3　项目逻辑框图和梯形图模块

历史上，在实际的程序设计之前，通常用流程图来表示逻辑顺序关系。随着 PLC 和分布式过程控制系统的不断发展，伪代码和逻辑框图正在成为一种新的程序设计方式。本书中用到的逻辑框图设计方法已经在第 2 章中介绍过了。当给定任务需要通过一系列小的相互关联的子任务来实现时，就必须采用结构化的设计方法。逻辑框图是一种高效的虚拟程序设计输入方法，其结果可以直接转化成梯形图，而且任何 PLC 和一些控制平台都支持逻辑框图的输入方式。伪代码的输入方式依赖于具体的平台类型，但伪代码可以自动转换成梯形图程序和可执行代码。

梯形图编程仍然是当前应用最广的方式，功能模块图和逻辑框图是第二常用的编程方式。功能模块图和逻辑框图编程方式类似于功能逻辑图，各模块通过连线以一定的次序连接起来，与实际的过程流程完全一致。虽然和梯形图中的符号和指令相差无几，但对于不熟悉具体逻辑的人来说会更容易理解。但功能模块图和逻辑框图编程方式不适用于有特殊功能或特殊 I/O 的大型程序设计。采用梯形图方式来实现过程控制程序设计需要在编程前做大量用来理解控制结构和流程的前期工作。

西门子 PLC 的梯形图设计方式是以功能模块为基础的，在第 5 章中已经介绍过了。一个过程控制程序往往需要用到多种功能模块，例如初始化模块、数据采集模块、HMI 模块、报警模块、通信模块、诊断模块以及其他的处理模块等。第 8 章将通过一个综合的工业过程控制实例来演示上述模块的使用。本章将用一个小的例子来解释上文中提到的概念。

6.2.4　控制系统文档初稿

准备控制系统文档初稿的主要目的是在系统最终的校验和启动之前与所有的参与者沟通过程控制系统实施的所有细节。记录文档是对系统的关键设计部分进行复查以及对将来系统进行升级改造的基础。记录文档的潜在受益者十分广泛，包括合作伙伴、客户、系统负责人以及跟文档所涉项目有关的任何人。要时刻铭记对所有安全或危害问题进行书面确认和澄清的潜在责任。

以下几点是创建过程控制系统文档初稿的基本要点。

- 对整个过程的范围和目标陈述。
- 输入和输出接口表。
- 硬件配置。
- 通信协议及配置。
- 梯形图功能模块。
- 过程逻辑框图。
- 安全和危害问题。
- 过程控制管理流程。
- 例外管理流程。
- 梯形图和 HMI 程序。

上述每一个要点都应该是文档中的一个独立部分，Microsoft Office Word 或其他文字处理软件都可以被用于文档的创建。推荐使用可以由标题自动生成内容目录的文字处理软件。文档的编号方式同样重要，例如将过程范围和目标陈述编号为 1，则与此相关的项目可依次编号为 1.1、1.2、1.3 等，输入和输出接口表接着编号为 2。文档编号有两个好处：一是利于读者进行内容查找；二是易于对文档中修改内容的追踪。对于文档的修改应记录修改日期、修改人、版本号等信息。在系统设计和实施过程中，这些组织方式将成为团队合作高效化的关键因素。

6.2.5 程序文档中的交叉引用

显示交叉引用的方法很多，具体取决于当前界面是在软件的初始化视图还是在项目视图及当前项目树中的选择对象。在软件的初始化视图中，只能对整个 CPU 显示交叉引用；而在项目视图中，就可以对如下对象显示交叉引用。

- PLC 标号目录。
- PLC 数据类型目录。
- 编程模块目录。
- 标号及连接目录。
- 单个标号。
- 单一 PLC 数据类型。
- 单个模块。
- 技术对象。

程序文档的编制将通过一个例子（Lab1_Comb_logic）来演示。例子程序中有 4 种逻辑功能（AND、OR、XOR、XNOR）。演示如何显示 AND 逻辑功能的交叉引用信息的步骤如下。

- 在软件初始化视图界面中，点击显示交叉引用（Show cross-reference），如图 6-1 所示。

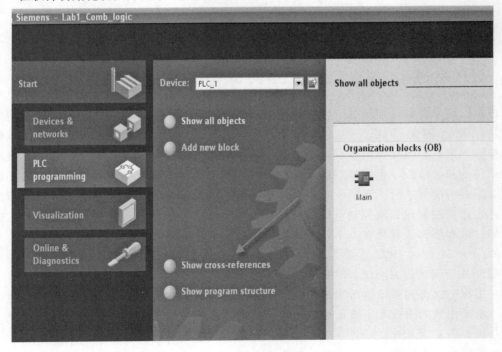

图 6-1 初始视图

- 在项目视图界面中就可查看 AND ＿ LOGIC 的地址（Address）、创建日期（Date created）以及最后修改日期（Last modified）等信息，如图 6-2 所示。

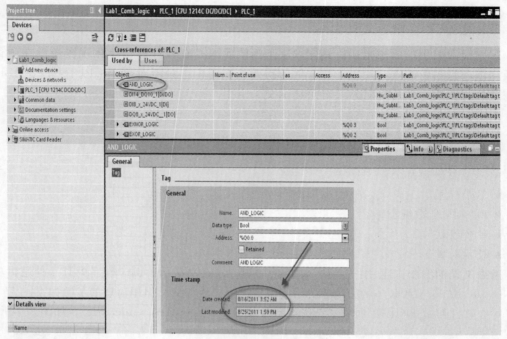

图 6-2　项目视图

6.3　过程控制系统校验和启动（层次 3）

　　过程控制系统设计的最后一步，也是第三层级，就是系统校验和启动。层级 2 的主要内容是对系统的硬件、软件、通信以及用户接口进行初步测试。而层级 3 主要关注系统的故障排除和调试。自动控制系统向用户进行最终的技术移交也是一个关键的环节。该项工作在项目的初始阶段，也就是层级 1 就要做出计划安排。所有校验工作都必须在现场设备的实时运行情况下进行。系统所有者，包括系统的操作和维护人员，都是这一步骤中的关键角色，过程控制或自动控制系统的设计和实施人员应带领他们走完校验工作流程。校验工作的标准程序和步骤将在本节详细介绍。紧接着将是对标准安全程序的讨论。

　　西门子 S7-1200 PLC 提供了 3 种不同的用户程序测试方法：用程序状态测试、用观察窗表格测试与用赋值表测试。3 种测试方法的简要说明如下：

- 用程序状态和系统诊断测试。程序状态允许用户监视程序的运行。用户可以选择显示操作数的值或者逻辑运算的结果，这就为发掘并修改程序中的逻辑错误提供了手段。PLC 系统中的诊断工具可以为用户校验提供各种各样的信息。
- 用观察窗表格测试。通过观察窗表格，用户可以查看和修改程序变量的值或者 CPU

寄存器的值。测试时，用户程序中的变量可以赋值为任何值，以此来考察程序在不同状况下的运行情况。在 CPU 处于停止状态时，I/O 变量可以赋值成固定值，这在检查系统接线情况时经常用到。

- 用赋值表测试。通过赋值表，可以监视和修改用户程序变量或者 CPU 寄存器的值。这样就可以测试程序在不同状况下的运行情况。

6.3.1　强制赋值校验

在使用 PLC 强制赋值功能进行校验时必须十分小心，因为强制赋值功能允许用户对程序变量任意赋值来改变程序的流程。因此需要遵从以下几个方面的建议。

- 要避免潜在的人身伤害和设备损坏。程序变量的错误赋值可能造成人员伤害或者健康危害，也极有可能对机器设备或整个生产线造成损害。
- 在进行强制赋值操作之前，操作员必须确认当前没有其他操作员对同一 CPU 进行同样的强制赋值操作。
- 强制赋值操作只能通过点击 Stop Forcing 图标或者通过 Online → Force → Stop Forcing 命令来停止。关闭强制赋值表不能停止强制赋值操作。
- 通过程序逻辑无法撤消强制执行。

通过强制赋值表可以对程序中 I/O 接口的当前值进行监视和修改。当对 I/O 进行强制赋值操作时，就是将特定的值写入相应的寄存器/存储器中。这种方式为程序设计人员提供了运行情况下的程序逻辑测试。以下是安全注意事项。

- 在进行强制赋值操作之前，操作员必须确认当前没有针对同一 CPU 的其他强制赋值操作。
- 强制赋值操作只能通过 Stop Forcing 命令来停止。关闭强制赋值表不能停止强制赋值操作。
- 强制赋值操作不受之前梯形图程序执行结果的影响。
- 强制赋值操作不同于对变量值的修改，程序逻辑的执行结果和 I/O 映像存储器的更新都属于对变量值的修改，不是强制赋值操作，强制赋值操作是永久性的。在使用强制赋值功能前，设计者最好先参考西门子的技术手册。

ON/OFF 强制输出

系统校验的第一步包括对全部输入/输出设备与 PLC 间的连接关系测试。本节介绍西门子 S7-1200 PLC 的强制输出功能。如图 6-3 所示，使用该功能时，从项目树中选择 Watch and force table → Force table，在表中输入需要强制输出的端口地址和强制输出的值（TRUE 或 FALSE）即可。

在图 6-4 中，物理开关 SS2 处于断开状态，以 PL2 为标号的输出线圈 Q0.1 被强制得电。网络 1 中指示灯 PL2 点亮。此时，网络 3 中的 Q0.1 常开触点并未受到强制输出功能的影响，因此灯 PL4 保持熄灭状态。该图同时显示网络 3 中的灯 PL3 因 SS2 触点断开而处于熄灭状态。

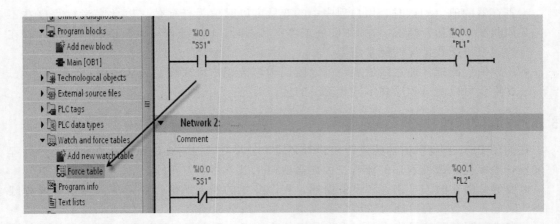

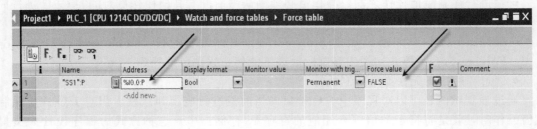

图 6-3 强制赋值表

图 6-5 通过实际的输入/输出设备解释了前面提到过的强制输出例子。图中显示出了梯形图程序、输入开关 SS2 以及输出指示灯（PL2、PL3、PL4）的状态。强制输出是专门设计实现只改变所选输出，而程序中的其他逻辑关系不受任何影响的一种功能。该功能主要用于检查 PLC 的输出连接关系。

应该注意到地址为 I0.1 的常开触点 SS2 为断开状态，输出线圈 Q0.1 在物理接口上连接的是指示灯 PL2，此时被强制输出为得电（ON/TRUE）状态，指示灯 PL2 点亮。但 Q0.1 的常开触点仍然保持断开状态，因此指示灯 PL4 不亮。因为触点 SS2 断开，所有指示灯 PL3 也不亮。当然，如果闭合开关 SS2，则不管强制输出功能如何，所有指示灯都点亮。

ON/OFF 强制输入

图 6-6 示出了物理开关 SS1 保持断开状态，而其对应的常开触点 I0.0（标号为 SS1）被强制输入 ON，因此 Q0.0 对应的输出指示灯 PL1 点亮，同时，常闭触点 I0.0（标号为 SS1）断开，因此指示灯 PL2 保持熄灭状态。在网络 3 中，常开触点 Q0.0（标号为 PL1）不受强制输入功能的响应，因此指示灯 PL3 不亮。

前面关于强制输出功能的规则同样适用于强制输入功能。强制输入功能将选择的输入触点强制为 ON 或者 OFF，与该触点直接相关的网络逻辑根据强制值动作。该功能常用于检查输入设备的连接和工作情况，比如输入传感器。对梯形图程序的所有端口进行连接检

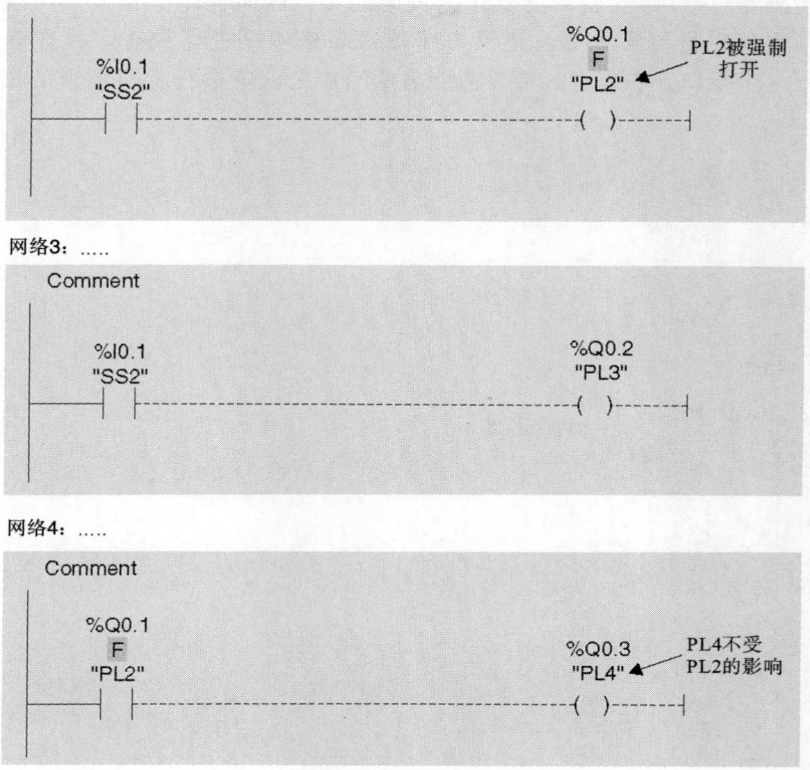

%Q0.1
F
"PL2"

PL2被强制
打开

%I0.1
"SS2"

—( )—

网络3: .....

Comment

%I0.1
"SS2"

%Q0.2
"PL3"

—( )—

网络4: .....

Comment

%Q0.1
F
"PL2"

%Q0.3
"PL4"

PL4不受
PL2的影响

—( )—

图 6-4 PLC 强制输出

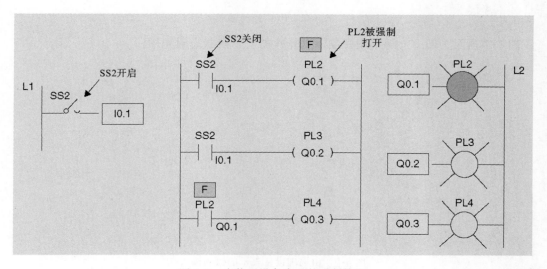

图 6-5 由物理设备表示的强制输出

查一般需要传感器/执行器安装现场工作人员的配合，因而程序监视人员与现场工作人员间的实时通信也就显得异常重要。建议按照端口表格顺序进行检查，检查确认完一个端口，再移到下一个端口。在未进行端口检查确认工作之前就进行程序逻辑的校验是没有任何意义的。

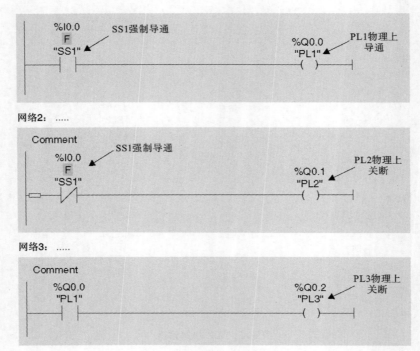

图 6-6　PLC 强制输入

图 6-7 所示为图 6-6 梯形图强制输入操作的实物及状态对照图。

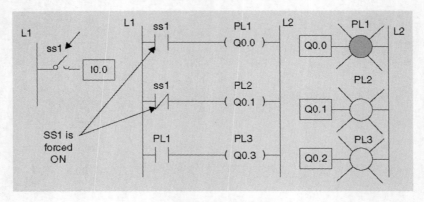

图 6-7　由物理设备表示的强制输入

6.3.2 观察表校验

在梯形图程序中,同一输出线圈在多个位置出现是有问题的。本节将通过观察表校验演示该问题。因为 PLC 程序采用从上到下从左到右的扫描方式执行,因此同一输出线圈在多个位置出现就会导致输出状态的不确定性。图 6-8 所示的梯形图程序和观察表,当控制 SW1 为 ON、SW2 为 ON、SW3 为 OFF 时,指示灯 PL1 最终将不亮。

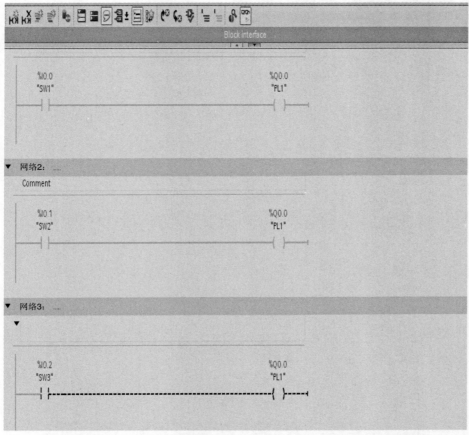

图 6-8   同一输出线圈多次使用的不确定性

在同一个程序中线圈地址重复出现会导致无法预测的结果。如图 6-9 所示，另一种开关状态组合将同样导致输出线圈状态的不可预测性。当控制 SW1 为 OFF、SW2 为 OFF、SW3 为 ON 时，指示灯 PL1 最终仍将不亮，如梯形图和观察表所示。

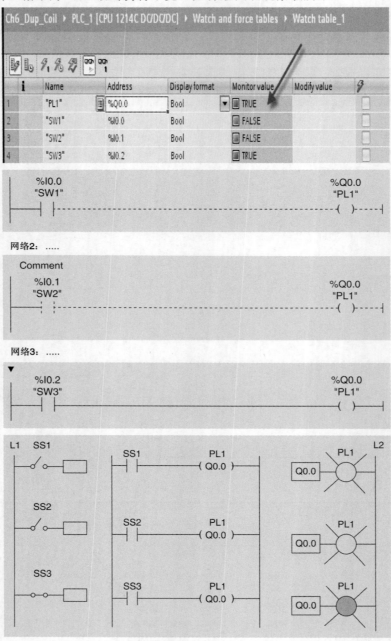

图 6-9   同一输出线圈多次使用的不确定性及其结果

6.3.3 交叉引用、程序状态和系统诊断校验

西门子 PLC 在梯形图每次扫描后进行诊断，之后更新 PLC 硬件状态。PLC 也会生成一个记录重要事件信息的日志。校验人员应该知道这些信息是可以获取的，从而为校验提供方便。程序状态及交叉引用信息同样是可获取的，这些信息也是进行软硬件、通信以及图形用户界面（GUI）调试所必需的。本节将介绍这些工具的使用，更加详细的信息可以参考技术手册和在线帮助文档。附录中包含了一些关键的诊断功能及其演示界面。

图 6-10 中包含以下工具。

1. 设备配置显示了系统的硬件配置结果。

2. 箭头向上显示设备视图。

3. 箭头向下返回设备配置视图。

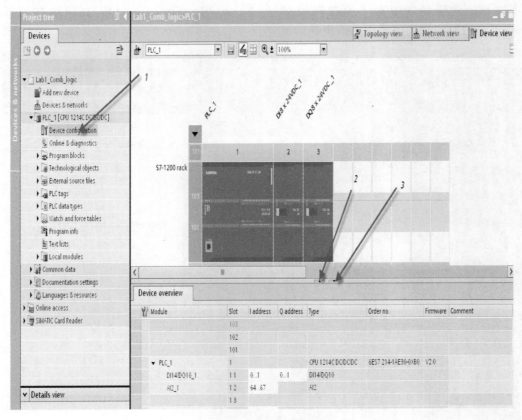

图 6-10 设备配置工具导航

应用交叉引用进行调试

显示交叉引用信息有多种不同的方法，这取决于当前是在初始化视图界面还是在项目

视图界面及当前项目树中的选中条目。在初始视图界面中，只有 CPU 的交叉引用信息显示出来，而项目视图界面将显示以下目标的交叉引用信息：

- PLC 标号目录。
- PLC 数据类型目录。
- 编程模块目录。
- 标号及连接目录。
- 单个标号。
- 单一 PLC 数据类型。
- 单个模块。
- 技术对象。

如图 6-11 所示，用一个名为 Lab1＿Comb＿logic 的梯形图程序来展示包含交叉引用的程序文档。例子程序中有 4 种逻辑功能（AND、OR、XOR、XNOR）。演示如何显示 AND 逻辑功能的交叉引用信息的步骤如下。

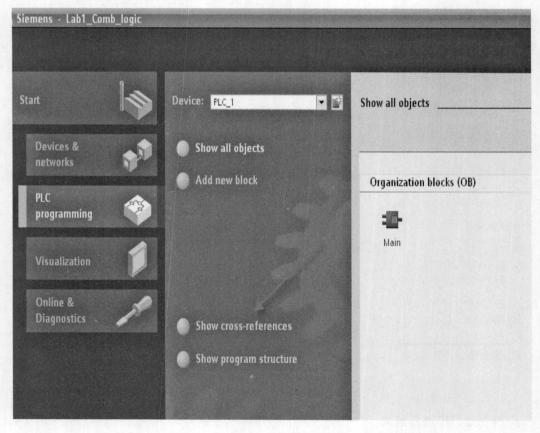

图 6-11　Lab1＿Comb＿logic 梯形图程序展示的交叉引用

● 在软件初始化视图界面中，点击显示交叉引用（Show cross-references）。
● 在项目视图界面中就可查看 AND _ LOGIC 的地址（Address）、创建日期（Date created）以及最后修改日期（Last modified）等信息，如图 6-12 所示。

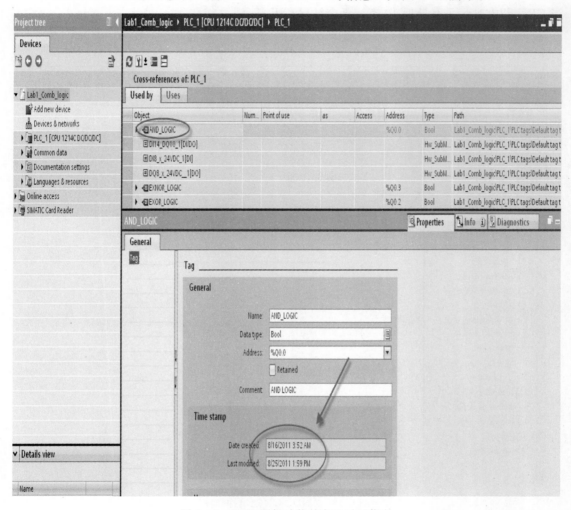

图 6-12 AND 逻辑功能的交叉引用信息

应用程序状态和诊断信息进行调试

图 6-13 所示为逻辑 AND 和逻辑 OR 的两网络梯形图程序。该程序将演示应用程序状态和诊断信息工具的调试方法。开关 SW1 和 SW2 为组合逻辑提供输入功能。线圈 AND _ LOGIC 和线圈 OR _ LOGIC 用于输出两逻辑操作的结果。该程序小而简单，在此处用来演示校验和故障排除技术。合上开关 SW1 后，程序界面上显示该常开触点导通。

在 PLC 的 CPU 中有一个诊断缓存器，缓存器中包含每一个诊断事件的信息记录。每一条记录包含有诊断事件发生的日期和时间以及事件描述和事件种类。记录条目按生成时间的先后顺序排列，最近发生的排在最顶端。在 CPU 未断电的情况下，缓存器最多可以存储最近发生的 50 次事件。当缓存器存满后，最新的事件记录将会覆盖最早的记录条目。当 CPU 断电时，只有最近 10 条记录会被保存下来。

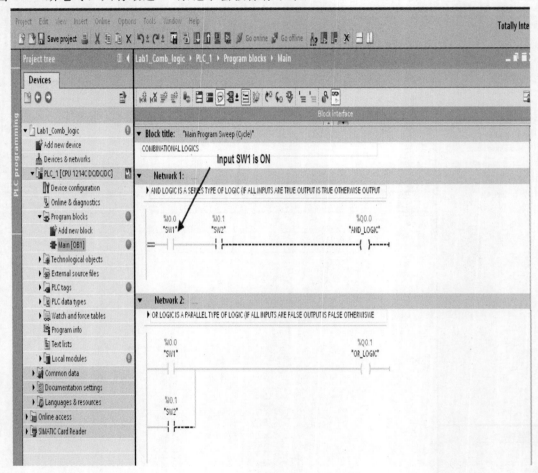

图 6-13　AND、OR 逻辑梯形图

诊断缓存器存储的事件包括以下 3 种类型。

● 历次系统诊断事件，例如 CPU 错误或模块错误。

● 历次 CPU 状态切换，例如上电、运行、停止。

● 已配置对象的修改，但不包括 CPU 或用户程序对已配置对象的修改。

对诊断缓存器的访问必须在在线状态下进行。选择 Online & Diagnostics→Diagnostics→Diagnostics buffer，如图 6-14 所示。

SIMATIC S7-1200 PLC 的诊断功能如下。

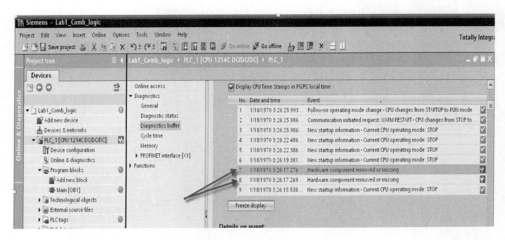

图 6-14　诊断缓存器

1. 在初始化视图界面，打开项目 LAB6 _ AIRPORT _ CONVEYOR（→ Open existing project → LAB6 _ AIRPORT _ CONVEYOR→ Open），如图 6-15 所示。

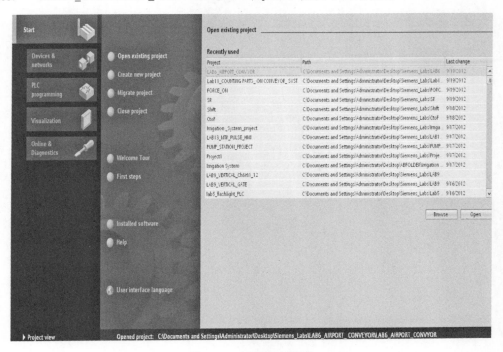

图 6-15　打开现有项目

2. 上线（→LAB6 _ AIRPORT _ CONVEYOR→ Go online），如图 6-16 所示。

3. 选择 PG/PC 上线接口（→PG/PC interface for online access→Go online），如图 6-17所示。

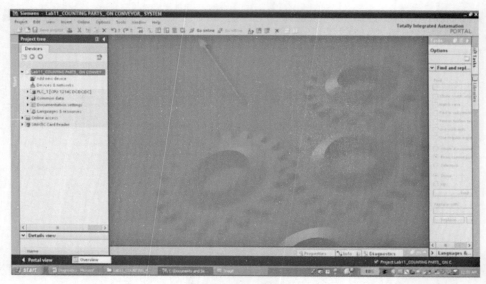

图 6-16　上线操作

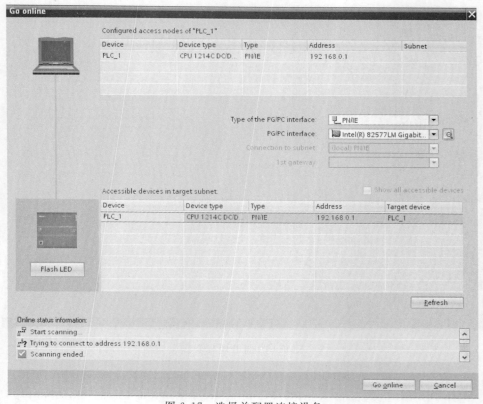

图 6-17　选择并配置连接设备

4. 在线时，用户可以开始（START）或停止（STOP）PLC，如图 6-18 所示。

图 6-18　启动/停止 PLC

5. 在窗口部的右边，诊断符号旁边指示在线/离线对比的补充符号可以和诊断符号一起使用，如图 6-19 所示。

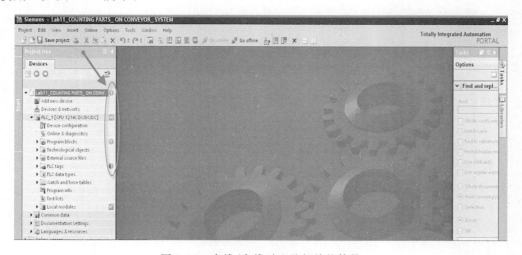

图 6-19　在线/离线对比及相关的符号

诊断和对比的符号

诊断和对比的符号如图 6-20 所示。

符号	描述
ⓘ	文件所包含对象的在线版本与离线版本不同
❓	比较结果未知
◼	对象的在线版本与离线版本相同
◐	对象的在线版本与离线版本不同
◖	对象只在线存在
 ◗	对象只离线存在

图 6-20　诊断和对比的符号

模块和设备的诊断符号

模块和设备的诊断符号如图 6-21 所示。

图标	含义
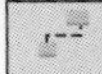	正在与CPU建立连接
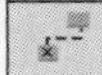	在设定的地址无法连接CPU
	配置的CPU和目前的CPU无法兼容
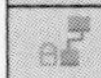	在与受保护的CPU建立在线连接时，没有正确密码的输入，将会关闭密码窗口
✔	没有错误
	需要维护
	要求维护
	错误
	模块或设备无效
	模块或设备不能从CPU调用（CPU下的模块和设备有效）
	因当前在线配置数据不同于离线配置数据，诊断数据不可用

图 6-21　模块和设备的诊断符号

图标	说明
	配置的模块或设备和目前的模块或设备是不相容的（CPU下的模块或设备有效）
?	配置的模块不支持诊断状态显示（CPU下的模块有效）
?	已建立连接，但模块的状态尚未确定
⊘	配置的模块不支持诊断状态显示
❗	从属组件错误：在从属的硬件组件中至少存在一个错误

图 6-21 　 （续）

图 6-22 显示了系统配置两个在实际设备中不存在的 I/O 模块。

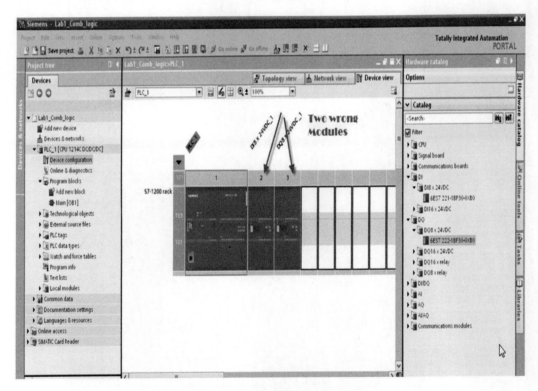

图 6-22　配置了两个不存在的模块

　　错误通常都是由不正确的配置、离线在线不一致性、硬件故障导致的。错误通过 PLC 错误标签上红色闪烁的方形灯来指示，项目树中也会显示，同时错误信息会在诊断缓存器中存储。符号表中有各种错误的详细信息，分别如图 6-23、图 6-24 及图 6-25 所示。

　　在诊断窗口中可以打开设备配置以检查其状态，例如存储器使用情况、周期时间、通信等（→Device configuration→Diagnostics），如图 6-26 所示。

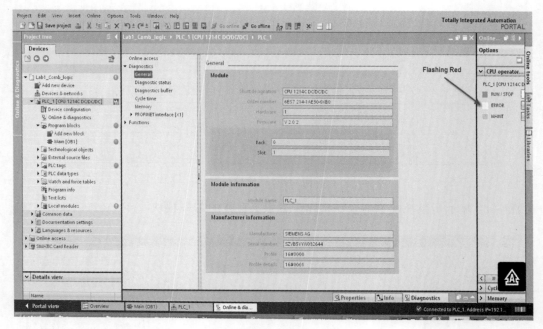

图 6-23　PLC 诊断界面

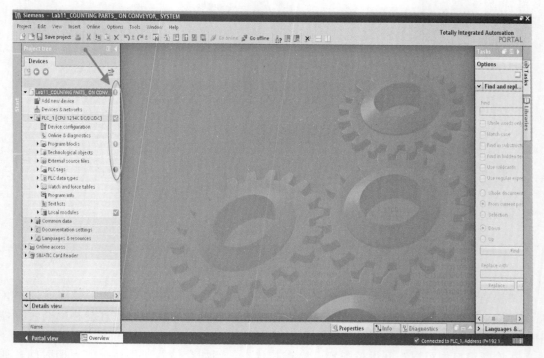

图 6-24　PLC 项目诊断符号

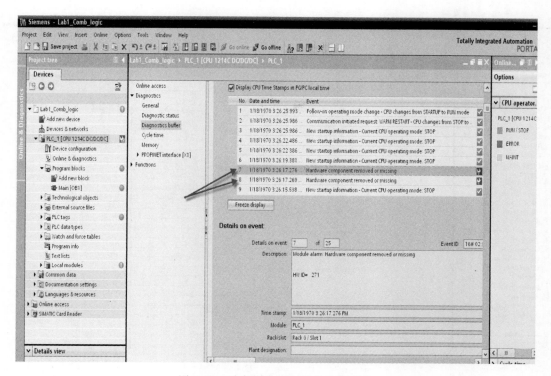

图 6-25　诊断缓存器记录的在线事件

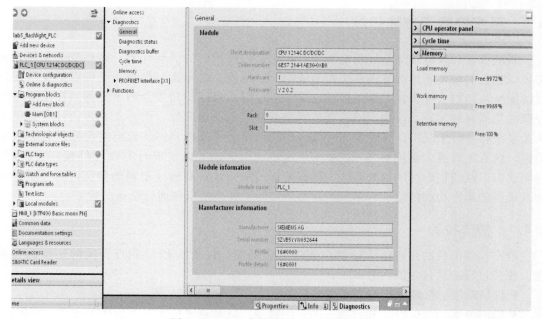

图 6-26　PLC 存储器及 CPU 周期诊断

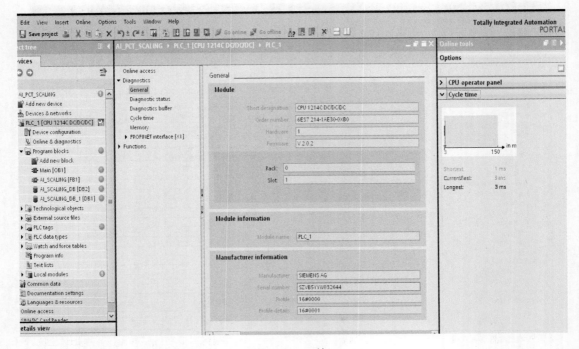

图 6-26　（续）

6.4　系统校验和故障排除

　　系统校验和故障排除是过程控制和自动化系统投运前的关键环节。该环节工作的开展必须以优化的规则和详细的流程文档为依据。必须精心设计这些规则和流程以避免潜在问题的发生，例如人身伤害、设备损坏以及预定过程或最终产品质量的下降等。在系统最终校验之前的实施阶段，往往应用仿真技术来保证结果的正确性。仿真工具为设计者提供了检验系统在各种工况下运行性能的手段。仿真工具还可以在具体实施前对设计进行有效的验证。仿真工具通常是嵌在 PLC 软件开发环境中的，可以实现对 I/O 硬件接口、HMI、控制逻辑以及通信组件的仿真验证。仿真验证的第一步是对程序逻辑的验证，第二步是对涉及硬件的程序功能的验证，第三步才是对实际硬件、接口和通信设备的验证。

6.4.1　静态校验

　　静态校验的目的是验证 I/O 接口连接的正确性，包括从 PLC 到设备间的连接是否畅通。校验过程必须包含的内容如下。

- 提供适当的接地保护和电磁屏蔽措施。
- 提供与 S7-1200 PLC 相对独立的保护措施，从而避免可能的人身伤害或设备损坏。
- 确保 S7-1200 PLC 系统的低压电路通信接口、模拟电路、I/O 电路以及 24 V 直流电源的安全。所有设备必须由符合安全要求的电源供电。

- 提供诸如熔断器、断路器之类的过电流保护措施，以防故障电流造成设备损坏。
- 感性负载必须装配电压抑制装置，以限制感应作用造成的电压升高。
- 梳理需要装配安全互锁逻辑的设备。
- 确保设备故障后处于安全状态，防止可能出现的误启动或设备损坏。
- 提供详细的故障和报警信息，以便程序中安全逻辑的设计实施。
- 提供完善的系统状态信息，以便在 HMI 中设计实施与操作员相关的安全措施。

针对所有设备的静态校验必须在程序逻辑调试之前进行。这是一项费时费力的工作，并且需要设备工程师和 PLC 操作员合作完成。但 PLC 的软件工具极大地减小了这项任务的工作量。校验 I/O 接口的典型步骤如下。

- 对每一个离散输入接口进行 ON/OFF 操作，然后观察输入模块上对应 LED 的指示情况。
- 检查程序中输入接口对应触点的状态，输入接口 ON/OFF 时，确认对应触点相应的变化。
- 输出接口应在系统处于手动模式下测试。例如使用开关（START/STOP）控制电机时，START 开关对应启动常开触点，STOP 开关对应停止常闭触点，通过开关、程序触点状态以及点击的动作情况三者来验证其正确性。
- PLC 输出接口测试应采用强制输出功能。当被选输出位强制为 ON 时，输出设备也应由 OFF 变为 ON。使用强制输出功能前应确保安全预防措施的采用。
- 校验所有模拟输入接口，并对传感器的输入范围和直流偏置做适当调整。模拟输入信号校准需要多人配合且费时，但是这是保证数据采集准确性和过程控制精确性的必需步骤。

6.4.2　安全标准和预防措施

主控继电器是在紧急情况下保证系统安全的标准硬件配置。主控继电器通常由 START 和 STOP 开关控制。图 6-27 所示为一个典型的工业级主控继电器。START 开关按下后，主控继电器得电闭合，I/O 模块得电。当 ESD 或 E-Stop 开关按下时，主控继电器会切断 I/O 模块的电源，但 CPU 会继续运行，并允许操作员在 I/O 完全隔离的情况下访问梯形图程序和使用调试工具。主控继电器是用于提供安全停止功能的硬连接继电器。主控继电器同时控制断开 PLC 输出的控制信号和被控设备的供电电源。图 6-28 所示为工业级主控继电器的接线原理图。

下面是过程控制系统实施中安全标准实施的例子，这些通用的安全标准必须全部遵循。

- 使用降压变压器隔离主电源，为 PLC 提供 120 V 交流电源。
- 紧急停止常闭触点通常与主控继电器的控制线圈串联，从而在紧急情况下使线圈失电，从而断开 I/O 模块的供电电源（CPU 模块仍然有电，同时 LED 指示接口状态）。
- 常开/常闭瞬态开关常用于电机的 START/STOP 操作，以此防止电机电源中断恢复后的误启动。

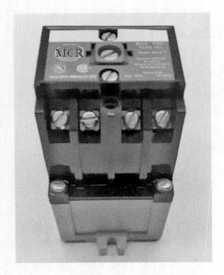

图 6-27　典型工业级主控继电器

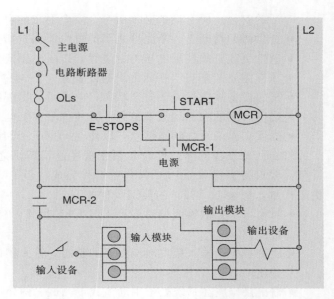

图 6-28　主控继电器接线原理图

- 使用两个 START 开关同时控制设备启动，只有当左右手同时按下两个 START 开关时，设备才能顺利启动，以此保证操作员的手不被设备损伤。
- 对电机正反转使用开关互锁机制，在改变电机转动方向之前必须先停下电机，该机制必须具有最高的可靠性。
- 紧急停止（ESD）开关是必不可少的，必须将 PLC 所有模块的供电电源开关串入紧急停止按钮触点。紧急情况下由 ESD 开关断开所有的输出。
- 系统中的关键环节常常装设故障检测组件，为可能的传感器失灵或者控制逻辑错误提供后备保护，例如对有害化学物质反应釜可能产生的溢出进行检测。冗余的 PLC 常被用于重要系统，通过自动切换形成不间断的操作。
- PLC 有软硬件联合诊断工具。LED 灯也可以指示 PLC、CPU 以及 I/O 模块的状态。
- PLC 程序每个扫描周期中的诊断环节是必不可少的。CPU 提供了以下几种由 LED 指示的诊断结果。
    - STOP/RUN
        - 稳定的橙色代表 STOP 状态。
        - 稳定的绿色代表 RUN 状态。
        - 绿色和橙色交替闪烁代表 CPU 当前正在启动。
    - ERROR
        - 闪烁红灯表示错误，例如 CPU 内部错误、存储卡错误或者配置错误（配置与实际设备不符）。
        - 稳定红灯表示硬件故障。

6.5 安全措施应用举例

本节通过小示例展示西门子 S7-1200 PLC 系统安全相关应用。例中所涉原理跟 PLC 具体平台无关，适用于任何过程控制系统。例程或许只需要对语法做一些修改就可适用于其他 PLC 系统。

【例 6-1】

某一传输系统需要操作员同时按下两个 START 按钮才能启动，以此方式保证系统启动时操作员的双手处于确定位置，从而避免可能的意外伤害。图 6-29 所示的网络包含两个常开的启动按钮 START1 和 START2、一个常闭 STOP 按钮、一个控制电机启动的输出线圈 MOTOR1。

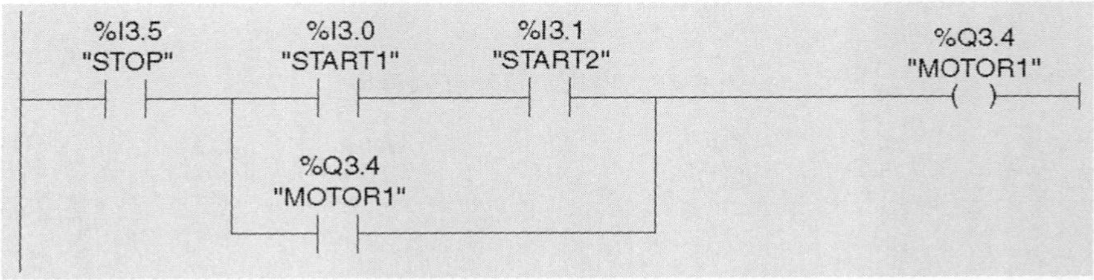

图 6-29 电机的两个同步启动按钮

当启动按钮 START1 和 START2 同时按下时，I3.0 和 I3.1 为真，因此输出 Q3.4 得电，电机 MOTOR1 开始转动。在下一个扫描周期，触点 Q3.4 锁定按钮 START1 和 START2，并使网络保持状态为"真"，于是保持 MOTOR1 转动。一旦按下停止 STOP 按钮，电机失电并停止转动。

【例 6-2】

图 6-30 所示为电机正反转互锁梯形图程序。请参考本书网站 www.mhprofessional.com/ ProgrammableLogicControllers 获得关于该例子的仿真模拟。

按下正转启动按钮 FWD，线圈 F 得电使电机正向转动，同时该线圈的辅助常开触点闭合自锁正转启动按钮，常闭触点断开互锁反转启动按钮 REV。该程序的详细执行过程如下。

1. 按下正转启动按钮，常开触点 I6.0 闭合，常闭触点 I6.2（STOP）闭合，常闭触点 Q4.2 闭合，输出线圈 Q5.1 得电。下一个扫描周期内，Q5.1 常开触点闭合，保持电机的正转状态。

2. 停止电机时，按下 STOP 按钮，常开触点 I6.2 断开，输出线圈 Q5.1 失电，电机停转。

3. 当按下反转启动按钮，常开触点 I6.1 闭合，常闭触点 I6.2（STOP）闭合，常闭触点 Q5.1 闭合，输出线圈 Q4.2 得电。下一个扫描周期，Q4.2 常开触点闭合，保持电机的反转状态。

4. 当电机正转时，如果想使电机反转，必须先按下停止按钮才能通过反转按钮启动电机反转。

5. 线圈 F 和线圈 R 通过各自的常闭触点 Q4.2 和 F5.1 互锁电机正反转启动功能。

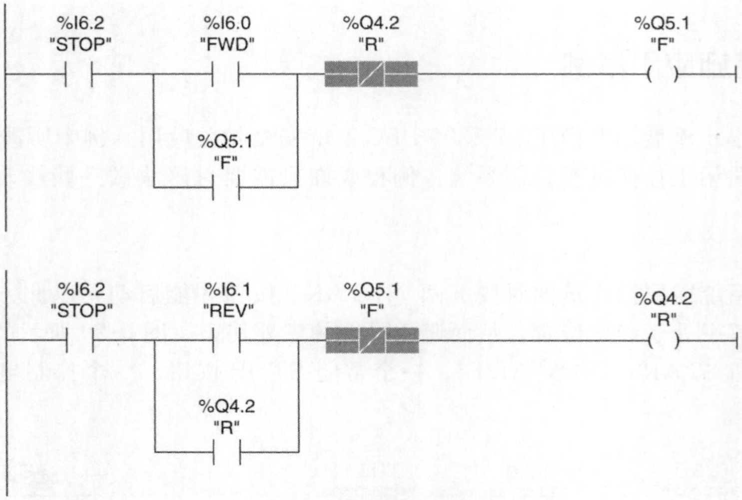

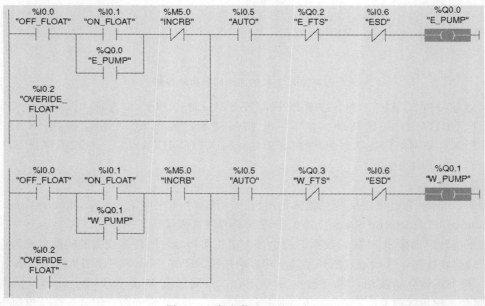

图 6-30　电机正反转互锁程序

图 6-31　紧急停止开关的应用

【例 6-3】

图 6-31 所示的梯形图网络在第 5 章已经详细讨论过。此处展示紧急停止开关（ESD）的用法。应当注意到，图中 ESD 开关的触点串联在输入/输出模块控制回路里。一旦 ESD 开关被触发，不管 PLC 程序扫描执行的结果如何，电机电源立即断开。两个网络分别用于控制东侧和西侧两台水泵的启动，两者的启动条件是一样的：系统运行在 AUTO 模式，ESD 开关未触发，另一台水泵电机未出现启动失败。注意，任意一台水泵启动必须保证

ESD 不触发，即使满足其他所有条件。

【例 6-4】

图 6-32 所示的梯形图网络在第 5 章也已经详细讨论过。本例中，一个限位开关装在升降门的最高限位位置。该限位开关 VG1_FULLY_RAISE_LS 被升降门触碰到时将电机电源断开，从而保证电机和升降门都不过载运行。同样的限位保护也会装设在最低限位位置。同样，保护机制常用于电机的过载和过热保护。

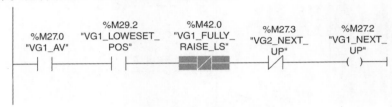

图 6-32 电机的限位开关保护

习题与实验

 习题

6.1 列出过程控制第一层中所包含的 3 个问题，并解释 process constraints 的意思。

6.2 简要说明在过程控制第二层中最主要的任务是什么。

6.3 最标准的模拟信号 I/O 是什么？列举典型的模拟输入和输出过程控制变量的例子。

6.4 在静态检验时，PLC 是处于运行模式吗？

6.5 在创建过程控制初始文件时，至少列举包含 4 项基础任务的文件。

6.6 简述在过程控制第三层的主要任务是什么。

6.7 当测试 S7-1200 用户程序时，三个基础模型是什么？

6.8 程序报错后，使用强制输出方法进行检查和调试。问题解决后，再次运行时，程序再一次报错。你认为可能是什么原因导致的？

6.9 在系统检查时，有可能考虑将来所有的处理方案吗？人机界面（HMI）是如何不断加强整个系统的？

6.10 为什么有些机器需要两个 START 开关来手动启动？然而，事实上只有一个开关是启动机器所必需的？

6.11 ESD（紧急故障）按钮是如何连接并包含于 PLC 系统功能中的？

6.12 24 V 直流电源模块相比于 120 V 交流电源模块的优势是什么？

6.13 为什么 the National Electrical Code 通常需要开通按钮开启电机、关闭按钮停止电机？

6.14 数据获取系统的组成部分是什么？简述每个组成部分的功能。

6.15 一个垂直的闸门可以在两个界限间运行：完全升起和完全降下。一个电机用于正向升高闸门，反向降低闸门。编写一个梯形逻辑程序：当达到（正向/反向）极限时，电机不会继续往这个方向转动，必要时可添加传感器。

6.16　解释人机界面（HMI）的功能。它是如何提高整个自动化系统的运行和维护能力的？

6.17　如图 6-33 所示，物理开关 SS1 是打开的，并且在梯级逻辑中是强制打开的。PL1、PL2 和 PL3 的状态是什么？

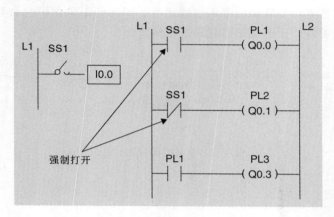

图 6-33　6.17 题图

6.18　学习图 6-34 所示的梯形程序，并回答下面问题：

a. 请解释每个已被编程和记录的网络的功能。

b. 检查每个网络，并验证它是否达到文档中所期望展现的特性。

c. 指出程序中的错误，重新编写网络使它运行在正确状态。使用本章提到的 3 种排除错误的方法。

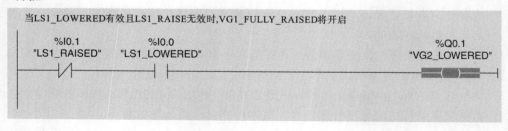

图 6-34　6.18 题图

▼ 网络3:

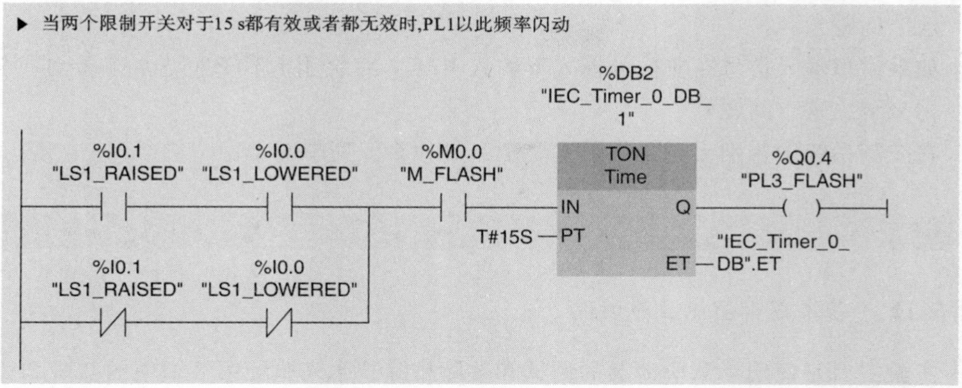

▶ 当两个限制开关对于15 s都有效或者都无效时,PL1以此频率闪动

▼ 网络4:

M1_FLASH线圈每2 s闪动一次

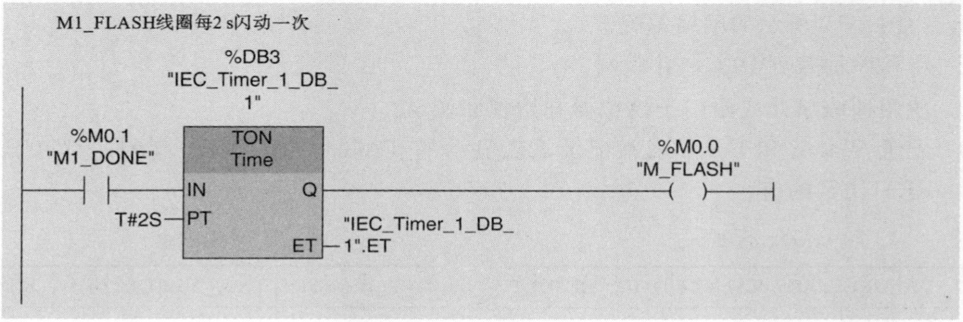

图 6-34 （续）

6.19 在图 6-35 中，物理开关 SS2 是打开的，标签名为 PL2 的输出线圈 Q0.1 是强制打开的。物理开关 PL2、PL3 和 PL4 的状态是什么？

图 6-35 6.19 题图

6.20   在人机界面（HMI）上，警报确认页面的优势是什么？如果警报响起，该如何解决这个问题？

6.21   如果模拟输入信号在非标准模式下输入 PLC，将会引起什么问题？解释如何通过定标来解决这个问题？

6.22   在控制系统中辨别出错误的最重要工具是什么？列举 3 个。

 实验

【实验 6.1】   基本逻辑功能程序调试

本实验主要是使用本章所涉及的调试和故障排除技术来验证第 2 章中的实验 2.2。

实验要求

1. 为图 2-70 所示的网络编程。

2. 将程序加载到 PLC，并联网。

3. 使用训练单元或西门子模拟器开始程序调试。

4. 配置 Watch 和 Force 表来记录下表显示的 TAG _ VALUE1、TAG _ VALUE2 和 TAG _ RESULT 的值。

AND 逻辑		
TAG _ VALUE1	TAG _ VALUE2	TAG _ RESULT
15 h	30 h	
25 h	1A h	
5B h	11 h	

OR 逻辑		
TAG _ VALUE1	TAG _ VALUE2	TAG _ RESULT
15 h	30 h	
25 h	1A h	
5B h	11 h	

XOR 逻辑		
TAG _ VALUE1	TAG _ VALUE2	TAG _ RESULT
15 h	30 h	
25 h	1A h	
5B h	11 h	

XNOR 逻辑		
TAG _ VALUE1	TAG _ VALUE2	TAG _ RESULT
15 h	30 h	
25 h	1A h	
5B h	11 h	

5. 使用 Watch 和 Force 表来输入 TAG _ VALUE1 和 TAG _ VALUE2 的值。

6. 在同一页配置 TAG _ RESULT 来显示逻辑字 AND、OR、XOR、XNOR 的结果。

【实验 6.2】   传输系统控制

本实验的主要目标是学习工业中的故障排除方法。一个零件在传送带上移动并穿过光电单元，光电单元的主要功能是记录份数。当计数到达 100 时，传送带停止。

实验说明

1. START 开关在按下 5 s 后启动传送带电机。只有 AUTO/MANUAL 开关在 AUTO 位时，电机才会启动。光电单元在电机启动后才计数。

2. 当计数到达 100 时，经过 3 s 延迟，传送带停止。

3. ON 指示灯表明过程结束。

4. 当 STOP 开关被激活时，系统恢复到初始状态。

5. 操作者可通过开通 START 开关重新开始相同的过程。

注：使用 SS1 做光电单元的输入信号，SS2 做电机运行时的输入指示信号，PL1 做电机启动的输出信号，PL2 做过程结束的指示灯输出信号。

测试输入和输出

以下是检查 I/O 连接的典型步骤。

1. 打开或关闭（ON/OFF）各个不相关的输入，观察与之相关的输入模块面板上的 LED 显示灯。

2. 检查 PLC 中分配的输入地址，确保输入信号从 OFF 到 ON 时输入从 0 变到 1。

3. 当系统处于手动模式时，输出需要进行检测。将开关做电机 START/STOP 输入时，需要使用常开常闭瞬时开关来验证电机是否可以正确动作。

4. 输出需要用 PLC 强制功能检测。在 PLC 中，当位被强制从 0 变到 1 时，输出应该从 OFF 变到 ON 状态。强制改变 I/O 之前需要做好安全预防措施。

实验要求

1. 分配系统输入。

2. 分配系统输出。

3. 进入网络来执行上述要求。

4. 给每个网络加注释。

5. 将程序加载到 PLC，并联网。

6. 使用训练单元的 I/O 或者西门子模拟器来模拟程序执行，验证程序是否像所描述的一样执行。

【实验 6.3】 级联油罐反应

3 个油罐通过一系列出口电磁阀级联。在过程开始后的前 7 小时，原料从油罐 1 送到油罐 2。前 7 小时结束时，油罐 1 的阀关闭，油罐 2 的阀打开，使原料在接下来的 8 小时送到油罐 3。在最后阶段，油罐 2 的阀关闭，油罐 3 的阀门打开，在接下来的 5 小时原料从油罐 3 全部送出。整个过程共耗费 20 小时，完成后所有阀门关闭。按下 STOP 开关将终止整个过程，并将所有阀门恢复到默认的关闭位置。START 开关初始化整个反应过程。参考例 4.17 中用来实现这个功能的 4 个网络。

实验要求

1. 分配系统输入。

2. 分配系统输出。

3. 进入需要的网络（参考第 4 章）。

3. 将程序加载到 PLC，并联网。

4. 配置一个 Watch 表来监控三个阀和定时操作。模拟时按比例缩小时间，用秒来代替小时。

5. 使用训练单元的 I/O 或者西门子模拟器模拟程序执行，验证程序是否像所描述的一样执行。

仪表与过程控制

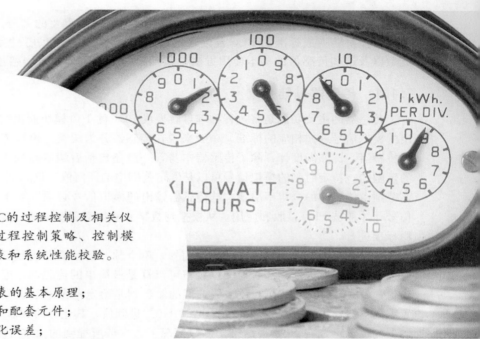

本章主要介绍基于PLC的过程控制及相关仪表的基本原理。内容包括过程控制策略、控制模式、常见控制类型以及仪表和系统性能校验。

本章目标

- 理解模拟和数字仪表的基本原理;
- 识别过程控制组件和配套元件;
- 理解信号变换和量化误差;
- 理解过程控制策略和常见控制类型。

PLC 的主要功用是调节实时过程中的离散和模拟变量。到目前为止，本书已经详细讨论了 PLC 离散/数字部分的程序设计内容，本章主要关注模拟部分的内容。从传感器输出的模拟信号通过模/数（A/D）转换接口输入 PLC，同时 PLC 通过数/模（D/A）转换接口输出模拟控制信号。所有模拟信号通过标准的 I/O 模块接入 PLC，该模块集成了信号调理、电气隔离以及 A/D 和 D/A 等功能。PLC 通过模拟输入模块从传感器接收小电压或小电流信号，从模拟输出模块输出控制执行器的模拟信号。传感器、执行器和模拟 I/O 模块具有各种各样的标准型号，可以满足任何过程控制的技术参数要求。

7.1   仪表基础

控制系统中主控制器与传感器间的协调配合是一个重要的部分。传感器将现实世界的实时物理量转换成标准的 PLC 能使用的数字量。本节将介绍过程控制系统中常用的传感器类型以及这些传感器的基本使用方法，包括模拟传感器和数字传感器。

7.1.1   传感器基础

传感器的主要功能是将过程物理量转换成 PLC 的 I/O 模块能识别的模拟信号。传感器输出的模拟信号遵循相应的标准。一般来说，传感器分为两类：模拟传感器和数字传感器。模拟传感器，比如温度计，除了传感器本身，一般还包括后端电路用于将输出调整到 0～10 V 的范围内。特定时刻的模拟信号可以是既定范围中的任何值，例如 0～10 V 范围内的任何值，该范围由传感器的分辨率决定。从传感器输出的模拟信号必须以简单明了的方式转换成数字信号，才能被 PLC 接收和应用。从模拟到数字和从数字到模拟的转换必须根据预先定义的通用标准进行。

数字传感器的输出为离散的脉冲信号，单个脉冲信号只有按照预定规则与之前和之后的脉冲信号组成脉冲序列才有意义。按钮可以算是最简单的传感器，因为其只有两个离散的输出值：ON 和 OFF。其他的数字传感器的输出则是给定范围的二进制值。例如，步进电机位置编码器会输出一个代表当前位置的 10 bit 二进制值，其允许的数值范围为 0～1023，因此编码器的输出可能有 1024 种结果。多数情况下，本节所提到的数字/离散信号默认指一定位数的二进制值。

7.1.2   模拟传感器

模拟传感器的输出信号必须转换成数字格式。传感器输出电路充当传感器输出接口和 A/D 输入接口间的转换和连接。大多数标准的微控制器和 PLC 的 I/O 模块中都有内置的 A/D 转换功能，例如西门子 S7-1200 PLC。

电压传感器是一种常被忽视但应用十分广泛的传感器。简单的电压传感器主要由一个电阻网络构成。电阻网络构成传感器的分压网络。图 7-1 所示为一个电阻分压电压传感器的示意图，其分压电阻连接于 V_{cc}（此处假定为 +10 V）和 GND（0 V）之间。选择电阻分压型电压传感器时必须确定合适的电流限值。图中电阻 R3 用于电流限制，在电阻分压接头调到最顶位置时，该电阻决定流入后续电路的电流。市场上常见的电压传感器分为两类：线性电压传感器和音频电压传感器。线性电压传感器以线性比率变换电压值。音频电压传感器以特定的缩放算法变换电压值。

根据图 7-1 中电阻网络的电阻值，可以计算出电压传感器的输出范围。当分压接头调到最顶位置时，R2 的 10 kΩ 阻值全部接入电路，电阻 R2 上的压降为 $V_{R2} = V_{CC} \times [R2/(R2+R3)] = 10.0\ V \times [10\ k\Omega/(10\ k\Omega + 330\ \Omega)] = 9.68\ V$。如果 A/D 转换的精度为 0.01 V，则对应的最大数字值为 9.68/0.01＝968。最小的数字值为 0，因为当分压接头调到最低位置时，A/D 接口直接接到了 GND。因此，限流电阻 R3 的存在使电压传感器的测量范围从 10 V 降到了 9.68 V。增大 R2 的阻值可以有效增加传感器的测量范围。例如将 R2 的阻值增大到 100 kΩ，则当分压接头调到最顶位置时，电阻 R2 上的压降为 $V_{R2} = V_{CC} \times [R2/(R2+R3)] = 10.0\ V \times [100\ k\Omega/(100\ k\Omega + 330\ \Omega)] = 9.97\ V$，此时对应的最大数字值为 9.97/0.01＝997。

7.1.3 数字传感器

数字传感器有多种不同类型。大多数数字传感器都具有相同的接线形式，即通过一个上拉电阻将 A/D 输入接口箝位为高电平，同时该电阻还限制流入 A/D 输入接口的电流。单个开关可被看成是最简单的传感器，开关通常用于运动限位检测、目标接近检测、用户输入等。

开关分成两种基本类型：常开（NO）和常闭（NC）。多数微型开关实际上只有一个公共连接端，同时作为常开和常闭开关的连接点。如图 7-2 所示，用于 PLC 输入的开关连接方式非常简单。常开触点开关在断开状态下的功耗非常小，如图 7-2 所示的当前状态。因为上拉电阻 R4 的阻值为 10 kΩ，因此流入 A/D 输入接口的电流很小，但很多开关可以增大该电流到需要的值。

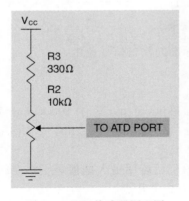

图 7-1　电压传感器原理图

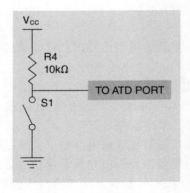

图 7-2　常开开关传感器连接

7.2　过程控制单元

一个简单的过程控制闭环包含 3 个部分：测量单元、控制器和被控对象。测量单元是所有过程控制系统中最重要的部分之一。控制器中的控制决策都是以实时的测量数据为基础的。不管控制系统的具体类型如何，所有的控制决策都是以测量数据、控制策略和期望的控制过程结果为基础的。被控对象也称为执行器，可以是阀门、加热器、变速驱动器、电磁线圈和衰减器等。在大多数化学品生产厂，最终的被控对象通常是一个阀门。而在自动化装配生产线上，最终的被控对象往往是变速驱动器、电磁线圈及衰减器等。过程控制系统的被控对象从控制器/PLC接收实时的控制指令并做出相应的改变。被控对象和PLC输出模块间的连接与测量传感单元和PLC输入模块间的连接具有相同的形式。PLC的数字输出信号被转换成被控对象需要的数字或者模拟信号，因此输出模块通常包含D/A转换器和隔离电路。

7.2.1　测量单元基础

一个基本的测量系统通常包含3个部分。

- 变送器/传感器。传感器属于测量系统的一部分，其功能是将检测到的被控变量数值转换成后续单元允许的格式。多数情况下，即使被控变量有许多中间表示形式，但最终都会被转换成电气量。
- 信号调理。在过程控制系统中，信号调理是指将测量系统输出的信号缩放到与A/D输入接口适合的幅度。
- 传送器。传送器的主要功能是将现场测量单元的数据传送到控制室中的控制器。通常采用气压信号或电信号传输。

一个基本测量系统的简单框图如图7-3所示。

图7-3　测量系统框图

现在大多数的模拟信号测量单元都遵循如下标准的输出信号范围：

- 4~20 mA 的电流信号。
- 0~10 V 的电压信号。
- 0.2~1.0 bars 的大气压强（bar是一个压强单位，1 bar等于100 kPa，约等于海平面处的大气压强）。
- 内置二进制数字编码器用于实现二进制数字输出。

输出信号范围的标准化及数字信号处理技术的广泛应用极大地促进了数字过程控制以及现代PLC技术的发展。标准输出传感器的优点有如下几点。

- 传感器校准非常容易。
- 输出信号独立于具体的测量物理量。例如，最小信号（可以是温度、速度、压力、压强、酸度等物理量）都用4 mA的电流或者0.2 bars的压强表示，最大信号用20 mA的电流或者1.0 bars的压强表示。
- PLC硬件接口模块适用于所有的测量传感器。

● 用户可以从众多的生产厂家选择具体的传感器，所有传感器产品都必须符合通用标准。

7.2.2　过程控制变量

在过程控制系统中，通过传感器测量的变量或者经过执行器调节过的变量（最终控制变量）都称为过程变量，例如温度、压强、速度、流速、压力、位移、加速度、液位、深度、重量、重力、密度、尺寸、音量以及酸度等。传感器可能只输出一个 ON/OFF 的开关量信号来指示特定事件是否发生，是否接近目标（接近开关），是空的还是满的（液位开关），是热的还是冷的（温度传感器），是压强大还是压强小（压强传感器），或者是否过载等情况。

德国物理学家 Thomas Johann Seebeck 在 1821 年发现了温差电动势。图 7-4 所示为温度传感器的原理图。当两种不同金属丝（金属丝 A 和金属丝 B）的两端分别相连，一端置于高温 T_1 中，另一端置于低温 T_2 中，则回路中就会因为存在温差电动势而形成电流。温度传感器的输出电压与两节点的温度差成正比。并且该电压值可以进行适当校正从而正确反映实际温度。图 7-5 所示为带连接电缆和标准接口的工业级温度传感器。

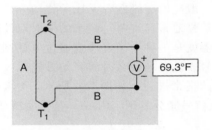

图 7-4　温度传感器

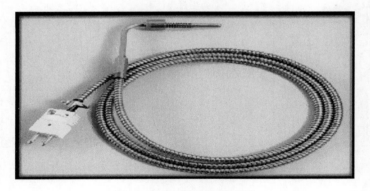

图 7-5　工业用温度传感器

控制系统中的执行器才是改变过程实际行为的最终设备。在大多数过程控制系统中，最终的被控对象可能是调节流量的阀门，也可能是驱动水泵的电机，或者是调节空气流通的百叶窗，或者是电磁线圈以及其他设备。过程控制系统中被控对象的典型应用是增加或者减小流体的流速。例如，通过调节供给燃烧室的液体燃料的流量来控制燃炉的温度，通过调节催化剂的用量来控制化学反应过程，通过调节进气量来控制蒸汽机的功率。在所有的控制闭环中，当被控变量偏离设定值时，对被控对象进行校正的响应速度是至关重要的。许许多多针对被控对象的技术改进都是针对减小其响应时间开展的。

7.2.3　信号调理

信号调理单元的主要功能是对变送器/传感器输出测量信号的特性进行适当修正。例如对测量信号进行平方根运算。基于压强差的流量传感器输出正比于实际流量的平方，信号调理器就可以对该传感器的输出信号做平方根运算，从而使输出直接正比于流量。其他的信号调理单元包括积分器、微分器以及各种信号滤波器。滤波器用于滤除噪声、干扰或者不需要的信号部分。例如，由于外接电源或者传感器的特性，输出信号中往往包含有不需要的频率成分或者含有直流偏置。还有一些信号调理器是为了保证后一级信号的传输效果而专门配置的。

7.2.4　信号传输

工业传感器的输出信号一般经由有线或者无线的传输介质传送到下一级。传感器输出或者经信号调理单元输出的信号通常通过单一频率的一对双绞线传输到控制器，就像电话信号的传输一样。调制解调器就是一种用于直连或通过电话网络传输信号的简单设备。这种传输方式需要一个标记信号告诉各端什么时间开始发送以及什么时间开始接收，即以一种"握手机制"来保证通信的正常进行。如图 7-6 所示，4 通道传感器可以采用数字信号时分复用（TDM）或者模拟信号频分复用（FDM）技术实现通信。

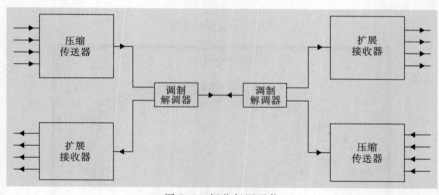

图 7-6　频分复用通信

7.3　信号变换

现实中，过程或系统的实时情况是通过模拟变量和数字变量综合反映的。PLC 系统中的测量和控制都是采用数字信号方式。本节将简单介绍 A/D 和 D/A 转换器，以及相关的分辨率、采样率和量化误差等问题。

7.3.1 A/D 转换

A/D 转换有多种不同的实现方式。其中一种采用的是如图 7-7 所示的同步计数器实现方式，一个同步计数器由固定频率的时钟驱动，其输出计数值由 D/A 转换器反转换成模拟电压值，然后将该模拟电压值与输入电压进行比较，当两信号幅值相等时，转换结束信号控制计数器停止计数，输出数字量被锁定。当计数器停止时，计数器的输出值与模拟量信号对应，并被 PLC/计算机的输入界面获取。计数器位数越多，A/D 转换器的分辨率/精度就越高，相应的转换时间就越长。

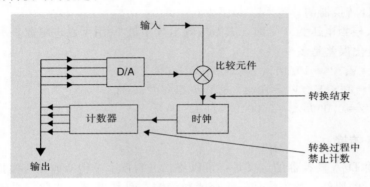

图 7-7 A/D 转换器

PLC 的处理对象只能是离散的数字量。模拟信号处理最重要的部分就是 A/D 转换，例如将模拟信号转换成 10 位的离散数字信号。经过 A/D 转换后，PLC 就能像计算机一样做比较、逻辑或者数学运算。大多数的 PLC 或者微控制器都包含 A/D 转换模块单元，A/D 模块的数字量输出范围与模拟量输入范围是对应的，例如 10 位 A/D 的 0～1023 数字量对应 0～10 V 的电压信号或者 4～20 mA 的电流信号。

表 7-1 所示为输入模拟电压值和输出数字值间的对应关系举例，其模拟输入信号范围为 0～10.24 V，10 位 A/D 输出有 1024 个不同的值，10.24 V 被分成 1024 份，因此差不多每 0.01 V 对应数字量的 1。表中仅示出了前 8 个数字值，但实际上全部数字值有多达 1024 个。

表 7-1 10 位 AD 转换模式

模拟量范围起点/V	模拟量范围终点/V	转换（十进制）	转换（二进制）
0.00	0.01	0	0000000000
0.01	0.02	1	0000000001
0.02	0.03	2	0000000010
0.03	0.04	3	0000000011
0.04	0.05	4	0000000100
0.05	0.06	5	0000000101
0.06	0.07	6	0000000110
0.07	0.08	7	0000001000

当今市场上供应的 A/D 转换器多种多样。分辨率是 A/D 转换器的一个重要参数，该参数与 A/D 输出的数字信号位数成正比。微控制器中的 A/D 转换器一般为 8 位，PLC 中的一般为 12 位或 16 位。16 位 A/D 转换器的输出数字量可能是 0～65535 中的任何值。实际应用中对分辨率的要求取决于传感器的精度和被控过程的暂态特性。分辨率越高，转换精度就越高，相应的量化误差就越小。在本例中，可能的最大量化误差为 0.01 V，平均量化误差为 0.005 V。

【例 7-1】

一个 10 位 A/D 转换器的参考电压 V_r 为 10 V，其输出数字量为 0010100111。

(a) 该 A/D 转换器的分辨率 R 是多少？

(b) 当输入模拟电压为 6 V 时，其对应输出数字量 N 用十六进制数表示是多少？

(c) 平均量化误差是多少？

解： (a) $R = V_r/2^n = 10/1024 = 0.0098$ V/bit

(b) $N = 2^n \times V_{in}/V_r = 1024 \times 6/10 = 614 = 266$ H

(c) $R/2 = 0.0098/2 = 0.0049$ V/bit

7.3.2　D/A 转换

维基百科对 D/A 转换器的定义是：可以将二进制数字量转换成相应模拟信号（电流信号或电压信号）的器件。数字信号易于存储和传输，但是当要与非数字系统接口时，就必须用到 D/A 转换器。音乐播放器就使用 D/A 转换器将数字信号转换成音频信号。电视机和手机使用 D/A 转换器将数字视频信号转换成彩色显示画面。D/A 转换器会使得信号失真，因此所有转换参数需要认真选择以使这些误差可以忽略。

所有 D/A 转换器都是通过集成电路实现的。不同类型的 D/A 转换器具有不同的优缺点。实际应用中最适合的 D/A 的选择取决于系统的转换速率和分辨率。根据 Nyquist 和 Shannon 采样理论，只有当采样带宽满足特定的要求时，D/A 转换器才能从采样数据中不失真地还原出原始信号。采样环节引入的量化误差在 D/A 还原后的信号中以微小的噪声信号呈现。图 7-8 所示为 8 位 D/A 转换器的简化功能图。

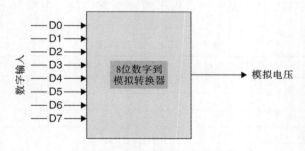

图 7-8　D/A 转换器简化功能图

PLC 通过不同的模拟输入输出模块来处理各种电流、电压和高速脉冲信号。这些模块具有不同的 I/O 点数以及不同的 A/D 和 D/A 分辨率。典型的模拟 I/O 模块采用 12 位有符号或无符号整型数表示数字结果。PLC 模拟模块的内部操作跟与之连接的传感器和执行器的类型无关。这样就简化了对模拟模块的配置和应用编程工作。

【例 7-2】

D/A 转换器的分辨率为 12 位，参考电压为 10 V，回答以下问题：

（a）当数字输入为 0A3h H 时，D/A 转换后的模拟电压信号是多少伏？

（b）当转换后的模拟电压信号为 8V 时，其输入数字值为多少？

解：（a）$V_{out} = (N/2^n) \times V_r = (163/4096) \times 10 = 0.398$ V

（b）$N = (2^n \times V_{in})/V_r = (4096 \times 8)/10 = 3276$

7.3.3 分辨率和量化误差

A/D 或 D/A 转换器的分辨率指示了数字量的范围。数字量通常存储于固定位数的存储器中，因此，分辨率就用数字量的位数表示。数字量的值都将是 2 的 n 次幂。例如，8 位分辨率的 A/D 转换器会将模拟输入转换成 0～255 中某一数字值，因为 $2^8 = 256$。输出数字量范围可能是 0～255（无符号整型）或者 -128～127（有符号整型），具体取决于实际的转换器类型。图 7-9 所示为一个 3 位分辨率的 D/A 转换器输入输出对应关系图，数字量范围为 000～111，对应的模拟量范围为 0～1 V。该转换器的分辨率即为数字量最低位对应的模拟电压值 0.125 V，也就是可能的最大量化误差。该转换器的平均量化误差为 0.0625 V。

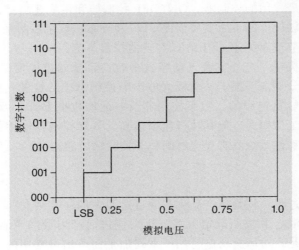

图 7-9 3 位分辨率 D/A 转换器

分辨率也可以用电压或电流值来定义和表达。最低有效位电压值即是使数字量最低位变化的最小电压值。因此，定义分辨率 R 为该最低有效位电压值。A/D 转换器的电压分辨率等于电压输入范围除以数字量输出范围的间隔数：

$$R = 电压输入范围/N$$

其中，N 表示数字量范围的间隔数，电压输入范围是输入电压上限值和下限值之差。

数字量范围的间隔数 $N=2^M$，M 是 A/D 转换器分辨率的数字量位数。

量化误差（quantization error），也称为量化噪声（quantization noise），是指原始信号与转换后数字量间的差别。平均量化误差等于最低有效位电压值的一半。量化误差是由数字量表示位数的有限造成的，是所有 A/D 转换器都不可避免的缺点。

【例 7-3】

一个温度传感器的 A/D 转换器的分辨率为 8 b，参考电压为 10 V，0 ℃对应的输出数字量为 00000000，假设温度传感变送器的输出为 20 mV/℃，回答下列问题：

（a）转换器的最大输入温度是多少？

（b）A/D 转换器每位的分辨率是多少 mV？

（c）转换器的最大量化误差是多少摄氏度？

解： （a）最大温度＝10000/20＝500 ℃

　　　　（b）分辨率＝10000/256＝39.06 mV/b

　　　　（c）最大量化误差＝500/256＝1.952 ℃/b

7.4　过程控制系统

在过程控制系统中，控制器起着连接测量单元和执行器的作用。比例积分微分（PID）控制器是闭环控制中最常用的控制器。ON/OFF 控制器和模糊逻辑控制器是另外两种较常见的控制器。计算机软硬件的不断发展促使 PLC 和分布式数字控制系统取代了传统的模拟继电器控制系统。本节重点关注采用 PLC 实现的控制系统。

模拟控制器使用机械、电气或者气动装置来改变系统的被控变量。随着时间的推移，控制器的运动机械部分逐渐磨损，从而极大地影响控制系统的性能。此外，模拟控制器输出给执行器的控制信号是连续的。数字控制器没有运动机械部分，因而不存在磨损情况。数字控制器为非连续工作模式，但其执行速率很高。气动控制器使用气体传递测量和控制信号，但气体压缩过程使系统具有死区时间长和控制滞后的缺点。

7.4.1　控制过程

在工业应用中，过程一词是指产品生产制造过程中的一系列交互式操作。在化学工业中，过程是指将原料混合并按照既定方式产生反应进而产出最终产品，例如汽油的生产。在食品工业中，过程是指对原材料进行的一系列加工而产出可食用的产品。所有工业过程的最终产品属性都取决于其生产过程状况。控制一词用于描述保证既定过程状况的必须步骤，从而保证生产出具备想要属性的最终产品。

图 7-10 所示的过程可通过一个等式来描述，该过程包含 m 个变量 $v_1 \sim v_m$。该过程生产的产品属性由 $P_1 \sim P_m$ 定义，每个属性都有确定的值。属性就是诸如颜色、密度、化学成分、尺寸等。

$$P_i = f(v_1, v_2, \cdots, v_m, t)$$

其中，P_i 表示第 i 个属性，t 表示时间。

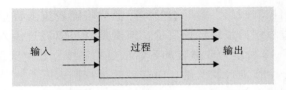

图 7-10 过程模块示意图

7.4.2 被控变量

为了保证产品的特定属性，生产过程中的全部或部分变量必须维持在特定值。图 7-11 所示为一个未安装任何流量调节装置的容器，流体自由流入并自由流出。因此，只要流入流量与流出流量稍有不同，容器液位就会改变。在这个简单的实例中，总可以通过一个被控变量来控制液位，例如流入流量或者流出流量，这两个量是可控的，并且也能对容器液位产生直接影响。

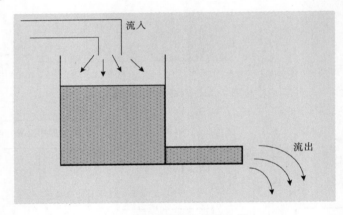

图 7-11 未经过调节的水槽

一些过程中的某些变量可能具备自我调节的特性，正常情况下，这些变量自动保持在一个特定值中，并伴随有较小幅值的扰动。要想保证最终产品的特定属性，就必须对过程变量进行控制。

7.4.3 控制策略与控制类型

过程中某变量 v_i 的当前值往往取决于其他变量的值和时间因素。一般来说，一个或几个变量通常决定和主导了整个过程行为。这种关系可通过如下等式描述：

$$v_j = g \ (v_1, \ v_2, \ \cdots, \ v_c, \ \cdots, \ v_m, \ t)$$

控制类型通常分为两类：单变量控制和多变量控制，两者的简单定义如下。

单变量控制

单变量控制通过上述的容器液位控制过程来说明，但在原来容器基础上增加了一个流入控制阀门和一个流出控制阀门。容器中的实际液位将随着流入流量和流出流量的变化而变化。容器液位是该过程中的最终被控变量，该变量既可以通过流入流量控制，也可以通过流出流量控制。图 7-12 所示为改造过的容器液位控制图。在单变量控制方式下，只能选择两个阀门流量中的一个作为控制变量。而在多变量控制方式下，就可以通过两个或两个以上的控制变量来控制最终被控变量——容器液位，但不可避免地会增加整个控制系统的复杂度。

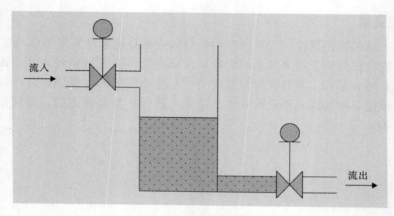

图 7-12　容器液位控制图

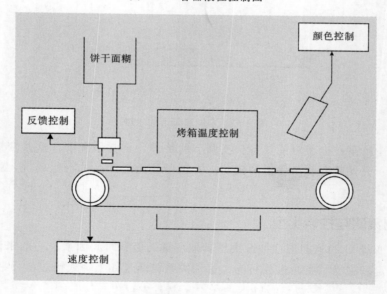

图 7-13　饼干烘烤设备多变量控制原理框图

多变量控制

图 7-13 所示为饼干烘烤设备的多变量控制原理框图。该系统的控制变量可以是进料速

度、传送带速度、烤箱温度、饼干颜色、饼干尺寸等。该系统中诸如烤箱外温度等的其他变量是难以测量和控制的，控制策略中也不会用到。多变量控制由于变量间的强耦合、非线性关系而显得更加复杂。

7.4.4　过程控制闭环

过程控制闭环是自动控制系统中的核心部分。图 7-14 所示为典型控制闭环原理图。整个控制闭环包含 3 部分：过程、测量单元和最终控制单元。从过程输出的变量即是被控变量，例如 7.3 节所述的容器液位，被控变量通常需要实时采集和量化。输入过程的变量称为控制变量，例如 7.4.3 节所述的流入流量和流出流量。阀门开度可以手动调节，也可以自动调节。负载扰动（load disturbances）是指可能影响到过程行为的外部因素。设定值是被控变量的期望输出值，通常由操作员设定。被控对象是根据设定值、测量单元和控制策略来操作调节的。图 7-14 中的人代表了闭环系统的两项重要功能：偏差检测和控制量输出。过去许多需要人为调节的闭环过程现在都可以通过自动控制装置来实现，例如通过 PLC、PC 等实现。

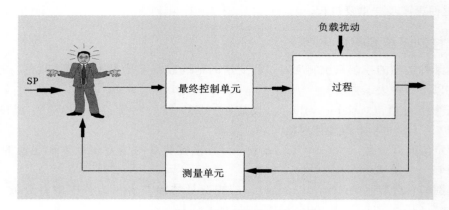

图 7-14　典型控制闭环原理图

在人工控制方式下，偏差检测和控制输出是由操作员完成的。由操作员实施的偏差观察和控制动作往往缺乏一致性和可靠性。在自动控制系统中，人工操作员被诸如 PLC、工业专用计算机等控制器替代，但仍然扮演着重要的角色，比如被控变量设定值的给定等。

图 7-15 所示的闭环过程控制系统可以实现更大的系统灵活性、控制一致性和控制效果。单变量闭环控制系统的实现步骤如下。

1. 选择被控变量 v_c。
2. 完成对被控变量 v_c 的实时测量。
3. 将被控变量 v_c 的实时测量值和设定值进行比较，得到偏差。
4. 基于得到的偏差，计算控制变量的值。

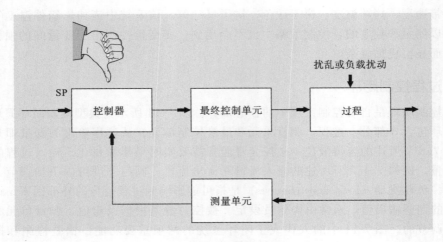

图 7-15　闭环过程控制系统

5. 最终控制单元使被控变量 v_c 向偏差减小的方向变化。

6. 返回第 2 步并重复执行。

7.4.5　控制系统偏差量化

通过某种类型的控制系统实现对过程变量的精确控制几乎是不可能实现的。被控变量的偏差有以下 3 种表示方法。

- 偏差绝对值（variable value）。设定值＝230 ℃，测量值＝220 ℃，温度范围为 200 ℃～250 ℃，偏差绝对值＝10 ℃。
- 设定值的百分数（percent of set point）。被控变量的偏差表示为设定值的百分数。偏差＝（10/230）×100＝4.4%。
- 范围的百分数（percent of range）。被控变量的偏差表示为范围的百分数。偏差＝（10/（250－200））×100＝20%。

稳态残余误差和瞬态偏差是两类影响控制系统性能的重要参数，这两个参数通常用于评估控制系统设计和实现的最终效果。在大多数控制系统中，减小稳态残余误差是最主要的目标，稳态残余误差幅值很小或者随时间迅速衰减是最理想的情况。当系统负载变化或者设定值改变时，稳态残余误差在经过一个短时的暂态过程后将趋于稳定。

控制系统的暂态响应是指从负载变化或者设定值改变到被控变量最终达到稳定状态的过程。在该暂态响应过程中，被控变量偏差、振荡频率、振荡时间等是最重要的几个参数。被控变量不稳定的持续振荡通常是由于控制策略选择不当或者控制器设计不当造成的。系统硬件故障可能造成被控变量的单调不稳定输出，具体表现为被控变量持续增加或者减小直至系统崩溃。例如，容器液位信息传送器故障将导致液位不断上升直至液体溢出，如果在故障前，控制系统正在控制下降液位，则最终将导致容器变空。诸如此类的硬件故障可以通过增加限位开关或者冗余传感器的方法来避免系统崩溃。

7.4.6　控制系统暂态过程与性能评估

　　控制系统性能是由多项参数综合评估得出的，这些参数包括动态响应、稳态偏差、稳定性、扩展性、用户接口、性能改进持续性、维护方便性等。控制方法决定了控制器对偏差的响应。控制的目的不是完全消除偏差，而是将偏差减小到不影响整个系统性能和稳定性的程度。

　　正如 7.4.5 节所述，绝对无偏差的控制是不可能实现的，很多控制方法还必须依赖偏差，只是希望尽量减小偏差而已。控制方法选择和闭环调试对整个控制系统的性能起着决定性的作用。闭环调试尤其是一项极具挑战的工作，但只要充分理解了偏差的变化规律，调试工作就会变得相对简单。

　　图 7-16 所示为一个设计失败或者调试失败的控制系统的被控变量输出情况。由图可知，被控变量的输出幅值不断增加并最终导致系统崩溃。这种情况称为系统振荡发散（oscillatory instability），并且可以在控制器设计调试阶段消除掉。

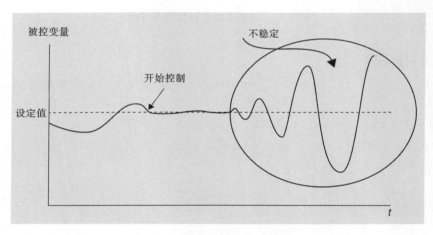

图 7-16　控制系统振荡发散情况

　　7.5.1 节已讨论过，当被控变量输出在设定值附近一定范围内时，控制器输出无效，执行器也不动作，这种处理方式是必要的，因为这样才能避免由于执行器过度动作而造成的设备损坏。在人工控制、PID 控制和 ON/OFF 控制等方法下都会做这样的处理。图 7-17所示为控制系统过阻尼情况下的暂态过程，其中 T_D 是该系统的调节时间。该系统没有超调量和振荡衰减过程，但响应速度很慢。图 7-18 所示为控制系统欠阻尼情况下的暂态过程，虽然被控变量输出呈现振荡衰减过程，但系统调节时间 T_D 更短。如果调高控制器对偏差的敏感度，则可能导致如图 7-16 所示的系统不稳定情况。被控变量最理想的响应曲线称为四分之一衰减（quarter decay），这就意味着连续的超调率大约为 4，相应的衰减率为0.25。在大多数 PLC 技术资料中都有关于 PID 调节器的参数调试方法。

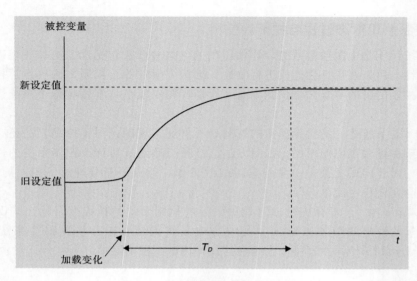

图 7-17　过阻尼控制系统动态过程

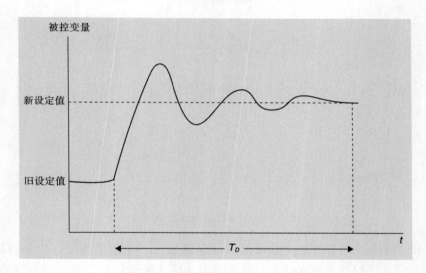

图 7-18　欠阻尼控制系统动态过程

7.5　闭环过程控制的类型

闭环过程控制的实现方式多种多样，本节将介绍 4 种常用的闭环控制类型：ON/OFF 控制、比例控制、PID 控制及监视控制。每种控制方式都有其独一无二的特性和最适合的应用场合。在满足过程控制要求的前提下，实际中往往选择最适合也最简单的控制方式。

7.5.1　ON/ OFF 控制方式

　　ON/OFF 控制是最简单的闭环控制方式，但对于许多应用来说也是最适合的控制方式。根据被控变量的输出情况，控制器的输出要么是 ON，要么是 OFF。该控制方式设有控制死区（被控变量在设定值上下一定幅值范围内波动时，控制器无输出），以防止执行器过度频繁执行 ON/OFF 操作。当被控变量输出大于设定值＋ε 时，控制器输出 ON 指令；当被控变量输出小于设定值－ε 时，控制器输出 OFF 指令，其中 ε 为死区幅值的一半。当被控变量输出处于死区范围内时，控制器输出状态不变。图 7-19 展示了 ON/OFF 控制器的操作规律。

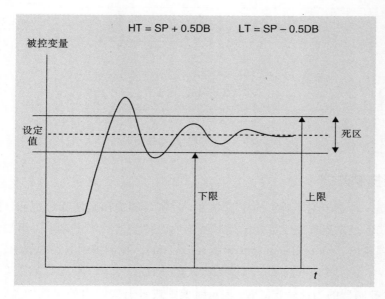

图 7-19　ON/OFF 控制规律

【例 7-4】

　　某散热系统的温度设定值为 80 ℃，死区为 6 ℃。当控制器输出为 ON 时，系统以－2 ℃/min 的速度散热降温。而当控制器输出为 OFF 时，系统以＋4 ℃/min 的速度升温。该系统的 ON/OFF 控制器输出响应曲线如图 7-20 所示。当系统温度高于上限值（83 ℃）时，控制器输出 ON；而当温度降到下限值（77 ℃）以下时，控制器输出 OFF。

　　图 7-20 中示出了两条关于时间的函数曲线：实际的温度曲线和控制器输出曲线。前者是关于时间的连续函数曲线，后者是关于时间的离散函数曲线，因为控制器输出要么是 ON，要么是 OFF。需要注意的是，只有当系统的实际温度超出死区范围时，控制器才会执行操作，控制器的输出状态才会改变。如果需要对系统温度进行更加精确的控制，则可以选择其他先进的控制方法。

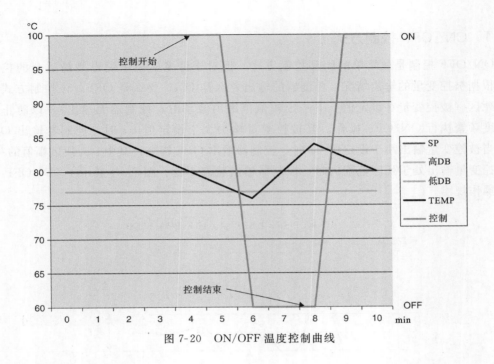

图 7-20 ON/OFF 温度控制曲线

7.5.2 比例控制方式

比例控制是一种基于偏差矫正的控制方法。控制器的输出是两部分之和，第一部分是偏差的倍数，第二部分是当被控变量处于死区范围内时控制器的固定输出。第二部分也被称为控制器的零偏差输出（controller output with zero error）。比例控制方法的数学表达式如下：

$$C_p = K_p \times E_p + C_o$$

其中，C_p 表示控制器的当前输出；K_p 表示对偏差或者上次输出的比例增益；E_p 是以范围的百分数表示的偏差；C_o 表示控制器的 0 偏差输出。

【例 7-5】

某压力容器的压力范围为 $120 \sim 240$ lb/in^2，控制系统的设定值为 180 lb/in^2。假定比例增益为 2.5%，零偏差输出为 65%，则以范围的百分数表示的偏差为：

$$E_p = (P - 180) / (240 - 120) \times 100 = 0.833 \times (P - 180)$$

其中，P 表示测量的实际压力。控制器输出由以下等式确定：

$$C_p = 2.5 \times E_p + 65 = 2.5 \times 0.833 \times (P - 180) + 65$$
$$= 2.0825 \times (P - 180) + 65$$

控制器的输出范围为 $0 \sim 100\%$，相对应的偏差范围由以下两式给出：

$$E_p (C_p = 0) = -26\%, \quad E_p (C_p = 100\%) = 14\%$$

与控制器输出范围相对应的偏差范围称为控制器的比例增益范围（controller proportional band)，该例子控制器的比例增益范围为：

$$比例增益范围＝14\%－（-26\%）＝40\%$$

控制系统的比例增益范围越大，则比例增益就越小，因为

$$比例增益范围×比例增益＝1$$

此种控制方法比 ON/OFF 控制复杂，因为比例增益和零偏差输出两参数的设置需要长期的调试经验。

7.5.3　联合控制方式

闭环过程控制器可以设计成是基于过去一段时间历史偏差的积分控制，也可以是基于将来偏差预测的微分控制，还可以是基于当前瞬时偏差的比例控制。将这三种控制方式组合起来得到最常见的三种控制方法。

- 比例积分（PI）控制；
- 比例微分（PD）控制；
- 比例积分微分（PID）控制。

图 7-21 展示出了一个简单的 PID 控制器，当选择开关置于 AUTO 时，则采用 PID 自动控制模式。所有联合控制方式中必须包含比例控制。

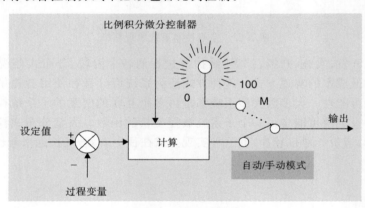

图 7-21　PID 控制器

7.5.4　PLC/分布式计算机监视控制

计算机在过程控制系统中的最初应用是帮助实现传统的模拟控制。计算机的这种应用方式当前仍然存在，并且将毫无疑问地继续存在。一般来说，大型或者中型计算机通常用来提供数据采集、人机界面、仿真建模、数据通信及数字控制等方面的控制支持。图 7-22 所示为一个简单监视控制系统的原理框图。

在过去的 20 年中，分布式计算机控制逐步演变为最主要的过程控制方式。该演变过程得益于先进技术的发展，包括通用标准、数字硬件、实时操作系统、网络通信、人机界面

（HMIs）、遥测遥感、冗余安全技术以及开放系统架构的广泛应用。一些国际大型化工和石油企业运营着全球最大的计算机网络系统。利用该网络，在世界任何地方都可以通过所授权限对每一个过程控制器、数据采集系统、HMI、执行器、传感器、通信设备等进行访问和控制。

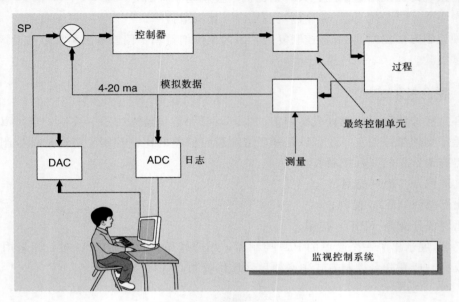

图 7-22　监视控制系统原理框图

　　在控制系统开发、实施、升级、扩展、维护等过程的各个阶段，分布式监视控制提供了一种高效模块化和低成本的实现方式。这种方式还为系统设计者和使用者提供了不断改进控制效果的机会和可能性。大多数大型系统都是由多个互联的交互的子系统构成的。一个单变量闭环控制的设定值可能是另一个子系统被控变量的函数。大型分布式控制系统的设计和实施都很复杂，造价相对也较高，但这种实现方式往往更有效，从长远来看也更合算。

习题与实验

　习题

7.1　解释下列术语：

　　a. 信号调整；

　　b. 传送器；

　　c. 多路复用器；

　　d. 调制解调器；

　　e. 量化误差。

7.2　以下所列之间的不同是什么？

  a. 数字传感器和模拟传感器；

  b. 传感器和执行器。

7.3 关于仪器的表述，（ ）是正确的？

  a. 所有仪器都很容易校准。

  b. 所有仪器产生的信号都是独立于物理测量的。

  c. 用户可以从很多相互竞争的供应商那里选择仪器；所有仪器都必须符合统一标准。

  d. 以上都是。

7.4 基本测量系统的组成部分是什么？

7.5 塞贝克效应指的是什么？

7.6 画出过程控制回路的基础组成部分，并描述每个组成部分的功能。

7.7 列举两种标准的模拟信号。

7.8 8 位模拟输入模块（A/D）所表示的值的范围是多少（有符号/无符号）？

7.9 多变量控制的意义是什么？

7.10 在过程控制回路中，使用什么方法可以给过程控制系统提供最优控制？

7.11 解释下列术语：

  a. 数据采集；

  b. 数字过程控制；

  c. 遥控；

  d. A/D 转换器；

  e. D/A 转换器。

7.12 在哪种控制模式下，控制器输出的变化率由错误的数量、ON/OFF、比例、微分或积分控制所决定？

7.13 在哪种控制模式下,输出数量由错误的变化率、ON/OFF、比例、微分或积分所决定？

7.14 解释"进程负荷"的含义，并给出例子。

7.15 在比例控制中，下列表述（ ）是正确的？

  a. 当负荷变化后达到稳定时，比例控制通常零误差。

  b. 当负荷变化后达到稳定时，比例控制通常会有偏差。

7.16 解释下列术语：

  a. 过程过渡时间；

  b. 过程载入时间；

  c. 过程调整时间；

  d. 过程迟延时间。

7.17 温度传感器用于测量范围为 $50\sim300\ °F$ 的烤箱温度。传感器的输出被转化成 $0\sim5\ V$ 的信号。此信号连接到 PLC 系统的 12 位 A/D 转换器。回答下列问题：

  a. 在 $°F/V$ 转换时，传感器的分辨率是多少？

  b. 在 $°F/bit$ 转换时，A/D 转换器的分辨率是多少？

  c. 与 $100\ °F$ 对应的 A/D 转换器的数字计数值是什么？

d. A/D 转换器的分辨率是多少？

e. 计算 A/D 转换器的平均量化误差。

7.18 范围在 0～10 V 的传感器可对烤箱实时温度进行检测，0～10 V 对应的温度为 50～400 ℉。通过向烤箱加热器传送 ON/OFF 信号，可保持烤箱温度在给定值 200 ℉。允许的 ON/OFF 控制死区值是 2 ℉。计算死区的高低阈值。

7.19 在家庭暖气系统中，死区的缩小和扩大有什么影响？

7.20 在遥控系统中，给定值自动生成的优点是什么？

7.21 温度控制器有 0.75 的比例增益且给定值为 300 ℉，它有什么样的比例区间？

7.22 12 位 A/D 转换器带的参考电压是 10 V，其输入是一个 2.69 V 的信号。这个输入信号的数字计数值是多少？与 3A5（十六进制值）等效的模拟输入信号是多少？

7.23 范围在 4～20 mA 的传感器对烤箱进行实时温度检测，4～20 mA 对应的温度为 40～350 ℃。一个模拟输入模型与传感器输出相连接。通过向烤箱加热器传送 ON/OFF 信号，保持烤箱的温度在给定值 250 ℉。允许的 ON/OFF 控制死区值是 4 ℉。回答下列问题：

a. 在 ℃/mA 的转换中，传感器的分辨率是多少？

b. 在 ℃/bit 的转换时，A/D 转换器的分辨率是多少？

c. 对应于 159 ℃，A/D 转换器的数字计数值是多少？

d. A/D 转换器的分辨率是多少？

e. 计算最大的 A/D 转换器的量化误差。

7.24 4～20 mA 的传感器对水槽水位进行实时检测，4～20 mA 对应水位高度为 20～500 m。使用一个 12 位分辨率的模拟输入模块获取这些信号。一个（256）$_{10}$ 计数代表的水位高度在什么范围？

 实验

【实验 7.1】 ON/OFF 温度控制

本实验的目的是掌握 ON/OFF 过程控制在工商业中实际应用的知识。

实验描述

传感器提供烤箱的实时温度测量数据，该数据在 0～10 V 范围内变化，对应的温度是 0～400 ℉。通过向加热器发送 ON/OFF 信号使得烤箱的温度维持在给定值 300 ℉。允许的 ON/OFF 控制死区值是 1 ℉。

实验说明

● 将 PLC 的模拟模块与输入信号范围为 0～10 V 的 CPU 相连接。

● 使用 10 V 的电位器提供模拟输入信号（0～10 V），并将该信号送入连接主 CPU 测试单元的模拟输入模块。

● 设置电位器变化范围为 0～10 V，以此来模拟变化范围 0～400 ℉ 的烤箱温度。

- 设置新的人机功能键界面，该界面允许操作员进入其他两个界面：状态界面和控制界面。设置该界面为初始界面。
- 在人机界面中设置一个状态界面以显示烤箱的温度（°F），当电位器电压从最小值变化到最大值（0～10 V）时，以此来模拟工程值变化（50～400 °F），并定义两个文本对象：加热器开和加热器关。F1 功能键使用户返回至功能键界面。
- 在人机界面中设置一个控制界面并让操作员进入烤箱的给定值界面，其值变化范围为50～400 °F。

实验要求

- 分配系统输入。
- 分配系统输出。
- 对所要求网络进行编程。
- 装载程序并联网。
- 运用测试单元或者西门子仿真器对该程序进行仿真。设置一个观察界面，当电位器给定值在 0～10 V 范围内调整时可以显示原始数字计数值（0～27648）、温度值（50～400 °F）以及 12 位模拟输入数字量（0～4095）。
- 利用人机界面对程序进行仿真，根据实验描述来验证程序的运行情况。

实验改进

如图 7-23 所示，记录所有的网络，并增设网络用于验证操作员输入的给定值是否在限定范围内（50～400 °F）。如果给定值超出范围，则向人机界面发送信息："无效设定值！重新输入！"执行人机界面的要求，并对 S7-1200 PLC 梯形图程序进行必要的修改。

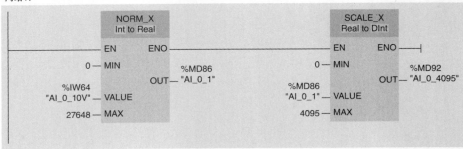

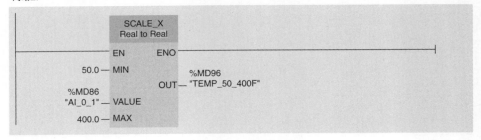

图 7-23　开/关控制温度

网络3:

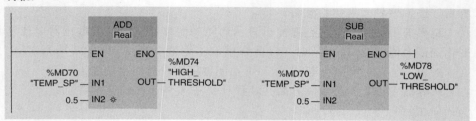

网络4:

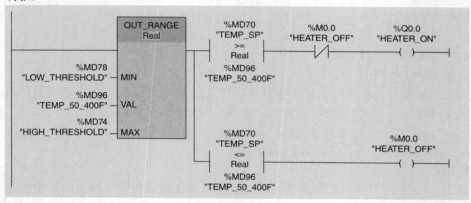

图 7-23   （续）

模拟应用和先进控制

　　本章主要介绍西门子S7-1200 PLC 的模拟输入/输出（I/O）接口的配置方法和步骤。主要包括模拟I/O接口配置基础和其在过程控制中的具体应用。本章最后将简单介绍一个先进的过程控制应用实例。

　　本章目标

- 完成模拟模块的配置和调试；
- 完成西门子S7 PLC模拟I/O的编程和调试；
- 完成西门子S7 PLC PID控制的配置和调试；
- 理解PID控制的结构和性能。

　　PLC 是由硬件连接的模拟控制系统演化而来的。在自动化和过程控制领域,模拟是相当重要的关键词。现实世界中,控制系统要调节的大多数物理量本质上都是模拟量,例如温度、压力、速度、酸度、位置、液位、流量、位移、重量、频率及其他物理量。所有这些物理量都可以通过采样量化的方式进行实时测量。有些物理量还具有自调节能力,即在较小的扰动之后通过一个自调节过程达到稳定状态。本章主要介绍西门子 S7-1200 PLC 模拟 I/O 接口的配置方法和步骤。主要包括模拟 I/O 接口配置基础和其在过程控制中的具体应用。本章最后将结合一个简单的工业应用实例来讨论先进的过程控制技术。

8.1　模拟 I/O 配置与编程

　　西门子 S7-1200 PLC 模拟 I/O 是以标准模块方式实现的,本章使用的是一个两端口的模拟输入模块和一个一端口的模拟输出模块。本章还将介绍一些西门子 S7-1200 PLC 典型的模拟 I/O 模块,包括模块的配置步骤、I/O 接口量化和应用编程方法。

8.1.1　模拟 I/O 模块

　　以下是典型 I/O 模块的简单列表。

- SB 1232 模拟输出模块（AQ）。S7-1200 模拟输出模块 6ES 7232-4HA30-OXB0 有一个 12 位分辨率的输出接口,该模块可连接到 CPU 模块的前端。其输出可配置成 ±10 V 的电压信号,也可以配置成 0～20 mA 的电流信号。本章的应用实例使用到了该模块。
- SM 1231 模拟输入模块（AI）。S7-1200 的模拟输入模块包括两种不同类型: SM1231AI 4（13 位）有 4 个输入接口,每个接口都是 12 位分辨率＋1 位符号位; SM1231AI 8（13 位）有 8 个输入接口,每个接口都是 12 位分辨率＋1 位符号位,其数字量输出范围为 −27648～27648。CPU 模块中嵌入了一个包含两个模拟输入接口的 AI 4 模块。
- SM 1232 模拟输出模块（AQ）。模拟输出模块同样包括两种不同类型: SM1232AQ 2（13 位）有 2 个输出接口,SM1232AQ 4（13 位）有 4 个输出接口,每个接口都是 12 位分辨率＋1 位符号位,其数字量输入范围为 −27648～27648。
- SM 1234 模拟输入/输出模块（AI/AQ）。SM1234AI 4（13 位）/AQ 2（14 位）有 4 个输入接口,每个接口为 12 位分辨率和 1 位符号位,2 个输出接口,每个接口为 13 位分辨率＋1 位符号位。

模拟 I/O 模块的范围

　　模拟 I/O 模块有多种信号范围可选,例如 ±10 V、±5 V、±2.5 V 的电压信号和 0～20 mA 的电流信号,因此能适应多种模拟 I/O 应用的需要。

8.1.2　模拟 I/O 模块配置

　　在 PLC 软件开发环境中,首先要将模拟 I/O 模块添加到 PLC 处理器中,模块配置界面图如图 8-1 所示。打开 Device configuration，添加与实物对应的模块，如图 8-2 所示。配置模拟模块每个通道的属性，如图 8-3 所示。模拟电流信号的范围只能配置在 0～20 mA 之间，如果传感变送器的输出范围为 4～20 mA，则在量化阶段就必须做出相应调整。

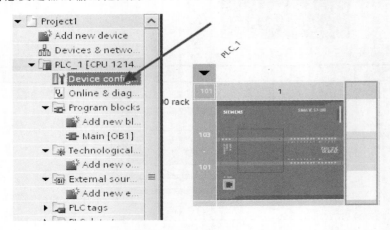

图 8-1　Device configuration 界面

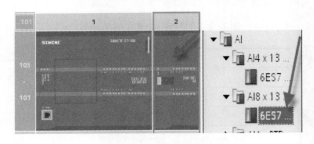

图 8-2　添加模拟输入模块

将一个模拟量输入模块的通道属性配置到 ±10 V，需要进行下述操作。在 Project view screen 下，点击 Device configuration，然后添加需要配置的模块。配置每个通道的属性，可以参考 ±10 V 的格式。

图 8-4 所示为将模拟输入接口配置成 0～20 mA 电流的操作步骤，图中的箭头标注了配置过程中需要操作的地方。

8.1.3　模拟 I/O 诊断功能配置

模拟模块诊断功能用于处理运行过程中信号超范围的异常情况。图 8-5 所示为允许模拟输出模块溢出诊断的配置界面。溢出就是实际信号超出预定义范围的异常情况，信号大于上限值即为上溢异常，低于下限值则为下溢异常，如图 8-5 所示，可以分别勾选两种溢出异常的诊断允许。实际上，传感器需要经常校验以保证其正确的信号输出，长时间未校验的传感器就可能出现输出信号上溢或者下溢异常。诊断功能可以自动检测溢出异常并给出警告。当然，此功能也可以通过梯形图程序实现。

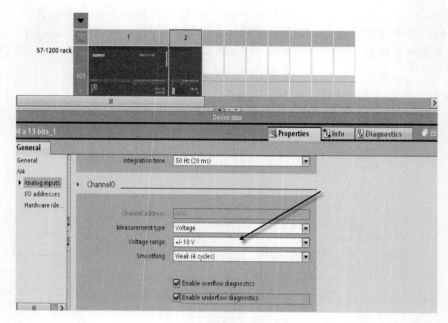

图 8-3　配置模拟输入通道属性

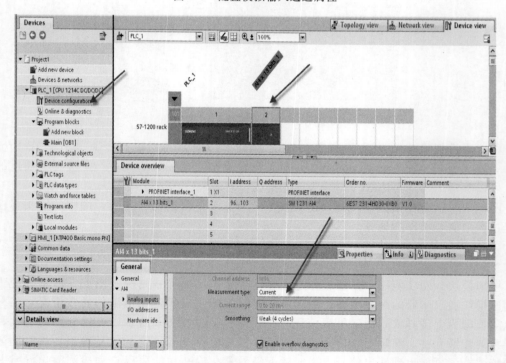

图 8-4　模拟输入接口属性配置（0~20 mA）

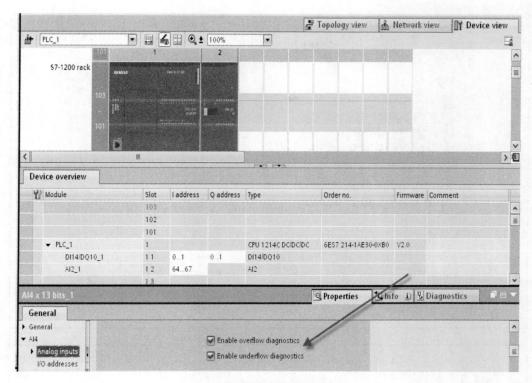

图 8-5　模块溢出诊断配置界面

为了保证模拟输出信号的连续性，要求模块的供电电源必须足够稳定。线路断线和短路都将引起信号中断。西门子 S7-1200 PLC 将通过以下 LED 的红色闪烁来指示断线、短路、信号超范围等异常情况。

- CPU 模块上的 ERROR LED。
- I/O 信号模块上的 DIAG LED。
- 各 I/O 接口的 LED。

图 8-6 所示为设置断线异常诊断的配置界面，配置步骤如下：

- 打开 S7-1200 PLC 项目树中的 Device configuration 窗口。
- 点击需要配置的 I/O 信号模块。
- 选择 Properties 属性窗口，再选择 AI4/AQ2。
- 选择需要配置的接口。
- 选择模拟输出类型为电流。
- 勾选允许断线诊断（Enable broken wire diagnostics）复选框。

图 8-7 所示为设置短路异常诊断的配置界面，配置步骤如下。

- 打开 S7-1200 PLC 项目树中的 Device configuration 窗口。
- 点击需要配置的 I/O 信号模块。

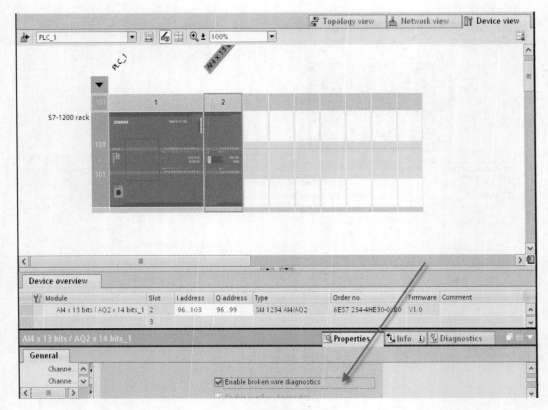

图 8-6　断线异常诊断配置界面

- 选择 Properties 属性窗口，再选择 AI4/AQ2。
- 选择需要配置的接口。
- 选择模拟输出类型为电压。
- 勾选允许短路诊断（Enable short-circuit diagnostics）复选框。

8.1.4　模拟信号调理

对于分辨率为 16 位（隐含 1 位符号位）的模拟 I/O 模块，电流信号的数字量小于 0 和电压信号的数字量小于或等于 −4865 即为超出下限范围，而当数字量大于或等于 32512 即为超出上限范围。利用预定义的全局函数 Scale_current_input 和 Scale_current_output 或者 SCALE 指令，可以将模拟 I/O 电流信号缩放到 0~20 mA 的范围内。图 8-8 所示为信号缩放的原理图。西门子模拟模块的数字量范围如下：

十进制范围为：0~27648；

上溢范围为：32512~32767；

负信号范围为：0～4864；

下溢范围为：－4865～－32768。

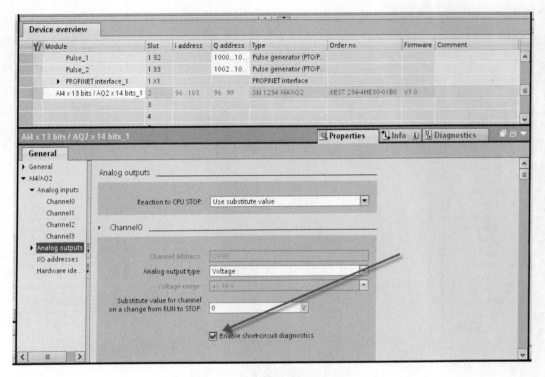

图 8-7 短路异常诊断配置界面

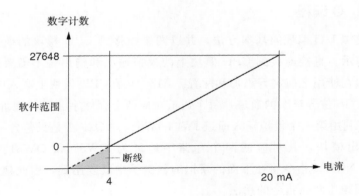

图 8-8 信号缩放的原理图

图 8-8 采用线性缩放功能将 4 mA 与数字量 0 对应，20 mA 与数字量 27648 对应，并删除了图中标识为"断线"的 0～4 mA 区域。图 8-9 所示为利用观察窗对模拟变量进行监视的界面图，通过 Display format 可以调整变量的数据显示格式。必须选中屏幕上方的监

视图标才能开启变量的实时监视功能。所有被监视和强制输出的变量都需要提前定义，而且需要标记正确的地址和适当的数据格式。编程软件会验证这些变量，出现错误会提醒用户修正。

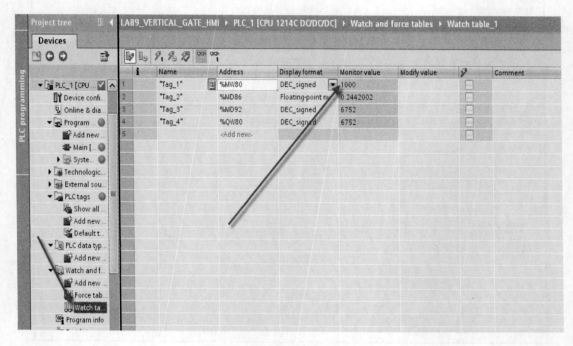

图 8-9　观察窗变量监视界面图

8.1.5　模拟 I/ O 编程

本节演示模拟 I/O 编程的基本方法，并以两个连接到 CPU 模块的模拟信号的配置和使用为例进行演示。直接连接到 CPU 模块上的模拟输入和输出是不需要配置的，但单独的模拟模块必须在使用之前进行添加和配置。AI2 _ 1 是 CPU 模块上嵌入的模拟输入模块，该模块包含两个 16 位分辨率的通道，每个通道对应两个存储字（起始地址分别为 IW64 和 IW66），本节将利用第一个模拟输入通道 IW64-IW65。AQ2 _ 1 是只包含一个 16 位分辨率通道的模拟输出模块，其对应的两个存储字地址为 QW80 和 QW81。第 4 章介绍的 SCALE 指令和 NORM 指令将在下面的模拟编程例子中反复用到，因此建议读者在继续下面内容之前先回顾这两条指令的用法。

下面的例子使用了一个 10 V 的电位器来提供模拟信号的输入。模拟输出接口通过一个小的电压表来观察输出模拟电压值。通过改变输入电位器的值，观察输出电压表的读数变化。该例子很简单，在实验室和家里都很容易实现，但却演示了实际工业应用中典型的模拟 I/O 接口的配置和使用方法。本例中没有涉及高电压和超限电流设备的接口问题，但实际中必须注意所连接设备的电压电流范围。

　　该例子的网络 1 如图 8-10 所示，0～10 V 的模拟电压信号首先被转换成 0～27648 的数字量，然后被标准化到 0.0～1.0 的范围，标准化后的值再被转换成 0～4095 的数字量。该网络用到了 3 个标号：原始模拟输入信号 AI _ 0～10 V（IW64）；标准化的中间

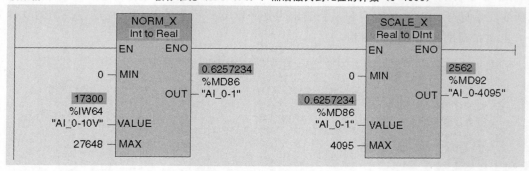

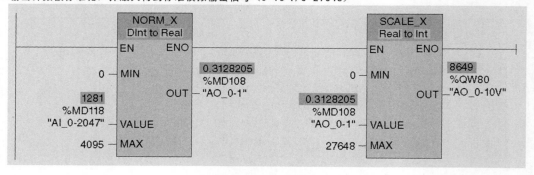

图 8-10　模拟 I/O 应用梯形图

值 AI_0~1（MD86）；12 位的数字量 AI_0~4095（MD92）。在这 3 个标号中，只有 IW64 是物理 I/O 接口的地址。

网络 2 将网络 1 输出的数字量减半并存储在 AI_0~2047 中，图中显示的数字量为 17300，其对应的模拟电压约为 6.26 V。网络 3 将网络 2 输出的数字量标准化后再次转换到 0~27648 的范围内，最终通过模拟输出接口 AQ_0~10 V（QW80）输出。

图 8-11 所示为本例中通过观察窗口监视到的 6 个变量标号。图中用箭头指示了例子中用到的变量标号。PLC 观察窗和强制输出表是一款非常重要的工具，在过程控制的软件开发、实施和调试过程中经常用到。

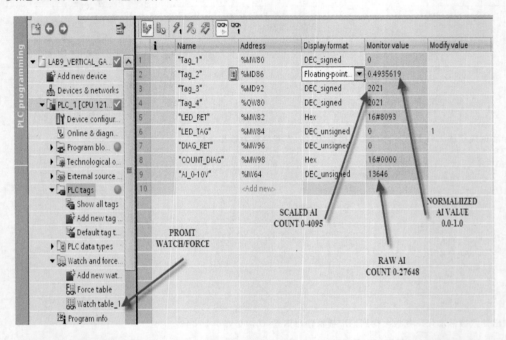

图 8-11 PLC 观察窗截图

8.2　PID 控制的配置与编程

闭环比例积分微分（proportional-integral-derivative，PID）控制是过程控制中最常用的控制方法之一。该控制方法是根据过程的当前偏差、历史偏差和预测偏差进行调节的自动控制方法。本节将从实际的工业自动化应用角度来介绍闭环 PID 控制方法。

8.2.1　闭环控制系统

正如第 1 章中介绍的，控制系统是一个软硬件集合，其目的是保证被控过程按照需求的方式运行。图 8-12 所示为单变量闭环控制系统的功能框图。闭环控制系统由过程、最终控制单元、控制器、测量单元、偏差计算单元等部分组成。其中的主要变量包括：

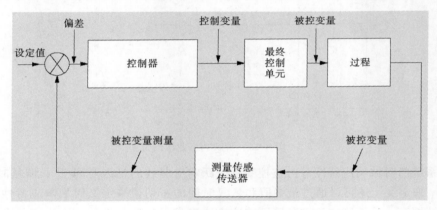

图 8-12　单变量闭环控制系统的功能框图

- 设定值是用户定义的被控变量的期望值，控制的目的是让被控变量尽可能接近设定值。
- 测量单元输出指示了被控变量的实际状态，也称为过程输出变量（process output variable）或者反馈信号（feedback signal）。
- 偏差是指被控变量实际值与设定值之差。
- 控制器的输出代表为了减小偏差而对最终控制单元执行的操作命令。
- 最终控制单元，也称为执行器，它可直接改变过程状态和被控变量。被控制单元的最终输出称为过程控制（process controlling）或控制变量（manipulating variable）。

8.2.2　控制系统的时域响应

控制系统的时域响应特性可以通过过程控制输出变量 Y 对过程控制输入变量 X 的阶跃输入响应情况来获得。大多数控制系统都具备一定的自调节功能，这意味着在过程改变或扰动过后，被控变量在经过一个短时的调整过程后会自动达到新的平衡。例如，感应电机的转速会在输出力矩达到需求值时稳定下来。在负载稳定不变的情况下，感应电机将在该平衡点连续运行。如果少量增加负载，则系统将视为扰动发生，此时电机会减速，同时提高转矩，电机在经过一个短时的振荡过程后会达到新的平衡点。因此，感应电机的转速是最佳的被控变量。电机转速控制也是过程控制中的常见应用。

图 8-13 所示为过程控制中被控变量对阶跃输入的响应曲线图。不同的控制器设计会得到不同的阶跃响应曲线。

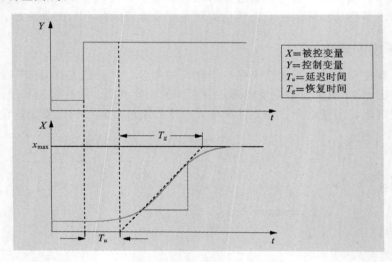

图 8-13　阶跃响应曲线图

控制系统的时域响应特性可由被控变量阶跃响应曲线的延迟时间 T_u、恢复时间 T_g 和最终值 x_{max} 来定义。还可以通过最终值和恢复时间的正切值来定义时域响应特性。但对于大多数系统而言，是不能通过这种阶跃响应方式来求得响应特性的，因为实际中被控变量不允许超出限定范围。这种情况下，系统响应特性是由被控变量的上升率来定义的，即 T_u/T_g。表 8-1 所示为由上升率反映出的系统可控性情况。

表 8-1　系统可控性情况

类型	T_u/T_g	系统可控性
缓慢响应	<0.1	非常好
响应	0.1~0.3	可以控制
快速响应	>0.3	很难控制

在一些控制系统中，响应曲线除了延迟时间和恢复时间外，还存在死区时间，如图 8-14 中的 T_d。死区时间是指从阶跃信号施加时刻到被控变量开始变化时刻的时长。因此，带死区的控制系统响应特性通常由 T_d/T_g 来定义。死区时间相对恢复时间的占比越小，则系统的可控性越好。死区时间越大的系统就越难以控制，例如大型锅炉的温度、级联反应釜的液位以及灌溉渠下游的水位等。在一个典型的温度控制应用中，容器温度为被控变量，而加热器电流则代表控制变量。

图 8-15 所示为典型的振荡响应曲线，被控变量在设定值改变后立即响应，表示无死区特性。被控变量首先追踪并超过新的设定值，然后下降，最终经过振荡衰减到达稳定值。被控变量达到最终稳定值的时间称为调节时间（settling time）T_D。在图 8-14 中，调节时间 $T_D = (T_d + T_g + T_u)$。调节时间是反映控制系统性能的重要参数。在达到最终稳定值之前，被控变量所出现的重复振荡衰减过程是典型的控制系统响应行为。被控变量的第 1 个峰值偏差 e_{max} 是反映控制系统性能的另一个重要参数。在不允许振荡出现的系统中，就必须采用其他的控制策略，设计其他的控制器。例如采用 ON/OFF 控制方法，通过较小的增量使被控变量缓慢达到设定值，缓慢响应控制器避免超调和振荡的发生。

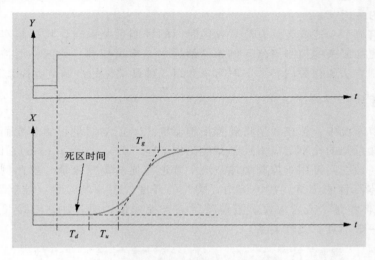

图 8-14　带死区的控制系统响应曲线

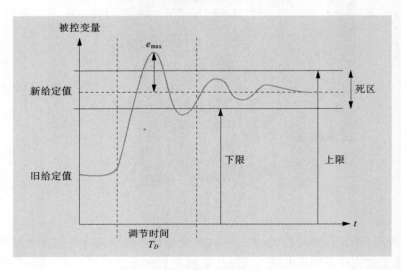

图 8-15　控制系统振荡响应曲线

8.2.3　控制系统分类

根据阶跃输入的响应情况，被控系统通常可以分为以下几类。

- 自调节系统；
  - 比例调节系统
  - 一阶系统
  - 二阶延迟系统
- 非自调节系统；
- 带死区的系统。

对于没有自调节功能或者具有超长死区时间的控制系统而言，其控制实施是非常困难的，需要采用更加复杂的控制策略，例如前馈控制、串级控制、死区补偿控制等，但本书不涉及这些控制方法的相关内容。下面简单介绍 3 种最常见的自调节被控系统。

比例调节系统

在比例调节系统中，被控变量将随着控制器输出（控制变量）的改变而立即变化。被控变量和控制变量间的比率定义为控制器的比例增益（proportional gain）。图 8-16 所示为阀门的实物图，该阀门可用于控制加热系统中管道流通的蒸汽流量。由比例调节器控制的阀门可用于液体流量的调节。在该例中，阀门的开度代表控制变量（控制器的输出），而相应的液体/气体流量，或者温度、液位等代表被控变量。两者往往直接关联，并且立即响应，但两者一般不具有线性关系。

图 8-16　阀门实物图

图 8-17 所示为阀门比例控制系统——被控变量（容器中液体的温度）对控制变量（阀门开度）阶跃变化的动态响应曲线。实际中，没有任何延迟的理想控制是不能实现的。从响应曲线可以看出，比例控制系统具有明显的自调节特性，被控变量在阶跃输入情况下很

快达到新的平衡。温度 T 与阀门开度 Y 间的理想关系为：

$$T = K_p \times Y$$

其中，K_p 为系统的比例增益。

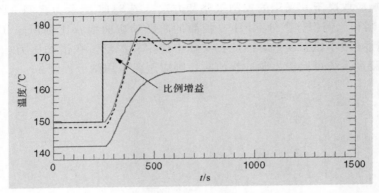

图 8-17　比例控制系统阶跃响应

　　较小的比例增益将产生较慢的响应速度和较大的稳态误差。而较大的比例增益可以加速系统响应，但同时可能带来较大的振荡幅值。过大的比例增益将直接导致系统失稳和崩溃。包括比例增益在内的系统参数调试将在本章后面的内容里介绍。

一阶系统

　　在一阶系统中，被控变量的值最初依照控制变量的比例而变化，随后该比例随时间逐渐减小，直到系统达到最终稳定状态。此种控制系统也被称为 PT1 系统（PT1 system）。采用蒸汽为容器中液体加热的温度控制系统就是一阶系统的实例。在一些简单的控制系统中，认为加热和冷却过程的响应时间是相同的。而对于冷却和加热时间不同的控制系统，控制起来明显变得更加复杂。

二阶延迟系统

　　在二阶延迟系统中，被控变量不会随着控制器的阶跃输出而立即发生变化。最初，被控变量相对于控制器输出以正变化率发生变化，而当被控变量接近设定值时，该变化率为负，即变化率不断减小。这种特性又称为二阶延迟比例响应特性（proportional-response characteristic）。压力、流速和温度控制系统都属于这种类型，该类型系统也被称为 PT2 系统（PT2 system）。

8.2.4　控制器的输出特性

　　控制器通常根据反馈情况对控制变量进行实时调整，以实现对被控变量的期望控制。被控变量期望的时域响应特性取决于控制器控制策略的选择、控制参数的优化，以及控制器对于设定值突变和负载扰动的响应能力。闭环反馈控制方式包括比例（P）控制、比例微分（PD）控制、比例积分（PI）控制和比例积分微分（PID）控制。ON/OFF 控制是特殊的比例控制，因为其输出要么是 OFF（0%），要么是 ON（100%）。过程扰动、负载变化或者设定值变化都将引起被控变量出现偏差，而被控变量偏差将最终触发控制器动作。控制器的阶跃响应取决于其采用的控制策略和方法。图 8-18 所示为比例（P）控制、比例微分（PD）控制和比例积分微分（PID）控制的阶跃响应曲线。比例积分（PI）控制能改善系统响应特性并减小稳态误差，因此在实际中应用较广泛。在诸如压力或流量等过程量的控制中，当测量系统可能输出脉冲幅值时，则应避免采用微分控制。

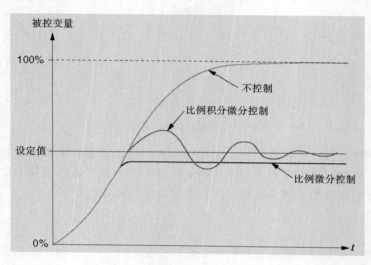

图 8-18　几种闭环控制系统的响应曲线

8.2.5　控制器结构选择

为了实现最优的控制效果，就必须为控制器选择最适合被控系统的控制结构。表 8-2 给出了控制器结构和被控系统的合适组合。表 8-3 给出了控制器结构和被控物理量间的合适组合。

表 8-2　被控系统-控制器结构选择表

被控系统	控制器结构			
	P	PD	PI	PID
只带死区	不适用	不适用	适用	不适用
PT1 带死区	不适用	不适用	非常适用	非常适用
PT2 带死区	不适用	非常适用	非常适用	非常适用
高阶	不适用	不适用	条件适用	非常适用
不能自我调节	非常适用	非常适用	非常适用	非常适用

表 8-3　被控物理量-控制器结构选择表

被控物理量	控制器结构			
	P	PD	PI	PID
	连续控制偏差		不连续控制偏差	
温度	适用于性能要求较低，并且 $T_u/T_g<0.1$ 的比例控制系统	非常适用	适用于性能要求非常高的控制系统（除了一些特殊的控制器）	
压强	适用于不考虑延时的情况下	不适用	适用于性能要求非常高的控制系统（除了一些特殊的控制器）	
流量	不适用，因为所需增益范围太大	不适用	适用，但是，积分控制器的效果会更好	很难实现

PI 和 PID 控制器是两种最常用的控制器，但这两种控制器都会引起被控变量振荡的情况。实践经验告诉我们，控制器参数的优化调试是极其必要的。大型容器的温度控制或者级联反应釜的液位控制都是具有较大死区时间的被控系统。在这样的系统中，被控变量在延迟死区时间之后才开始变化。当一个系统的 $T_u/T_g>0.3$，则该系统是比较难以控制的。很多的科技文献是基于已知的过程控制模型给出 PID 参数的调试方法。而大多数 PID 参数调试方法都是基于被控变量的四分之一衰减原理给出的。所选控制器的参数调节必须在系统校验阶段再次优化和确认。

8.3　PID 指令

在工业过程控制应用中，闭环 PID 控制是一种最常用的控制方法。本节将介绍西门子 S7-1200 PLC 中 PID 指令块的使用方法。在其他类型的 PLC 中，PID 指令的形式可能不同，但其基本结构和操作方式基本上是一样的。图 8-19 所示为 PID 指令块。该 PID 指令块有两个参数需要设置，即 Input 参数和 Output 参数。

表 8-4 列出了 PID 指令块的输入参数，其中有 3 个参数是 PID 指令的内部参数。Reset 是一个布尔类型的参数，初始默认值为假，置位将导致 PID 控制器重启。ManualEnable 参数的初始默认值也为假，置位后将旁路 PID 控制器，同时在输出接口强制输出 Manual/Value 参数的预设值。剩下的 3 个参数，Set point、Input 和 Input _ PER 是在 PID 自动控制时用到的参数。Input 是被控过程变量，需要在用户程序中定义。Input _ PER 是实际的模拟输入变量。被控过程变量与设定值的偏差由控制器计算得出。前面提到的 PID 参数未出现在此表中，但必须在 PID 指令块配置时设置。期望的 PID 控制效果正是通过 PID 参数实现的，可以通过参数设置选择实现比例（P）、比例积分（PI）、比例微分（PD）、比例积分微分（PID）控制。表 8-5 列出了 PID 指令块的输出参数。其中，PID 控制输出为实数类型，Output _ PER 为模拟输出值，其他输出值的定义如表中所述。

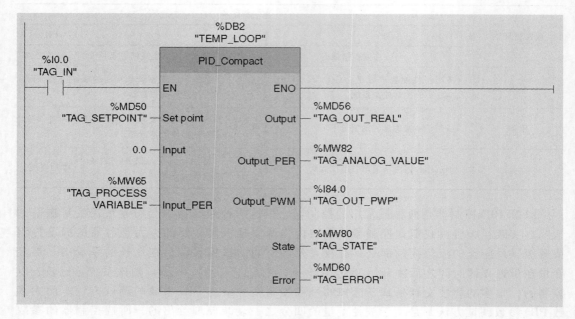

图 8-19　PID 指令块

表 8-4　PID 指令块输入参数

参数	数据类型	默认值	说明
给定值	数值	0.0	自动控制模式中 PID 控制器的给定值
Input	数值	0.0	用户程序的一个变量，用作过程控制量的原值。如果使用参数 input，必须将 sPid_Cmptb_input_PER_On 设置为假
Input_PER	文字	W♯16♯0	作为过程值的模拟量输入，如果使用变量 input_PER，则 sPid_Cmptb_input_PER_On 必须为真
ManualEnable	逻辑	FALSE	通过 FALSE→TURE 的上升沿选中"Manual mode"，当 State=4 时，sReti_Mode 保持不变 通过 TURE→FALSE 的下降沿选中最新的运行模式，State=sReti_Mode 在 ManualEnable=TURE 期间，sReti_Mode 的变化不起作用。仅在 TURE→FALSE 的时候考虑 sReti_Mode 的变化
Manual/Value	数值	0.0	手动设定的值 在手动模式下，该值用作输出值
Reset	逻辑	FALSE	参数重置，重新启动控制器

表 8-5　PID 指令块输出参数

参数	数据类型	默认值	说明
ScaledInput	数值	0.0	扩展过程输出值
Outputs "output," "Output＿PER," and "Output＿PWM" 可以同时使用			
Output	数值	0.0	数值格式的输出值
Output＿PER	文字	W＃16＃0	模拟量输出
Output＿PWM	逻辑	FALSE	脉宽调制输出值 输出值为开关时间的最小值
SetpointLimit＿H	逻辑	FALSE	如果 SetpointLimit＿H 为真，则给定值为最高上限。CPU 的给定值必须小于给定值上限。给定值上限的默认值为规定的过程值绝对上限 如果设置 sPid＿Cmptr＿Sp＿Hlm 的值在过程值限制之内，这个值将被用作给定值最高限制
SetpointLimit＿L	逻辑	FALSE	如果 SetpointLimit＿L 为真，则给定值达到绝对下限。CPU 中，给定值受限于规定的绝对下限。规定的过程值绝对下限用作给定值下限的默认值 如果设置 sPid＿Cmptr＿Sp＿Lim 的值在过程值限制之内，则这个值将被用作给定值下限

SIMATIC S7-1200 容器液位 PID 控制

本节将介绍在西门子 Step 7 环境中采用 PID 方法实现容器液位控制的详细步骤，包括每一步编程描述和控制实施过程，以及相关指令的介绍和 SIMATIC 软件的截屏图。

容器中的液位信息通过传感器采集转换成 0～10 V 的模拟信号，0 V 对应容器为空的状态（0 L），10 V 对应容器装满的状态（1000 L）。该传感器的输出接在 SIMATIC S7-1200 的第一个模拟通道上。开关 S1（I0.0）用于实现容器液位设定值的阶跃改变，当 S1＝0 时，输出设定值为 0 L；当 S1＝1 时，输出设定值为 700 L。

本例使用的 PID 控制器为西门子 Step 7 Basic V10.5 软件中集成的 PID＿Compact。该 PID 控制器通过输出 0～10 V 的模拟信号控制水泵来间接实现容器液位控制。PLC 的 I/O分配如表 8-6 所示。

表 8-6　PLC 的 I/O 分配表

地址	标号	数据类型	备注
％IW 64	X＿Level＿Tank1	Int	实际液位模拟信号
％QW 80	Y＿Level＿Tank1	Int	控制器输出模拟信号
％I 0.0	S1	Bool	设定值阶跃开关

为了简化项目管理和应用编程，本例使用西门子集成软件 Totally Integrated Automation Portal。在该软件中，控制器、可视化工具、网络通信设备等都以统一的接口进行配置、参数

化和编程。还可以从网络上获得错误诊断工具。

通过以下 28 步建立一个基于 SIMATIC S7-1200 的容器液位控制项目：

1. 本例使用的软件为 Totally Integrated Au-
tomation Portal V11，其快捷方式图标如图 8-20
所示。

2. SIMATIC S7-1200 的程序是以项目的形式
进行管理的。项目的创建步骤如图 8-21 所示（→
Create new project→Tank _ PID→Create）。

3. 通过 First steps 完成配置。配置设备（→
First steps → Configure a device），如图 8-22
所示。

图 8-20　Totally Integrated Automation
Portal V11 快捷方式

4. 添加一个新设备并命名为 controller _ tank，从目录中选择 CPU 模块 CPU1214C，
并保证与实际设备的序列号对应（→Add new device→controller _ tank→CPU1214C→
6ES7→…→Add），如图 8-23 所示。

5. 当前软件自动切换到项目视图，并打开硬件配置窗口。其他硬件模块可以通过窗口
右侧的目录添加。此处通过拖曳的方式添加模拟信号输出信号板（→Catalog→Signal
board→AO1×12 bits→6ES7 232-…），如图 8-24 所示。

6. I/O 接口地址可以在 Device overview 窗口中进行设置。CPU 模块集成的模拟输入接口
地址为％IW64～％IW66，集成的数字输入接口地址为％I0.0～％I1.3，信号板上模拟输出接
口地址为％QW80（→Device overview→AQ1×12 bits _ 1→80…81），如图 8-25 所示。

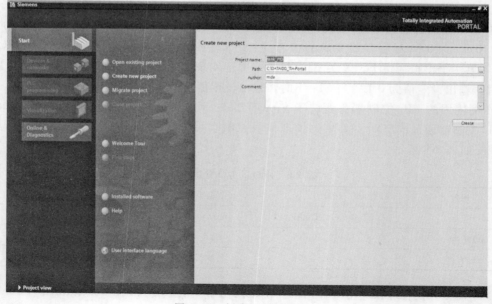

图 8-21　创建一个新的项目

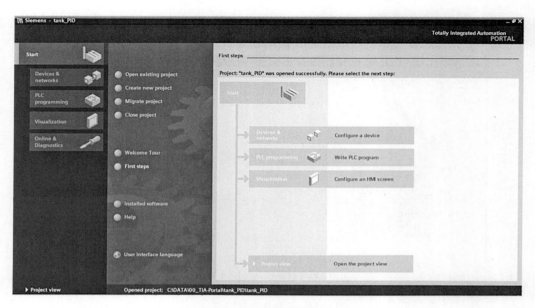

图 8-22 配置新的设备

图 8-23 选择并添加 CPU

注意：对于任何采用 PID 算法的控制系统，总可以找到合适的执行器来实施对控制变量的调节，从而最终实现对被控变量的精确控制。控制变量和被控变量间的动态特性很大程度上取决于过程本身，因为过程本身都在不间断地快速地发生变化。因此，只有设置过程变量的模拟接口，PLC 才能获得被控变量的实时信息，也才能通过执行器对控制变量进行实时调节。这一过程在本节最后的 PID 调试和观察窗监视环节可以看到。

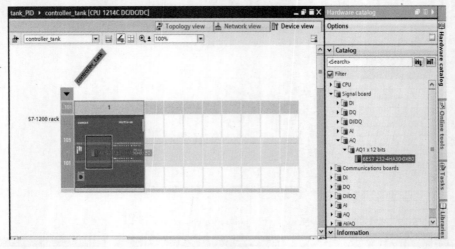

图 8-24　添加模拟输出信号板

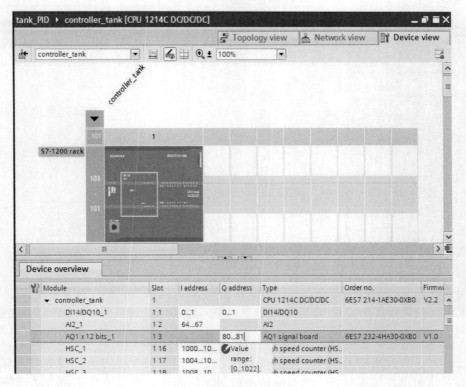

图 8-25　设备配置视图

7. 为了实现编程软件与 PLC 间的连接，需要设置 IP 地址和子网掩码（→Properties→General→PROFINET interface→Ethernet address→IP address：192.168.0.1→Subnet mask：255.255.255.0），如图 8-26 所示。

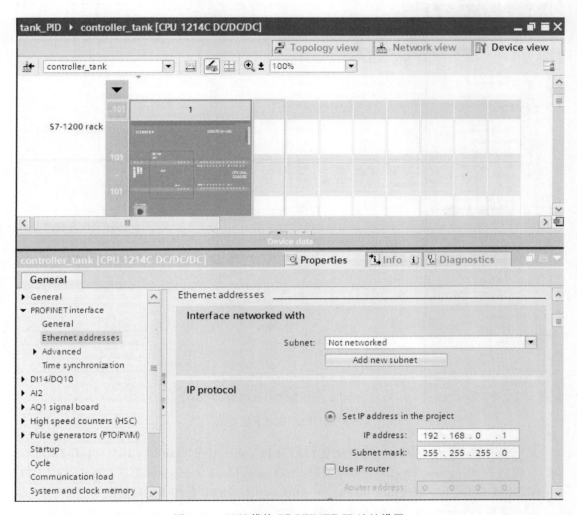

图 8-26 CPU 模块 PROFINET IP 地址设置

8. 因为现代编程方法提倡使用标号而不是绝对地址，所以 PLC 中的全局标号必须在此处进行声明。这些全局标号不仅可以通过命名进行简单描述，还可以通过注释注明是输入变量还是输出变量。声明过的全局标号可用于整个程序的任何模块。在项目浏览窗口，选择 controller_tank [CPU 1214C DC/DC/DC]，再选择 PLC tags，打开 PLC tags 表，然后添加和编辑输入输出标号（→controller_tank → [CPU 1214C DC/DC/DC] →PLC tags → Default tag table [17]），如图 8-27 所示。

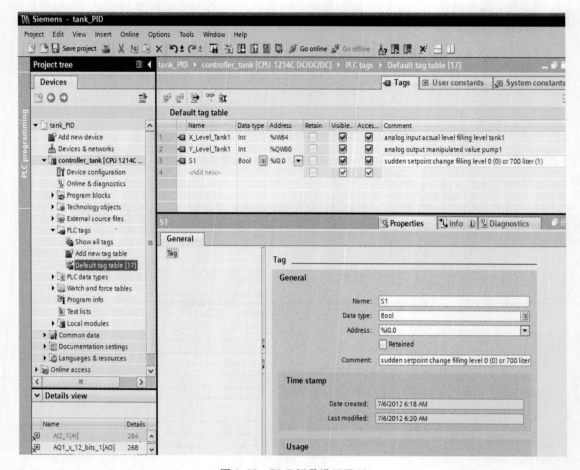

图 8-27　PLC 标号设置界面

9. 创建功能模块 FC1，在项目浏览窗口选择 controller _ tank［CPU 1214C DC/DC/DC］，再选择 Program blocks，然后选择 Add new block（→controller _ tank →［CPU 1214C DC/DC/DC］→Program blocks → Add new block），如图 8-28 所示。

10. 选择 Organization block（OB），输入名字 Cyclic interrupt。Language 选择 FBD，自动编号为 OB100，保持默认扫描时间 Scan time 为 100 ms，最后点击 OK 按钮（→Organization block（OB）→Cyclic interrupt →FBD →Scan time 100 →OK），如图 8-29 所示。

注意：PID 控制器必须以固定的周期（扫描时间）来调用，因为 PID 算法的执行频率对过程控制系统至关重要。因此，扫描时间必须选择合适，此处为默认值 100 ms。

11. 上一步新建的组织块 Cyclic interrupt［OB100］会自动打开。在继续下一步操作前，需要首先设置该模块的本地标号。本例中，该模块只用到了一个标号：

类型	名字	功能	可引用范围
临时/本地数据	Temp	该标号用于暂存中间结果。临时数据只保留一个周期	功能、功能块、组织块

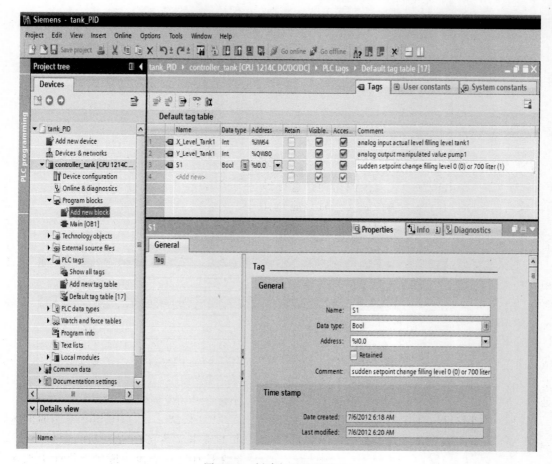

图 8-28　创建新的功能模块

12. 在该例中，只需要一个本地标号：Temp：w _ level _ tank1，数据类型为实数型。该标号用于暂时存储设定值变量 tank1 的值。选择实数型的数据类型是至关重要的一点，否则，就会出现和 PID 控制器数据类型不兼容的错误。所有本地标号都应添加详细的注释，如图 8-30 所示。

13. 本地标号声明之后就可以在程序中引用（引用时在标号前添加♯）。本例中前两个网络分别使用 MOVE 指令将浮点数 0.0（S1＝0）和 700.0（S1＝1）赋值到本地标号♯ w _ level _ tank1（→Instruction →Move → MOVE），如图 8-31 所示。

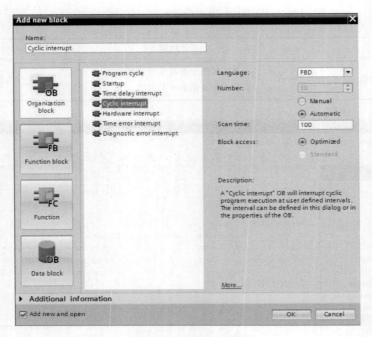

图 8-29　创建一个组织块

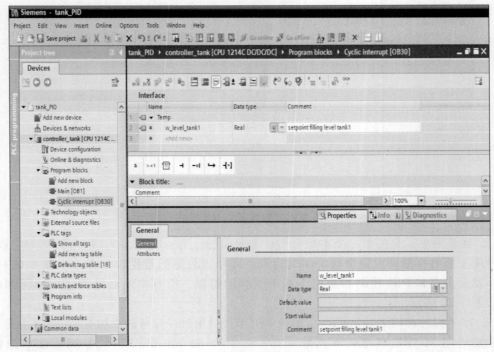

图 8-30　创建本地变量和标号

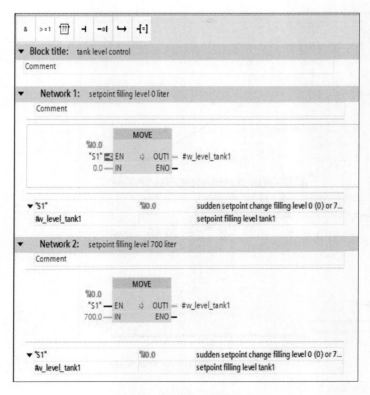

图 8-31 引用本地标号编程

14. 控制器模块 PID_Compact 放置在第三个网络中，因为该模块只能存在一个实例，所以在此处必须将所有接口数据配置好。通过以下步骤添加该模块（→Advances instructions→PID→PID_Compact→OK），如图 8-32 所示。

15. 为该模块的接口赋值：设定值（本地标号 ♯w_level_tank1）、实际值（全局标号 X_Level_Tank1）、控制变量（全局标号 Y_Level_Tank1）。然后，就可打开控制模块配置界面（→♯w_level_tank1→X_Level_Tank1→Y_Level_Tank1），如图 8-33 所示。

16. 此处需要进行一些基本设置，例如控制器类型和内部结构（→Basic settings→Controller type Volume→1→实际值：Input_PER（analog）→控制变量：Output_PER（analog）），如图 8-34 所示。

17. 过程变量范围设定，测量范围 0～1000 L（→Process value settings→Scaled high 1000.0 L→High limit 1000.0 L→Low limit 0.0 L→Scaled low 0.0 L），如图 8-35 所示。

18. 在高级设置（advanced setting）里，选择 PID parameters 并设置 PID 参数，设置完成后可通过 Save project 保存项目（→Advanced settings→Process value monitoring→PID Parameters→Save Project），如图 8-36 所示。

19. 首先选择项目文件夹 controller_tank，然后点击下载按钮将项目程序下载到 CPU 模块中（→controller_tank→Load），如图 8-37 所示。

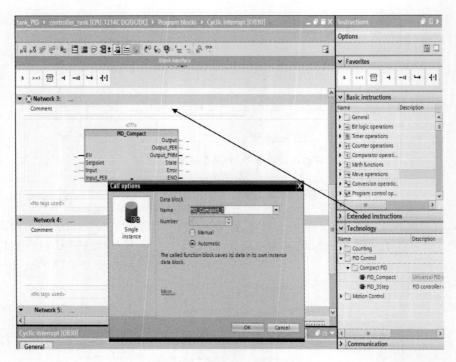

图 8-32   创建 PID 控制模块

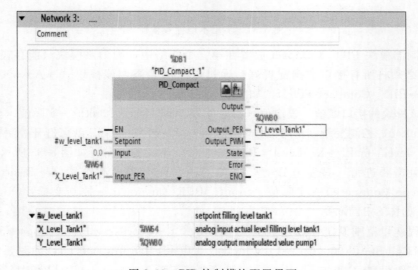

图 8-33   PID 控制模块配置界面

20. 如果程序下载前未进行 PG/PC 接口配置（参考第 2 章中的实验 2.1），此时可通过弹出窗口进行配置（→PG/PC interface for download →Load），如图 8-38 所示。

21. 再次点击 Load 按钮，程序下载过程中的显示窗口（→Load）如图 8-39 所示。

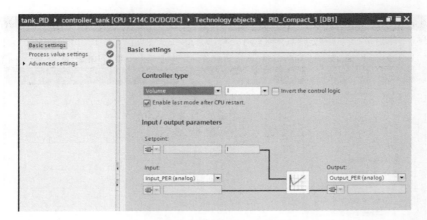

图 8-34　控制器结构设置

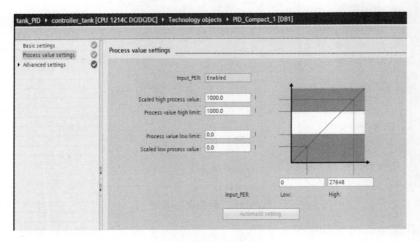

图 8-35　过程变量范围设定

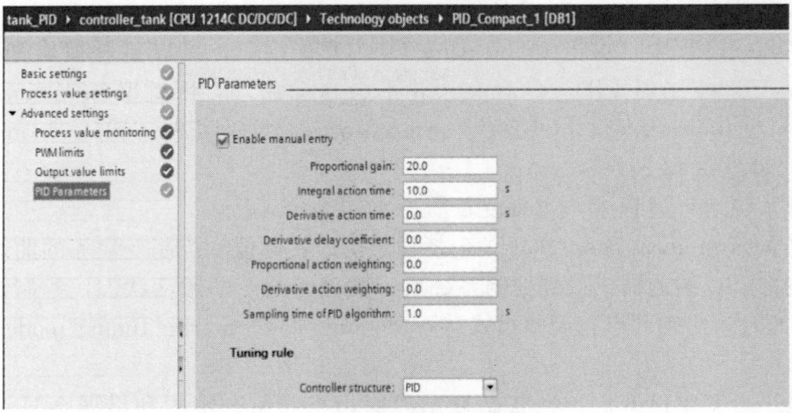

图 8-36　PID 参数设置

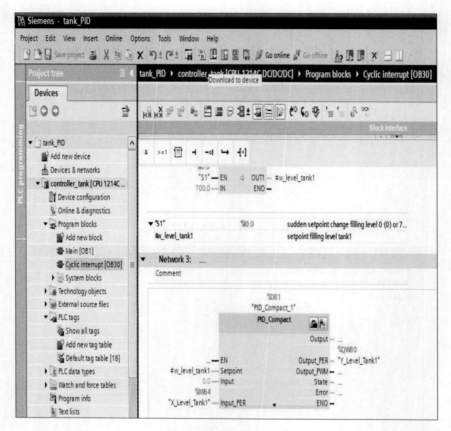

图 8-37　项目程序下载

22. 下载成功后的窗口如图 8-40 所示，点击 Finish 按钮完成操作，如图 8-40 所示。

23. 点击运行按钮启动 CPU，如图 8-41 所示。

24. 确认启动 CPU，如图 8-42 所示。

25. 程序调试过程中，点击 monitoring ON/OFF 按钮，可以显示模块和标号的状态。CPU 启动后，PID 控制器 PID_Compact 并不会自动启动，因此必须先点击 Commissioning 按钮（→Cyclic interrupt [OB200] →monitoring ON/OFF →PID_Compact →Commissioning），如图 8-43 所示。

26. 控制系统运行过程中，过程变量状态如图 8-44 所示。

27. 通过 Measurement Stop/Start，包括设定值、实际值和控制变量等的曲线图都能实时绘制出来。在将 PID 控制器下载到控制系统后，其仍然处于非激活状态，控制器输出仍然保持 0% 不变，此时，必须开启自调整模式（→Measurement→Start→Tuning mode→Pretuning→Start）。

28. 现在，自调整已开启。在状态显示界面，当前执行步骤和错误会显示出来，过程条会显示当前执行步骤，如图 8-45 所示。

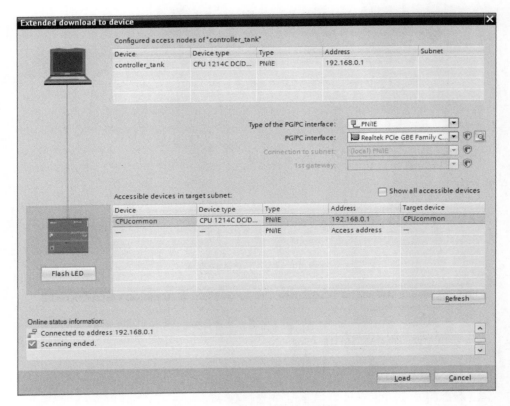

图 8-38　PG/PC 下载接口配置

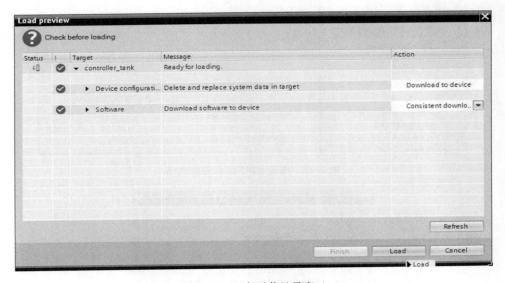

图 8-39　程序下载显示窗口

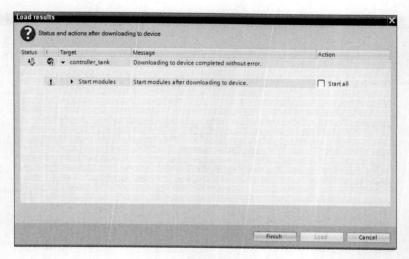

图 8-40 程序下载成功界面

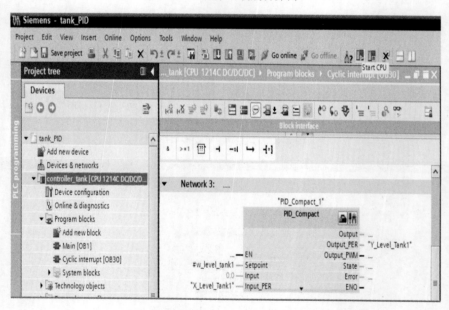

图 8-41 启动 CPU 执行程序扫描

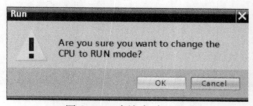

图 8-42 确认启动 CPU

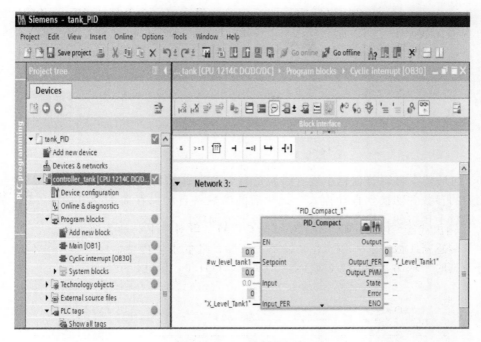

图 8-43 PID 控制器调试

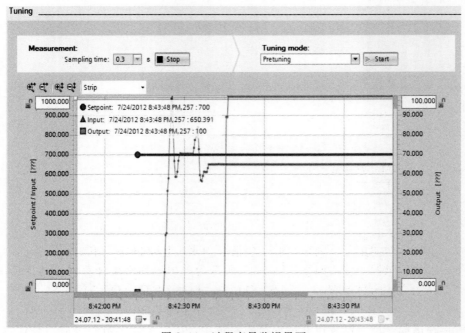

图 8-44 过程变量监视界面

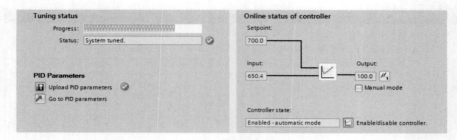

图 8-45　PID 控制器的在线状态

29. 如果整个自调整过程中没有错误信息，则表示 PID 参数优化成功。PID 控制将使用优化后的参数并切换到自动模式。优化后的参数将自动保存而不受电源和 CPU 重启的影响。通过上传按钮，优化过的 PID 参数可上传到项目文件中，如图 8-46 所示。

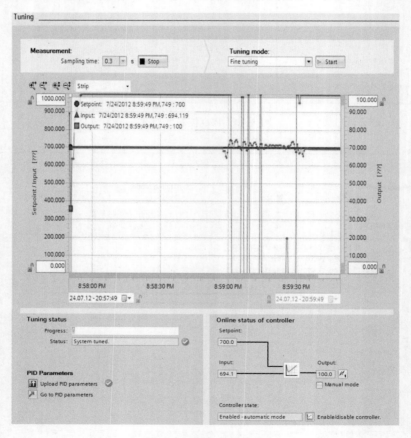

图 8-46　PID 参数优化

注意：在诸如速度控制等快速过程控制系统中，PID 参数必须经过自调整优化，该优化过程持续数分钟并确定最优的 PID 参数，最终优化参数可以在数据模块中查看。

习题与实验

 习题

8.1 西门子模拟 I/O 模块使用的十进制计数值是多少？就模/数转换分辨率而言，这个数值代表什么？

8.2 断线在缩放模拟 I/O 信号中的作用是什么？

8.3 阐述归一化和缩放指令在模拟 I/O 处理中的功能。

8.4 范围为 0～10 V 的模拟输入电压信号以 0～27648 的标准被接收。如果该信号连接到 PLC 模拟输入模块调试，完成以下任务：

    a. 用梯形网络将模拟输入信号（0～10 V）缩放到相应的 12 位数字计数。

    b. 用另一个网络将信号缩放到实际工程单位，范围为 50～350 ℉。

8.5 根据习题 8.4，用一个网络来验证输入信号，并强制让等效的标准数字计数在 0～27648 范围内。

8.6 参考习题 8.4，如果等效的标准数字计数为 0～15300，则等效的归一化计数是多少？假设归一化计数为 0.6257234，等效的 12 位分辨率的计数是多少？

8.7 使用一个网络来将两个 0～10 V 的直流模拟输入信号缩放到工程单位，对应范围是 50～300 lb/in²。这两个模拟信号代表锅炉汽包中两个压力的测量值。设计梯形逻辑程序来计算每平方英尺的压力磅数，然后将平均值的 10% 送入模拟输出模块，并使用 CPU 模块和信号板上的模拟地址。

8.8 给出下列术语的定义，并各列举一个例子：

    a. 闭环控制系统；

    b. 开环控制系统；

    c. 单变量控制系统；

    d. 多变量控制系统。

8.9 给出下列术语的定义，并量化它们对控制过程的影响：

    a. 死区时间；

    b. 调节时间；

    c. 恢复时间；

    d. 延迟时间。

8.10 详细写出两种确定控制系统时间响应的方法。

8.11 画出单变量闭环系统的框图，并描述每一块的功能。

8.12 控制系统的时间响应是如何确定的？

8.13 自调节控制系统被分为 3 类（如下），简单解释每种类型。

    a. 比例调节系统；

    b. 一阶系统；

    c. 二阶延迟系统。

8.14 感应电机是自调节设备，稳态转矩和转速在正常工作范围内呈线性关系。当负载增加时，电机转矩增加，转速下降，到达一个新的稳态。画出转矩与转速间的关系。当一个小电机的负载改变时，展示出自调节系统是如何工作的。

8.15 非自调节控制系统是指什么？举例说明。

8.16 图 8-47 显示了暂态条件下控制变量的响应。请回答以下问题：

    a. 如果期望值为 2000 ℉，死区为 ±4 ℉，请确定最大误差是多少？

    b. 什么是调节时间？在本例中是多少？

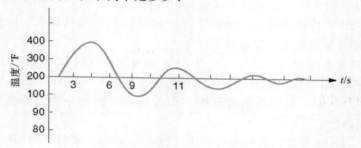

图 8-47　控制变量暂态，8.16 题图

8.17 图 8-48 显示的是一个油罐出口流量控制闭环系统。重新画一个包含监控系统的图，并描述监控的优点。

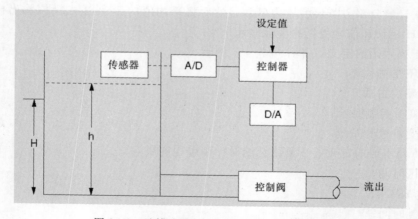

图 8-48　油罐液位闭环控制系统，8.17 题图

8.18 根据图 8-49 所示网络回答下列问题：

    a. LIMIT 指令对模拟输入计数的作用是什么？

    b. 用另一种方式实现相同的 LIMIT 功能。

8.19 什么是可控性？死区时间对它有什么影响？列举可控性变化的例子。

8.20 死区时间对控制器设计有什么影响？哪种技术更适合死区时间长的过程？

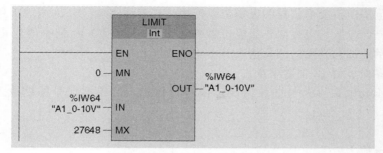

图 8-49 8.18 题图

 实验

【实验 8.1】 油箱液面传感器的测量处理与监测

本实验的目的是展示模拟程序在工商业中的实际应用。

实验描述

本实验是说明关于模拟 I/O 编程相关的基础问题。设置两个模拟信号并用作油箱液面的测量，且两者都与主 CPU 模块相连。模拟输入 1（IW64）用于测量油箱液面 1，模拟输入 2（IW66）用于测量油箱液面 2。两测量值用于产生两油箱液面的均值。将均值送入模拟输出模块，该模块将数字计数转换为一个 0～10 V 的模拟信号，并显示在本地计量器中，同时以工程单位显示在人机界面中。

实验说明

● 第一个网络图可以读取模拟电压信号（0～10 V），并被转换成 0～27648 范围内的标准数字量。然后归一化至 0.0～1.0 的范围，归一化后的值再被转换成 0～4095 的数字量。该网络使用了 3 个标号：原始模拟输入信号 AI_0～10 V（IW64），标准化的中间值 AI_0～1（MD86），12 位的数字量 AI_0～4095（MD92）。在这 3 个标号中，只有 IW64 是物理 I/O 接口的地址。

● 在网络 2 中重复第一步以获得二次模拟输入信号 IW66。

● 第三个网络用于计算两油箱界面数字量的均值并将结果储存在 MD98 中，再标注名称 TANKS-AVE。

● 网络 4 将网络 3 输出的数字量归一化后再次转换到 0～27648 的范围内，转换后的新值储存在 AQ_0～10 V 标号中，而这与物理输出地址 QW80 相对应。该值显示在本地计量器中。

● 网络 5 将平均值转化为 0～40 m 的工程单位值。该数字显示在人机界面设定的标号中。

实验步骤

● 设置连接 CPU 的两输入端口 PLC 模拟模块。

● 设置连接 CPU 的单端模拟输出信号。

● 两个 10 V 电位器向输入模块提供模拟输入信号（0～10 V）。

- 在规定范围内改变电位器的设定值以模拟油箱液面在 $0\sim40$ m 内的工程单位值。
- 在人机界面设置状态界面，当电位器的电压（$0\sim10$ V）从最小值变化到最大值时，用于显示两油箱界面的测量值及其平均值。
- 在状态界面显示 12 位数字量。
- 观察电压表示数，并与电位器设定值进行比较，对模拟信号的缩放及测量值进行验证。

实验要求

- 分配系统输入。
- 分配系统输出。
- 对所需网络进行编程。使用 3 项功能：模拟输入信号校验、模拟输入信号测量、模拟信号均值计算。
- 装载程序并联网。
- 记录输入和输出的观测值、模拟信号值以及相应的工程单元值。
- 运用测试单元或者西门子仿真器对该程序进行仿真，设置观察窗口并根据过程说明验证程序运行情况。

梯形图程序列表（没有文件）

见图 8.50。

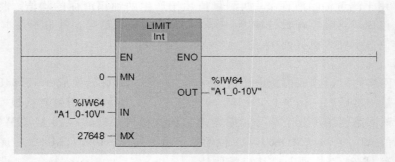

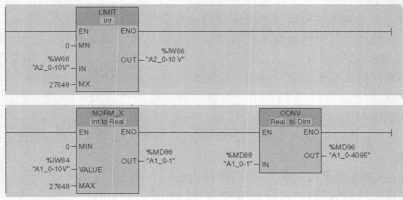

图 8-50

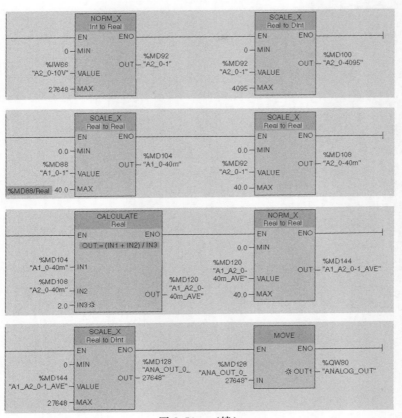

图 8-50 （续）

综合案例分析

　　本章将详细介绍涵盖本书大部分概念的综合实例项目。该项目是一个大型多站点灌溉渠水位控制系统中一个部分。本章通过一个站点来简要描述该项目，其控制平台是西门子 S7-1200 PLC系统。

本章目标

- 理解并编制全面的过程描述；
- 设计控制系统的I/O和存储器分配图；
- 根据要求设计完整的系统控制逻辑；
- 完成梯形图和人机界面（HMI）配置、通信、编程和校验。

　　本章所选的两个案例都是顶级的综合实例项目，其内容涵盖了本书涉及的大多数概念。第一个项目是一个大型的联网多站点灌溉渠水位控制系统的一部分，是作者多年前在埃及尼罗河三角洲地带实施的项目。第二个项目是废水处理工业中常见的水泵站控制系统。两个项目的控制系统都简化到了一个站点的部分，并且都转化到了西门子 S7-1200 这个新的平台上。

9.1　灌溉渠水位控制

　　本项目是通过两扇由电机驱动的竖直闸门来控制从上游流入下游灌溉区的水量。闸门用于调节水流量，进而控制下游水位。如果将闸门完全关闭，则下游水位将越来越低，低到一定程度将无法实现农业区的灌溉。如果将闸门完全升起，则将导致下游水位过高和过度灌溉，造成水资源的极度浪费。通过对闸门位置的适当调节可实现分时段不同下游水位的控制，进而实现需求的灌溉周期，同时节约水资源。

　　两扇竖直闸门由两台完全相同的恒速电机驱动。电机带动闸门升起或者下降，但同一时刻只允许一台电机驱动一扇闸门运动，这样做是为了降低控制站对电源容量的需求。并且，处于低位的闸门在下一控制动作时只能选择升起闸门的命令，同样，处于高位的闸门只能执行降低位置的命令。两扇闸门都装有位置传感器、上升最高位置限位开关和下降最低位置限位开关。

　　下游水位通过三个处于不同位置的传感器进行测量，每个位置的传感器都冗余配置成相同的两个。这些传感器可能保持为前一测量值不变，因此其读数必须加以确认。本例中假设传感器读数已确认为有效。上游水位限位开关用于指示水位超出设定值，此时控制系统必须升起两闸门直到上游水位低于设定值。

　　每台电机都装有过热、过负荷等异常情况报警开关。电机在启动命令发出后 5 s 内会输出一个指示电机是否正在运转的开关量信号。如果一台电机启动失败，则另一台电机马上启动，并输出报警信号。当 AUTO/MAN 开关处于 MAN 位置，且 LOCAL/REMOTE 处于 LOCAL 位置时，电机也可以通过本地控制面板上的启动开关启动。

　　每台电机都设置成运行 15 s 后暂停 10 min 的工作周期模式。在这 10 min 空闲时间内，两台电机都不允许启动。这种处理方式是为了避免由下游水位暂态过程引起的电机重复动作。为了减小两扇闸门的负载差异，两扇闸门应尽量保持在同一高度。除了 START 按钮、STOP 按钮外，操作控制面板上还有急停（emergency shutdown switch，ESD）按钮用于紧急情况下控制系统的快速停机。

9.1.1　系统 I/O 配置

　　PLC 控制系统设计的第一步是将过程变量控制需求翻译成实际的 I/O 配置，即通常所说的 PLC I/O 分配表。该步骤需要列出所有来源于配管自控流程图（piping and instrument diagram，P&ID）的 I/O 接口，包括各接口标号、分配地址和描述信息。P&ID 是仪表过程控制中为现场施工提供的参考原理图，可以帮助更好地理解仪表连接关系和整个控制过程。图 9-1

列出了灌溉系统的离散输入信号，图 9-2 是对应信号的 PLC 输入标号。图 9-3 和图 9-4 是相应输出信号的情况。因为本案例的下游水位控制仅用到了 ON/OFF 控制，所以上述表中没有模拟 I/O 接口的信息。

标签名	地址编号	含义
VG1_ROL	I0.0	垂直门1正在运行
VG2_ROL	I0.1	垂直门2正在运行
VG1_RAISED	I0.2	垂直门1上升至最高位
VG1_LOWERED	I0.3	垂直门1下降至最低位
VG2_RAISED	I0.4	垂直门2上升至最高位
VG2_LOWERED	I0.5	垂直门2下降至最低位
ESD	I0.6	紧急停机选择开关
AUTO	I0.7	AUTO模式开关
UP_Flod_LS	I1.0	上游水位超限限位开关

图 9-1　灌溉系统输入信号

🏷	VG1_ROL	Bool	%I0.0
🏷	VG2_ROL	Bool	%I0.1
🏷	VG1_RAISED	Bool	%I0.2
🏷	VG1_LOWERED	Bool	%I0.3
🏷	VG2_RAISED	Bool	%I0.4
🏷	VG2_LOWERED	Bool	%I0.5
🏷	ESD	Bool	%I0.6
🏷	AUTO	Bool	%I0.7
🏷	UP_FLOD_LS	Bool	%I1.0

图 9-2　灌溉系统 PLC 输入信号标号

标签名	地址编号	含义
VG1_raise	Q0.0	垂直门1上升一次
VG1_lower	Q0.1	垂直门1下降一次
VG2_raise	Q0.2	垂直门2上升一次
VG2_lower	Q0.3	垂直门2下降一次
VG1_FTS	Q0.4	垂直门1启动失败
VG2_FTS	Q0.5	垂直门2启动失败
DS1_FAIL	Q0.6	下游水位故障报警1
DS2_FAIL	Q0.7	下游水位故障报警2

图 9-3　灌溉系统输出信号

⬛ VG1_RAISE		Bool	%Q0.0
⬛ VG1_LOWER		Bool	%Q0.1
⬛ VG2_RAISE		Bool	%Q0.2
⬛ VG2_LOWER		Bool	%Q0.3
⬛ VG1_FTS		Bool	%Q0.4
⬛ VG2_FTS		Bool	%Q0.5
⬛ DS1_FAIL		Bool	%Q0.6
⬛ DS2_FAIL		Bool	%Q0.7

图 9-4　灌溉系统 PLC 输出信号标号

9.1.2　逻辑框图

逻辑框图是梯形图编程的基础文件，因此必须保存完整。图 9-5 所示为闸门 1 升起操作的逻辑框图，图 9-6 为闸门 1 上升 15 s 和系统空闲 10 min 的逻辑框图，图 9-7 为电机启动失败和控制闸门 1 处于最低位置的逻辑框图。

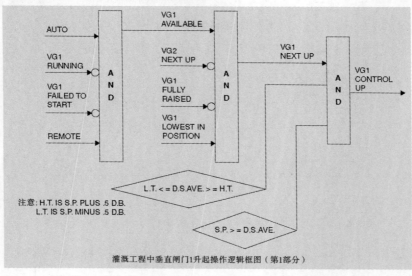

灌溉工程中垂直闸门1升起操作逻辑框图（第1部分）

图 9-5　闸门 1 升起操作的逻辑框图

整个逻辑框图分为 4 个部分。第 1 部分（图 9-5）为闸门 1 升起操作的条件逻辑。只有当设定值大于或等于下游平均水位、下游平均水位超出死区和闸门 1（VG1）是下一次的上升操作闸门 3 个条件同时满足时，闸门 1 才能进行上升操作。只有当闸门 1 空闲、闸门 1 未完全开启和闸门 2 不是下一次的上升操作闸门 3 个条件同时满足时，闸门 1 才是下一次的上升操作闸门。只有当系统处于 AUTO 状态、闸门 1 的驱动电机启动成功、系统控制为 REMOTE 模式 3 个条件同时满足时，闸门 1 空闲的逻辑才能输出真。当系统控制处于 LOCAL 模式下，闸门驱动电机允许通过本地控制面板上的 START/STOP 按钮控制。

第 2 部分（图 9-6）为控制闸门 1 驱动电机运转 15 s 的逻辑框图。闸门 1 上升 15 s 后还有

10 min 的空闲时间,这一控制将使下游水位不断上升。在对任一闸门进行升起或下降操作后,系统都将自动进入 10 min 的空闲状态,此状态下不允许对闸门做任何升降操作。第 3 部分(图 9-7)为电机启动失败的判断逻辑。第 4 部分(图 9-7)为控制闸门 1 降到最低位置的逻辑框图。

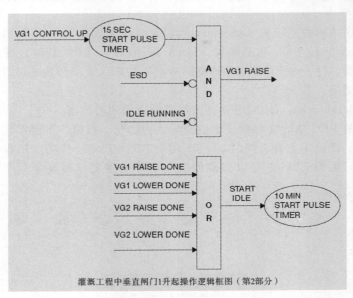

灌溉工程中垂直闸门1升起操作逻辑框图（第2部分）

图 9-6　闸门 1 上升 15 s 和系统空闲 10 min 逻辑框图

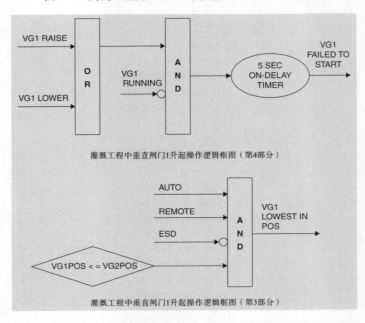

灌溉工程中垂直闸门1升起操作逻辑框图（第4部分）

灌溉工程中垂直闸门1升起操作逻辑框图（第3部分）

图 9-7　电机启动失败和控制闸门 1 处于最低位置的逻辑框图

9.1.3　控制系统模块

使用开发软件提供的预定义代码模块可以极大提高程序效率，CPU支持的代码模块包括：

- 可定义程序结构的组织块（organization blocks，OB）。
- 功能（functions，FC）和功能块（function blocks，FB）是包含特定任务或参数集合的代码块。每一个FC或者FB提供一系列的输入输出参数接口以实现与调用模块间的数据交换。
- 数据块（datablocks，DB）用于存储程序模块用到的数据。

图9-8所示的PLC功能块包括设定值校验、初始化、报警、下游水位平均值、闸门位置、闸门1下降、闸门1上升、闸门2下降、闸门2上升。这些功能块程序执行的先后顺利是无关紧要的，因为CPU总是以很高的速率不停地重复扫描整个程序（每秒钟至少扫

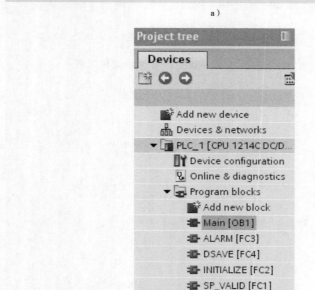

a）

b）

图9-8　a）控制系统PLC功能块（横向视图）；b）控制系统PLC功能块（项目视图）

描 3 次）。一些特殊的限时任务可能需要确定的排序位置。大多数初始化任务功能块只在系统上电或重启时执行一次。

9.2 灌溉渠控制系统梯形图编程

如图 9-9 所示，设定值校验功能由一个程序网络组成。该模块将用户输入的设定值分别与上限值和下限值进行比较，当设定值超出限定范围时，"Wrong set point，enter again"信息将显示在人机界面（HMI）上，提示用户重新输入设定值。

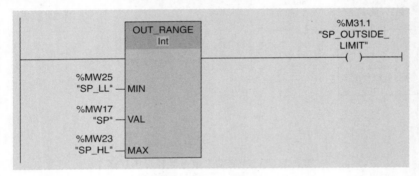

图 9-9　设定值校验模块

如图 9-10 所示，初始化功能网络包括清零 VG1 启动失败计数、清零 VG2 启动失败计数、清零空闲次数计数和清零报警计数器计数 4 项功能。

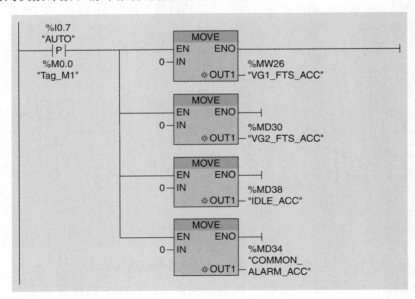

图 9-10　初始化网络

报警功能包含 VG1 启动失败报警、VG2 启动失败报警、下游水位传感器 1 故障报警、下游水位传感器 2 故障报警等。图 9-11 所示为 VG1 启动失败报警梯形图程序，该程序包括常开触点 VG1 _ RAISE（Q0.0）、常开触点 VG1 _ LOWER（Q0.1）、常闭触点 VG1 _ ROL（I0.0）、5 s 延时导通定时器（TON）和输出线圈 VG1 _ FTS（Q0.4）。该程序执行过程如下：

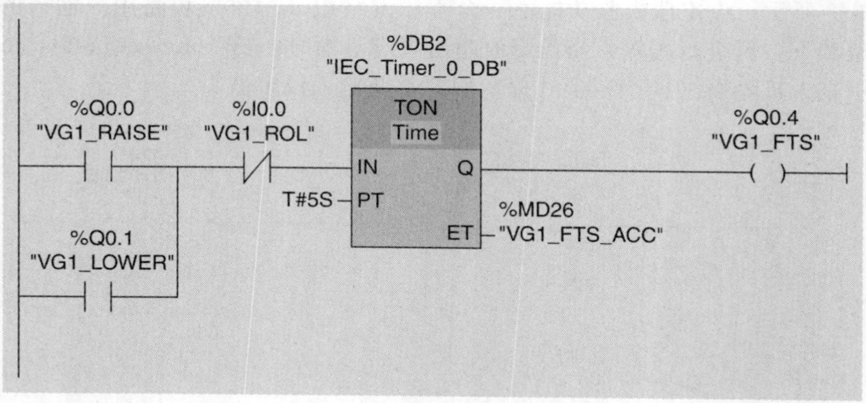

图 9-11　VG1 启动失败报警梯形图程序

- 第 1 个扫描周期，因为 VG1 _ RAISE 输出和 VG1 _ LOWER 输出都为真，且 VG1 _ ROL 闭合，所以定时器开始计时。
- 这 5 s 的延时用于接收电机在启动命令发出后传回的运转状态信号。
- 如果在这 5 s 延时时间内未接收到电机运转信号，则线圈 VG1 _ FTS 得电指示电机启动失败。

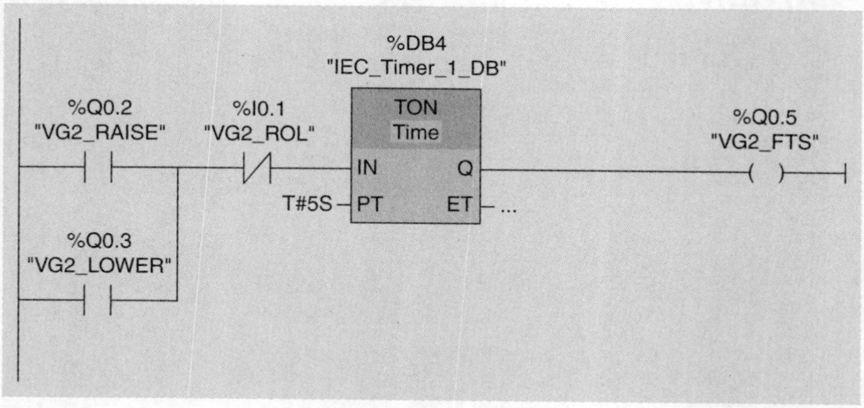

图 9-12　VG2 启动失败报警梯形图程序

图 9-12 所示为 VG2 启动失败报警梯形图程序，该程序包括常开触点 VG2 _ RAISE（Q0.2）、常开触点 VG2 _ LOWER（Q0.3）、常闭触点 VG2 _ ROL（I0.1）、5 s 延时导通

定时器（TON）和输出线圈 VG2 _ FTS（Q0.5）。该程序执行过程如下：

- 第 1 个扫描周期，因为 VG2 _ RAISE 输出和 VG2 _ LOWER 输出都为真，且 VG2 _ ROL 闭合，所以定时器开始计时。
- 这 5 s 的延时用于接收电机在启动命令发出后传回的运转状态信号。
- 如果在这 5 s 延时时间内未接收到电机运转信号，则线圈 VG2 _ FTS 得电指示电机启动失败。

图 9-13 所示为下游水位传感器 1 故障报警功能梯形图程序，该程序使用了 OUT _ RANGE 指令和输出线圈 DS1 _ FAIL（Q0.6）。该程序的功能为：当下游水位传感器 1 输出值高于平均水位上限或低于平均水位下限时，输出线圈 DS1 _ FAIL 得电指示传感器 1 出现故障。

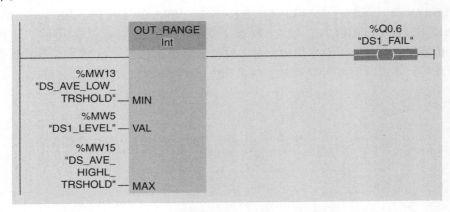

图 9-13　下游水位传感器 1 故障报警功能梯形图程序

图 9-14 所示为下游水位传感器 2 故障报警功能梯形图程序，该程序使用了 OUT _ RANGE 指令和输出线圈 DS2 _ FAIL（Q0.7）。该程序的功能为：当下游水位传感器 2 输出值高于平均水位上限或低于平均水位下限时，输出线圈 DS2 _ FAIL 得电指示传感器 2 出现故障。

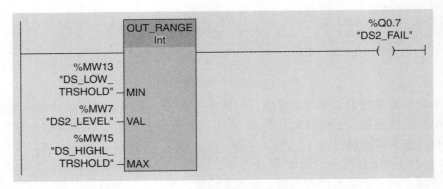

图 9-14　下游水位传感器 2 故障报警功能梯形图程序

图 9-15 所示为最低水位报警梯形图程序。该程序包含常开触点 LL _ FLOAT _ SW (I1.2) 和输出线圈 LL _ LVL _ ALARM (M29.1)。该程序的功能为：当最低水位传感器触发为真时，输出线圈 M29.1 得电为真。

图 9-15   最低水位报警梯形图程序

图 9-16 所示为一般报警的梯形图程序。该程序包含常开触点 VG1 _ FTS (Q0.4)、VG2 _ FTS (Q0.5)、DS1 _ FALL (Q0.6)、DS2 _ FALL (Q0.7)、LL _ FLOAT _ SW (I1.2) 和输出线圈 COMMON _ ALARM (Q1.0)。当闸门 1 启动失败、闸门 2 启动失败、下游水位传感器 1 故障、下游水位传感器 2 故障、最低水位传感器触发 5 个事件中的 1 个或多个为真时，输出线圈 COMMON _ ALARM (Q1.0) 得电置位。

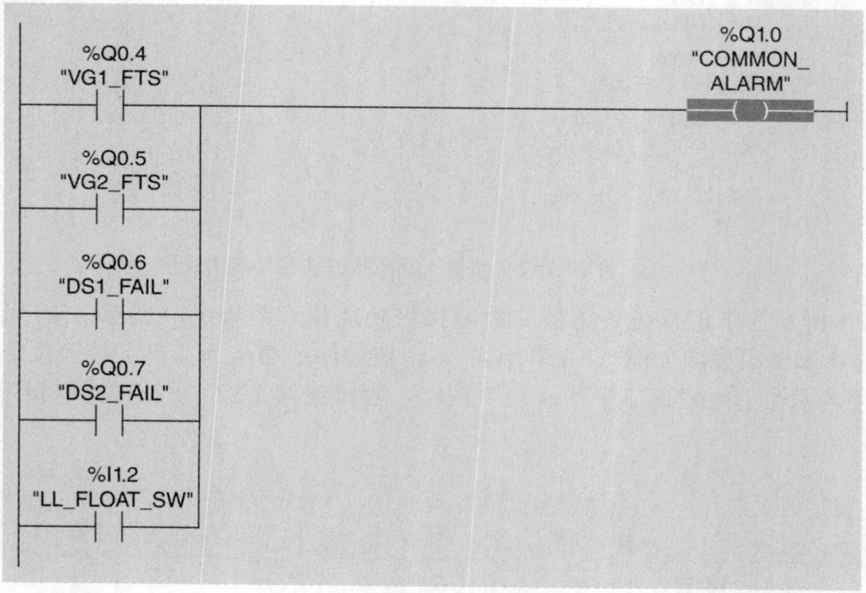

图 9-16   一般报警梯形图程序

下游水位检测功能由 3 个网络组成，包括平均水位计算网络、下游水位传感器 1 替代网络和下游水位传感器 2 替代网络。图 9-17 所示为下游平均水位计算网络的梯形图程序。该梯形图程序包含常闭触点 VG1 _ FTS (Q0.4)、VG2 _ FTS (Q0.5)、DS1 _ DS2 _ FAIL (M31.2)，ADD 加运算指令和 DIV 除法指令。该程序的功能为：当闸门 1、闸门 2 未出现启动失败情况，同时下游水位传感器 1 和下游水位传感器 2 无故障时，则执行 ADD 加运算指令，将 IN1 接口的 DS1 _ LEVEL 和 IN2 接口的 DS2 _ LEVEL 相加，结果从 DS _ SUM

输出。DIV 除法指令将 DS＿SUM 输出的和除以 2 得到平均值，商通过 DS＿AVE＿LEVEL 输出。

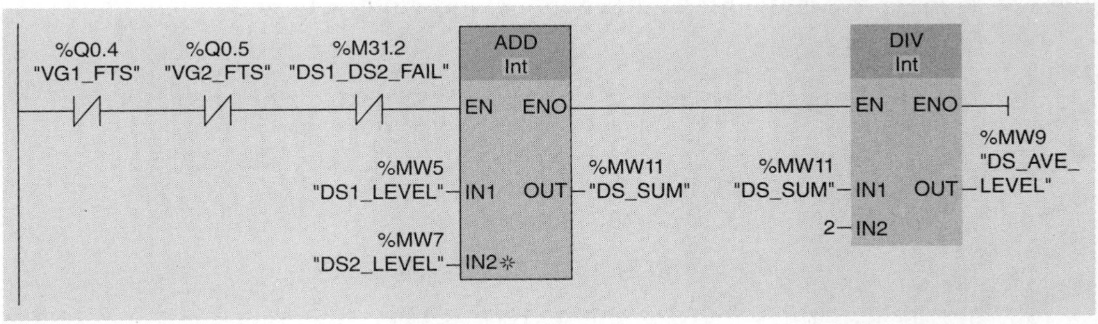

图 9-17 下游平均水位计算网络的梯形图程序

图 9-18 为下游水位传感器 1 替代网络。该网络包含常开触点 DS2＿FAIL（Q0.7）和 MOVE 指令。该程序的功能为：当下游水位传感器 2 故障时，MOVE 指令将 IN1 接口输入的 DS1＿LEVEL 赋值到 DS＿AVE＿LEVEL，即将下游水位传感器 1 的值作为下游平均水位。

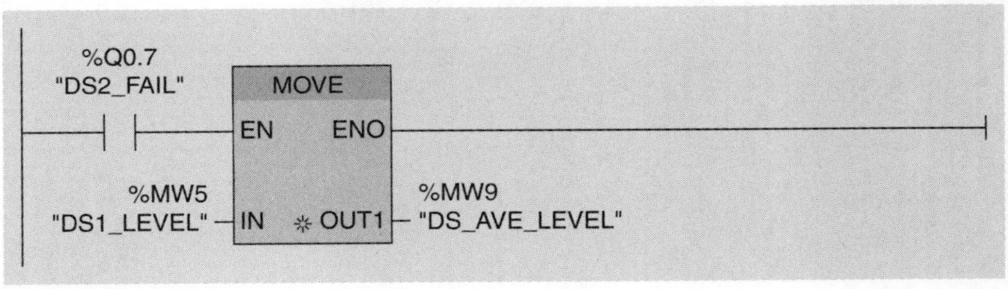

图 9-18 下游水位传感器 1 替代网络

图 9-19 所示为下游水位传感器 2 替代网络。该网络包含常开触点 DS1＿FAIL（Q0.6）和 MOVE 指令。该程序的功能为：当下游水位传感器 1 故障时，MOVE 指令将 IN1 接口输入的 DS2＿LEVEL 赋值到 DS＿AVE＿LEVEL，即将下游水位传感器 2 的值作为下游平均水位。

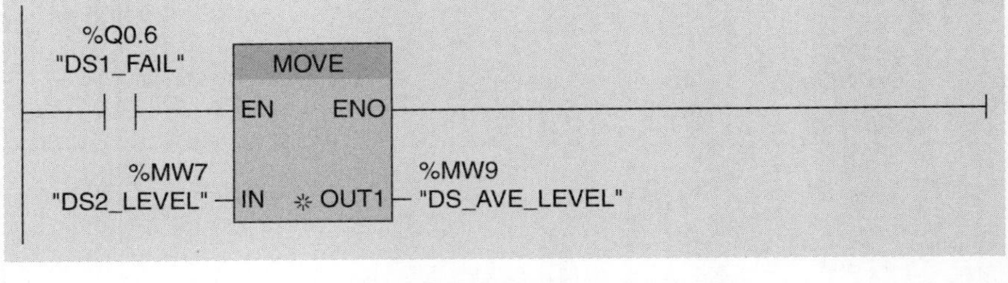

图 9-19 下游水位传感器 2 替代网络

闸门 1 下降功能包含闸门 1 下一步下降、闸门 1 控制下降和闸门 1 下降 3 个网络。如图 9-20 所示，当闸门 1 可控制、处在最高位置、未降到最低位置、闸门 2 不是下一个降低的闸门 4 个条件同时满足时，闸门 1 则成为下一次下降动作的闸门。

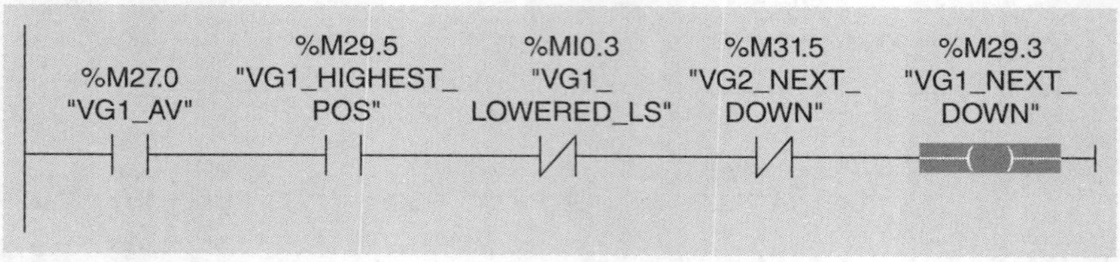

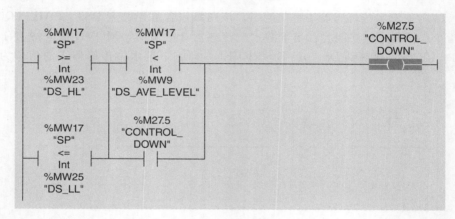

图 9-20　闸门 1 下一次下降动作逻辑梯形图

如图 9-21 所示，当闸门 1 是下一次下降动作的执行闸门，且设定值处于动作死区之外，设定值低于下游平均水位值时，则控制下降执行。

图 9-21　闸门 1/闸门 2 控制下降梯形图

如图 9-22 所示，当闸门 1 是下一次下降动作的执行闸门、下降控制为真、没有紧急停机、DS1/DS2 无故障、空闲计时器未计时 5 个条件同时满足时，脉冲输出 TP 指令并执行，闸门 1 下降 15 s。

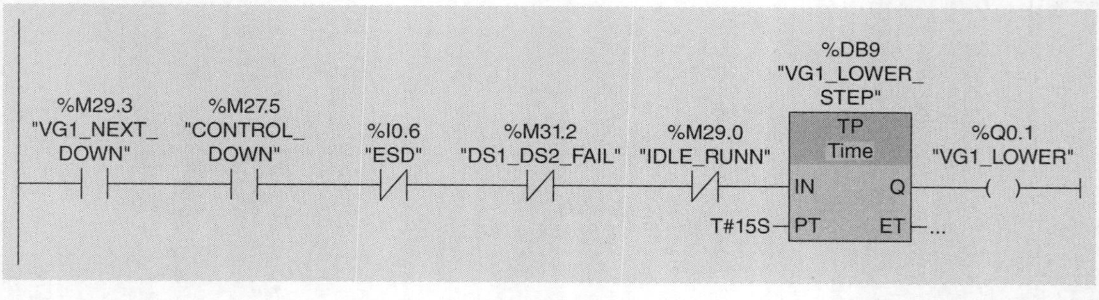

图 9-22　闸门 1 下降梯形图

闸门位置检测功能由 4 个的网络构成。用图 9-23 所示的网络比较闸门 1 和闸门 2 的位置，当手动/自动切换开关置于自动位置，且闸门 1 的位置高于或等于闸门 2 位置时，则输出线圈 VG1 _ HIGHEST _ POS（M29.5）得电置位。当比较指令为大于而非小于或等于时，在两闸门位置相等的情况下不会有闸门的升降动作。

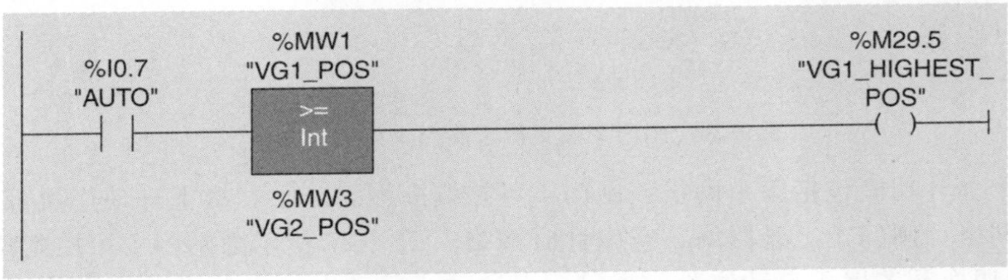

图 9-23 闸门 1 位置高于闸门 2 位置判断网络

用图 9-24 所示的网络比较闸门 2 和闸门 1 的位置，当手动/自动切换开关置于自动位置，且闸门 2 的位置高于或等于闸门 1 位置时，则输出线圈 VG2 _ HIGHEST _ POS（M29.7）得电置位。

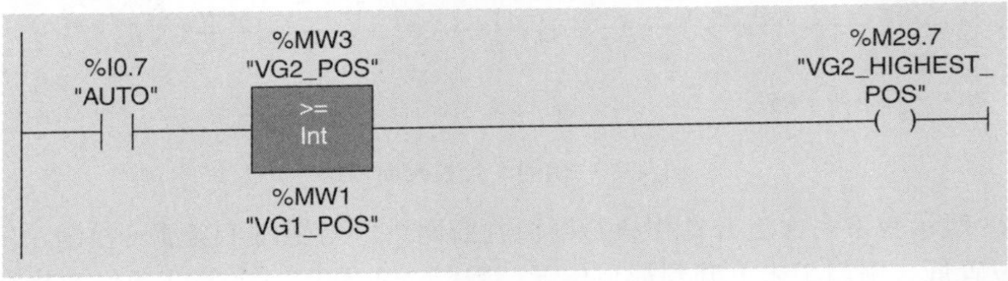

图 9-24 闸门 2 位置高于闸门 1 位置判断网络

用图 9-25 所示的网络比较闸门 1 和闸门 2 的位置，当手动/自动切换开关置于自动位置，且闸门 1 的位置低于或等于闸门 2 位置时，则输出线圈 VG1 _ LOWEST _ POS（M29.2）得电置位。

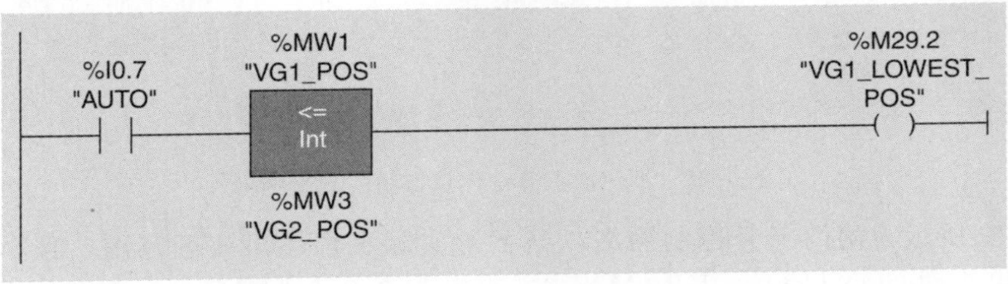

图 9-25 闸门 1 位置低于闸门 2 位置判断网络

用图 9-26 所示的网络比较闸门 2 和闸门 1 的位置，当手动/自动切换开关置于自动位置，且闸门 2 的位置低于或等于闸门 1 位置时，则输出线圈 VG2 _ LOWEST _ POS（M29.6）得电置位。

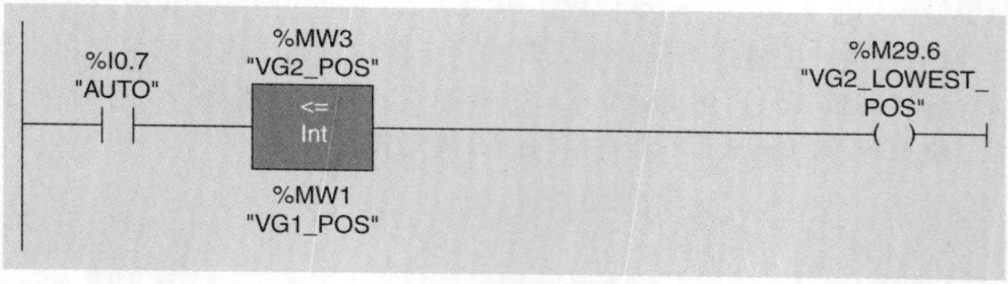

图 9-26　闸门 2 位置低于闸门 1 位置判断网络

　　闸门 1 上升功能包括 5 个网络：闸门 1 可控判断网络、下一次上升动作执行闸门网络、上升控制网络、闸门 1 上升网络、空闲计时网络。图 9-27 所示为闸门 1 可控判断网络，当手动/自动切换开关置于自动位置、闸门 1 未启动、驱动电机启动成功、本地/远程切换开关置于远程位置 4 个条件同时满足时，则输出线圈 VG1 _ AV（M27.0），表明闸门 1 当前可控。

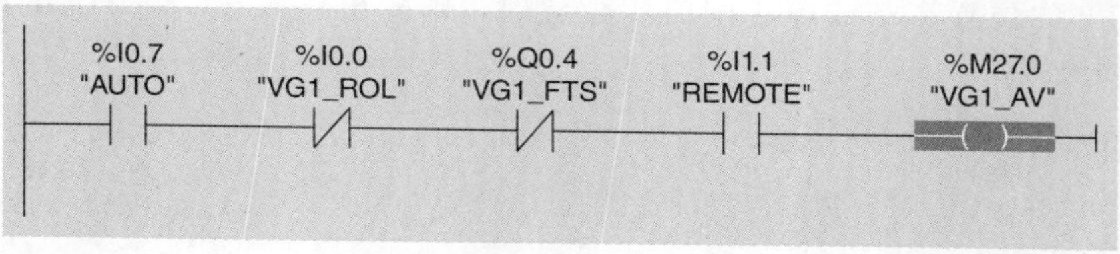

图 9-27　闸门 1 可控判断网络

　　图 9-28 所示为下一次上升动作执行闸门判断网络，当闸门 1 当前可控、闸门 1 位置比闸门 2 位置低、闸门 1 未上升到最顶位置、闸门 2 不是下一次上升动作的执行闸门 4 个条件同时满足时，则输出线圈 VG1 _ NEXT _ UP（M27.2）得电置位，闸门 1 成为下一次上升动作执行的闸门。

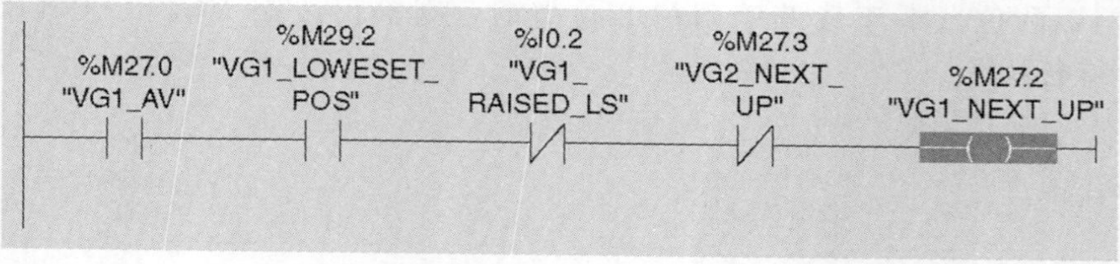

图 9-28　下一次上升动作执行闸门判断网络

　　图 9-29 所示为闸门上升控制网络，当下游实际水位超出死区范围，且小于设定值时，则输出线圈 CONTROL _ UP（M27.4）得电为真，表明需要控制闸门上升，从而增加下游水位。

　　图 9-30 所示为闸门 1 上升网络。当闸门 VG1 是下一次上升动作的执行闸门、CONTROL _ UP 被置位、ESD 和 DS1 _ DS2 _ FALL 是 OFF 状态，空闲计时器来计时、脉冲定时器是 ON 状态时，闸门 VG1 上升 15 s。

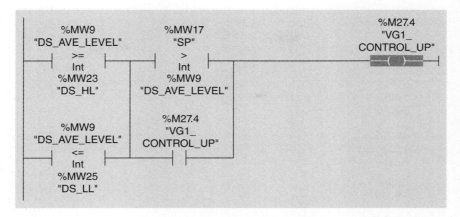

图 9-29 闸门上升控制网络

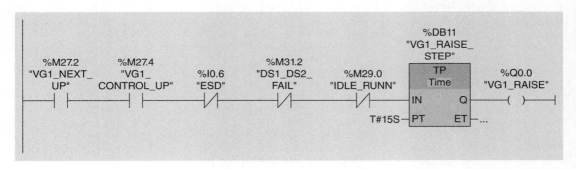

图 9-30 闸门 1 上升网络

图 9-31 所示为空闲计时网络。当闸门 1、闸门 2 上升或者下降时，脉冲计时器启动定时 10 min。该延时可使下游水位得到改变。

闸门 2 的上升控制功能包含 3 个网络：闸门 2 可控判断网络、下一次上升动作执行闸门网络、闸门 2 上升网络。图 9-32 所示为闸门 2 可控判断网络，当手动/自动切换开关置于自动位置、闸门 2 未启动、驱动电机启动成功、本地/远程切换开关置于远程位置 4 个条件同时满足时，则输出线圈 VG2 _ AV（M27.1）得电置位，表明闸门 2 当前可控。

图 9-33 所示为下一次上升动作执行闸门判断网络，当闸门 2 当前可控、闸门 2 位置比闸门 1 位置低、闸门 2 未上升到最顶位置、闸门 1 不是下一次上升动作的执行闸门 4 个条件同时满足时，则输出线圈 VG2 _ NEXT _ UP（M27.3）得电置位，闸门 2 成为下一次上升动作执行的闸门。

图 9-34 所示为闸门 2 上升网络。当闸门 2 是下一次上升动作的执行闸门、上升控制为真、没有紧急停机、DS1/DS2 无故障、空闲计时器未计时 5 个条件同时满足时，脉冲输出 TP 指令并执行，闸门 1 上升 15 s。

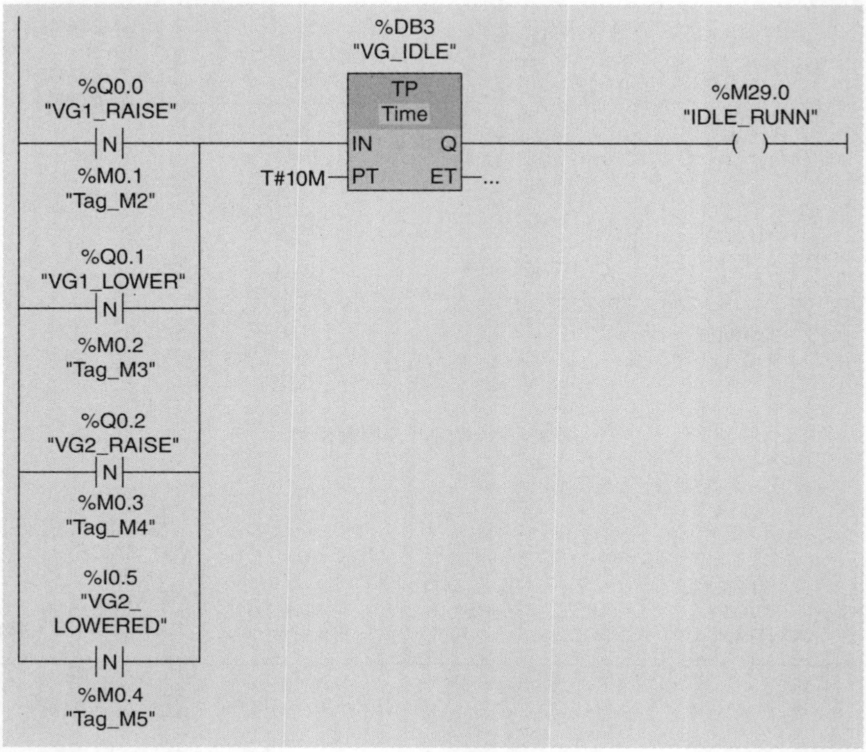

图 9-31 空闲计时网络

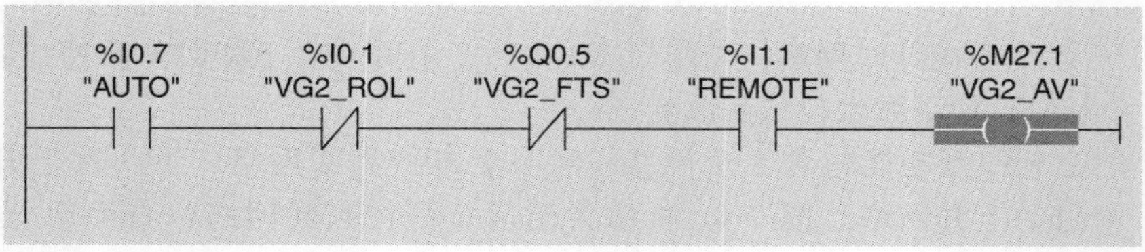

图 9-32 闸门 2 可控判断网络

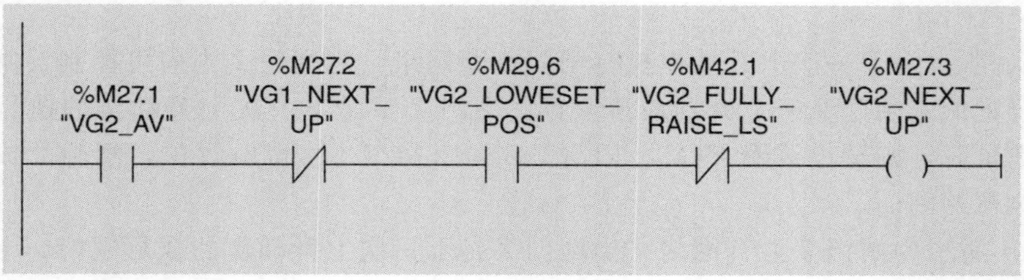

图 9-33 下一次上升动作执行闸门判断网络

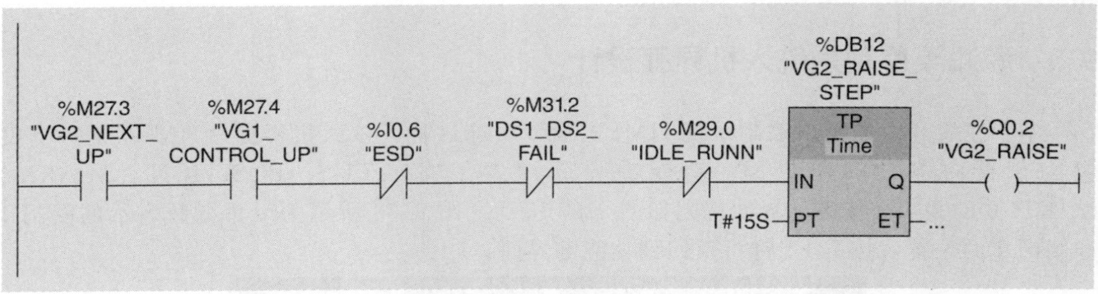

图 9-34 闸门 2 上升网络

闸门 2 下降控制功能包含 2 个网络：下一次下降动作执行闸门判断网络和闸门 2 下降网络。图 9-35 所示为下一次下降动作执行闸门判断网络，当闸门 2 当前可控制、闸门 2 位置比闸门 1 位置高、闸门 2 未下降到最低位置、闸门 1 不是下一次下降动作的执行闸门 4 个条件同时满足时，则输出线圈 VG2_NEXT_DOWN（M29.4）得电置位，闸门 2 成为下一次下降动作执行的闸门。该网络的主要功能是为了保证两闸门处于同样高度，从而使闸门承受的水压一致。因此闸门上升操作时选择位置较低的闸门，而闸门下降时选择位置较高的闸门。

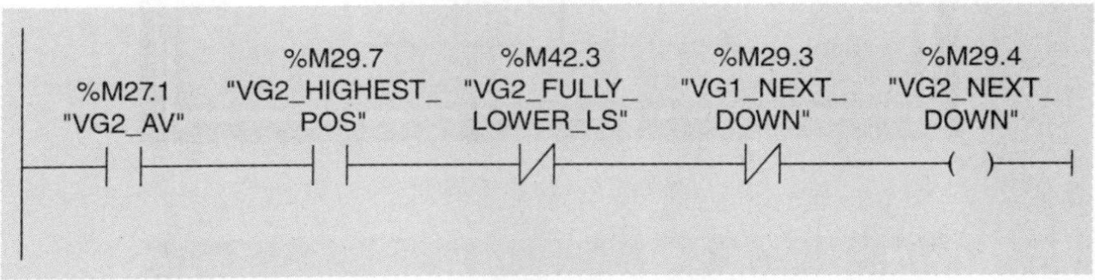

图 9-35 下一次下降动作执行闸门判断网络

当闸门 2 是下一次下降操作的执行闸门、下降控制为真、没有紧急停机、DS1/DS2 无故障、空闲计时器未计时 5 个条件同时满足时，脉冲输出 TP 指令并执行，闸门 2 下降 15 s，如图 9-36 所示。

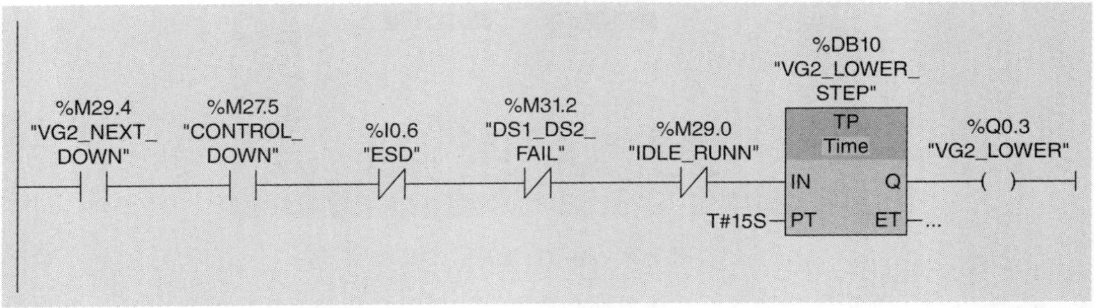

图 9-36 闸门 2 下降网络

9.3　灌溉渠控制系统人机界面设计

本节主要介绍灌溉渠控制系统 HMI 的设计实施过程。该人机界面（HMI）是一个仅包含 5 页内容的简单界面，功能键界面设置了 STATUS、POSITION、ALARM、CONTROL 共 4 个按键，界面视图如图 9-37 所示。图 9-38 所示为以百分数表示的闸门 1 和闸门 2 的位置。按下 F1 键可返回到功能键界面。

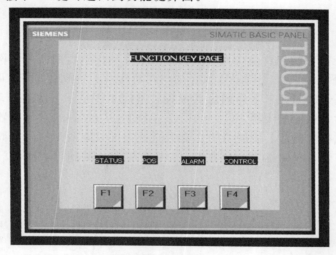

图 9-37　功能键界面

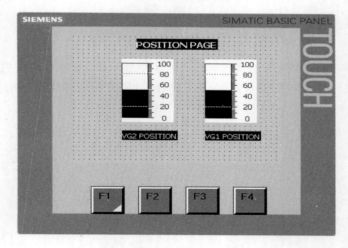

图 9-38　闸门位置显示界面

图 9-39 所示为报警功能界面，该界面包含闸门 1 驱动电机启动失败报警（VG1 FTS）、闸门 2 驱动电机启动失败报警（VG2 FTS）和一般报警功能实现。

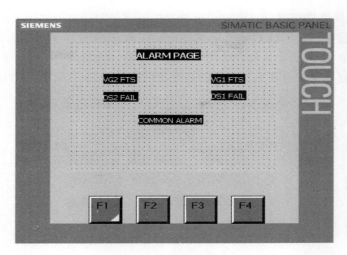

图 9-39　报警功能界面

图 9-40 所示为闸门状态界面，该界面包括闸门 1 和闸门 2 的运转状态、上升或下降动作、当前位置，还包括下游水位传感器 1 和传感器 2 的值以及设定值。所有这些量的单位都为工程通用单位。按下 F1 键可返回到功能键界面。

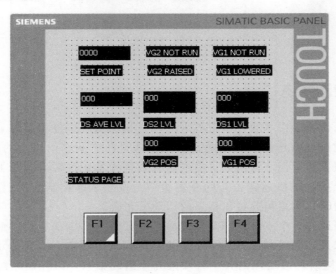

图 9-40　闸门状态界面

控制界面允许用户执行设定值输入、设定值上下限输入和下游水位死区设定等操作。当输入的设定值超出上限或下限时，会显示 "Wrong Set Point，Enter Again" 出错信息。按下 F1 键可返回到功能键界面。该控制界面如图 9-41 所示。

HMI 的配置、HMI 与 PLC 间的通信、状态/控制界面的设计和标号相关的内容已在第 5 章详细介绍过。在集中控制室或远程控制室可以装配一个或者多个 HMI。所有 HMI

和 PLC 通过互联网络进行通信，实时信息通过现场设备和接口传输到该网络上。因为需要实时传输的信息量很小，所以对该互联网络的带宽需求也就非常小。随着新技术的应用，诸如西门子 S7-1200 等 PLC 在处理速度、数据吞吐量、设备尺寸、整体成本方面都有极大的进步，因而为完成以较合理成本实现期望性能的实时控制系统提供了可能。

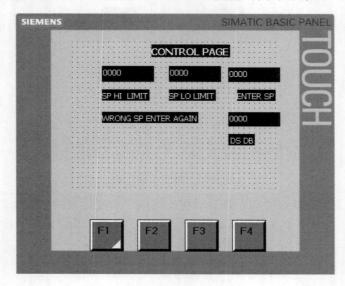

图 9-41   控制界面

9.4   水泵站控制系统

暴风雨时，高流速的雨水通过管道流入两口巨大的水井中储存起来，东边一口，西边一口，两口水井通过管道连通。现用两台水泵将两口井中的水以恒定的流速抽到河流中。每台水泵都装有报警器，当水泵出现过热或者过载等异常工况时，报警器触发报警。两台电机分别输出一个指示电机运转与否的开关量信号。当本地控制面板上的手动/自动切换开关置于手动位置时，水泵可通过面板上的启动按钮启动。

井中的水位可通过 3 个安装在固定位置的浮漂开关进行精确指示。最低位置的浮漂开关动作时将停止水泵，而最高位置的浮漂开关触发时将启动整个水泵抽水流程。如果选定的水泵在 5 s 内未能启动成功，则另一台水泵马上启动抽水，以控制系统发出水泵故障报警信号。最高位置的浮漂开关将触发两台水泵同时启动，任意一台启动失败都将触发系统警报。

两台水泵以预先定义的流程进行工作，该流程涵盖水泵的全部运转时间。当水井水位处于最高浮漂位置和最低浮漂位置之间时，两台水泵必须轮换交替工作。当水位高于最高浮漂位置时，两台水泵必须同时工作，此时轮换交替工作计时器不计时。

9.4.1 系统 I/O 分配表

PLC 控制系统设计的第一步是将控制任务和实际 I/O 资源建立对应关系，即建立 I/O 分配表。该步骤需要列出所有的 I/O 标号、分配 PLC 地址，并添加必要的描述。图 9-42 所示为灌溉渠水位控制系统开关量输入对应的 PLC 接口标号。图 9-43 所示为开关量输出接口标号。两表中并没有列出模拟 I/O 接口，只将控制系统设计限制在 ON/OFF 控制的范围内。

标签名	地址编号	含义
OFF_FLOAT	I0.0	停止浮漂开关
ON_FLOAT	I0.1	启动浮漂开关
OVERIDE_FLOAT	I0.2	最高位浮漂开关
E_ROL	I0.3	东侧水泵正在排水
W_ROL	I0.4	西侧水泵正在排水
AUTO	I0.5	自动/人工开关
ESD	I0.6	紧急停机选择开关
E_OVERLOAD	I0.7	东侧水泵过载触点
W_OVERLOAD	I1.0	西侧水泵过载触点

图 9-42 灌溉渠水位控制系统开关量输入 PLC 接口标号

标签名	地址编号	含义
E_PUMP	Q0.0	东侧水泵输出
W_PUMP	Q0.1	西侧水泵输出
E_FTS	Q0.2	东侧水泵启动失败
W_FTS	Q0.3	西侧水泵启动失败
COM_ALARM	Q0.4	通用报警

图 9-43 灌溉渠水位控制系统开关量输出 PLC 接口标号

9.4.2 控制系统模块

利用 CPU 支持的代码模块可以有效提高程序设计的效率。

- 组织块（OB）定义了程序的结构。
- 功能（FC）和功能块（FB）包含特定任务和功能的实现代码。每个 FC 或 FB 提供一组 I/O 参数接口与调用模块进行必要的数据交换。

● 数据块（DB）用于存储整个程序中用到的数据。

图 9-44 所示为水泵站控制系统中用到的各种程序模块。

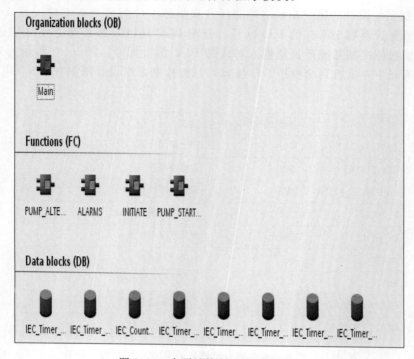

图 9-44　水泵站控制系统程序模块

9.5　水泵站控制系统梯形图编程

初始化网络 INITIATE 如图 9-45 所示，当自动/手动切换开关置于自动位置时，其上升沿触发该网络执行一次。

水泵报警功能

水泵报警功能包括 3 个网络（图 9-46～图 9-48）。两个相同的警报分别用于东西边水泵。如果水泵电机启动失败、过载或紧急停机则警报会被触发。

● 当东边水泵在收到启动命令 5 s 内未返回水泵运转的信号时，则触发东边水泵启动失败报警。

● 水泵启动失败触发相应报警，此时需要操作员赴现场清除故障才能继续水泵的工作流程。两台水泵同时启动失败是一种必须要避免的紧急情况，装配第三台备用水泵或者切换到手动控制是一种消除这种紧急情况的手段。

● 当西边水泵在收到启动命令 5 s 内未返回水泵运转的信号时，则触发西边水泵启动失败报警。

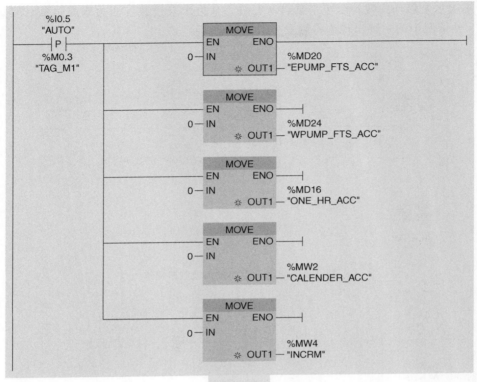

图 9-45 初始化网络 INITIATE

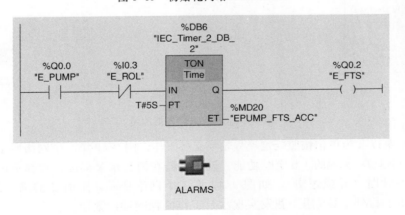

图 9-46 东边水泵启动失败判断网络

- 东边水泵启动失败、西边水泵启动失败、东边水泵过载、西边水泵过载、紧急停止
  5 种情况中的一种出现都将触发一般报警。

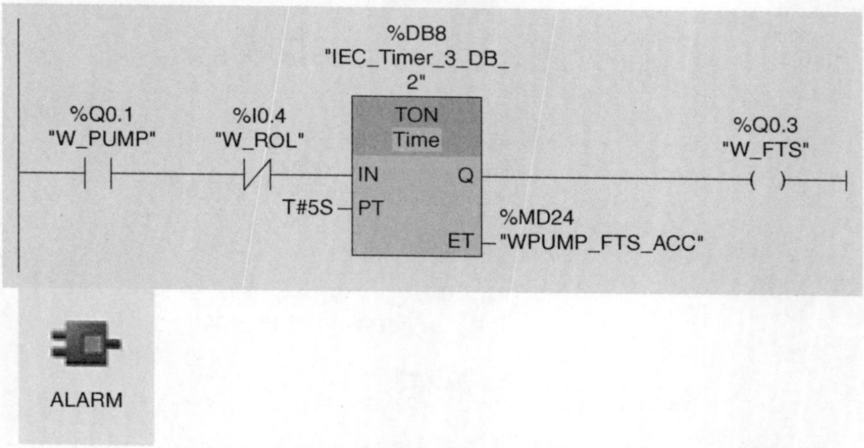

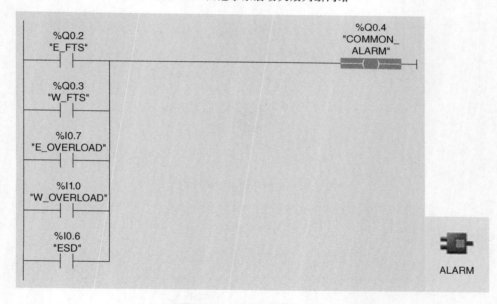

图 9-47 西边水泵启动失败判断网络

图 9-48 一般报警功能网络

- 两台水泵以 h 为单位按照既定流程轮换交替工作。图 9-49 第二个网络所示为用记忆定
  时器（RTO）实现的 1 h 定时功能。该定时器在两台水泵都运转和都不运转的时间间
  隔内不计时（异或逻辑），如图 9-49 第一个网络所示。定时器的输出线圈 ONE _
  HOUR _ TMR _ DN 用于触发实现水泵工作流程的增计数器。
- 两台水泵以 h 为单位的轮换间隔由操作员确定。图 9-50 所示的增计数器用于记录两
  台水泵的累积工作时间。该计数器每小时计数值增加 1。

图 9-49 水泵轮换间隔定时网络

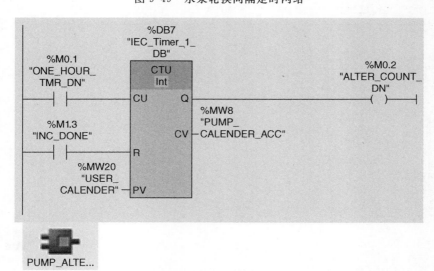

图 9-50 累积工作时间计数器网络

- 存储字（％MW4），如图9-51所示，也叫累加寄存器（INCRM），它用于控制水泵的轮换。该存储字由两个存储字节组成，即％M4和％M5。％M5.0是该存储字的最低位，随着存储字的累加，最低位％M5.0翻转，从而控制两台水泵轮换交替工作。

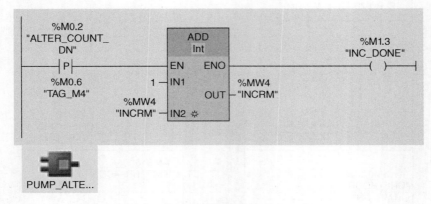

图9-51　累加寄存器（INCRM）网络

- 累加寄存器（INCRM）根据累积工作时间计数器的输出不断加1。当累加寄存器（INCRM）为偶数时（％M5.0为0），系统控制东边水泵启动。当累加寄存器（INCRM）为奇数时（％M5.0为1），系统控制西边水泵启动。图9-52和图9-53所示为实现上述功能的网络。

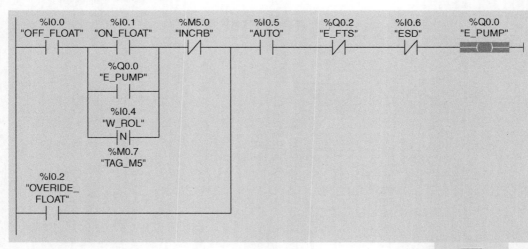

图9-52　东边水泵启动网络

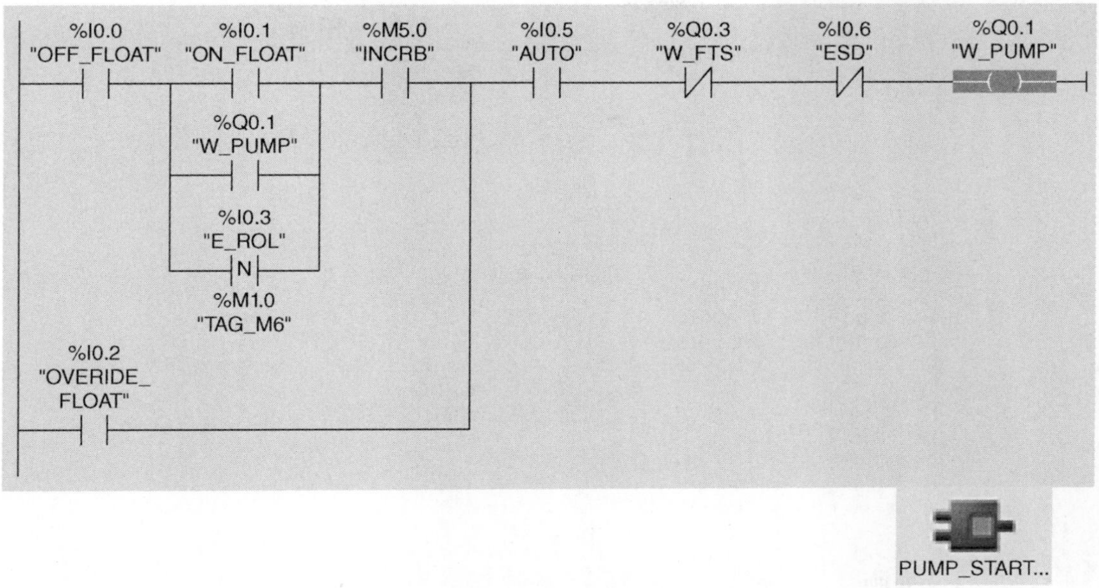

```
 %I0.0        %I0.1        %M5.0        %I0.5        %Q0.3        %I0.6              %Q0.1
"OFF_FLOAT"  "ON_FLOAT"   "INCRB"      "AUTO"       "W_FTS"      "ESD"             "W_PUMP"
   ─┤ ├─        ─┤ ├─        ─┤ ├─       ─┤ ├─        ─┤/├─        ─┤/├─             ─( )─
                %Q0.1
               "W_PUMP"
                ─┤ ├─
                %I0.3
               "E_ROL"
                ─┤N├─
                %M1.0
               "TAG_M6"
   %I0.2
 "OVERIDE_
   FLOAT"
   ─┤ ├─
```

PUMP_START...

图 9-53   西边水泵启动网络

- 当自动/手动切换开关置于自动位置，且水井水位超过最低浮漂开关位置时，则某一水泵按流程启动抽水。水泵在紧急情况或者启动失败的情况下停止工作，并且另一水泵控制启动，则触发报警。当水井水位超过最高浮漂开关时，两水泵同时启动抽水。

9.6 水泵站控制系统人机界面设计

人机界面（HMI）装配于主控制室，用于显示水泵控制的用户界面。界面和标号通过配置与 PLC 梯形图程序关联起来，从而实现现场状态的实时反映和操作员的远程控制。HMI 的设计与实施在第 5 章已详细介绍，本章前面所述的灌溉渠水位控制系统中也有涉及。

习题与实验

习题

9.1   在工业自动化中，使用管道及仪表流程图的目的是什么？

9.2   使用一个逻辑框图来记录图 9-54 和图 9-55 中的 PLC 网络。

9.3   为图 9-56～图 9-58 中的逻辑框图开发一个梯形网络。

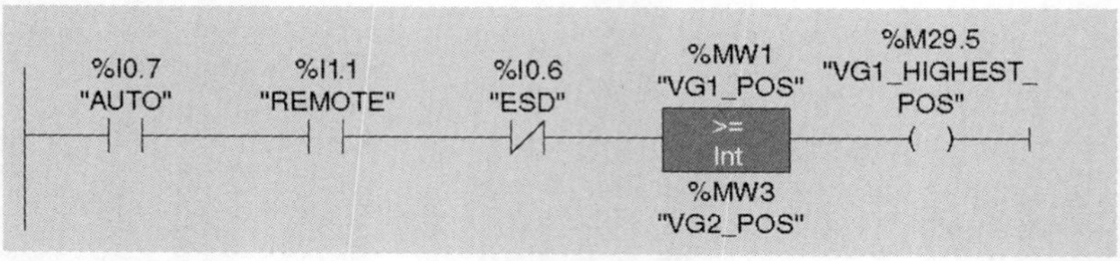

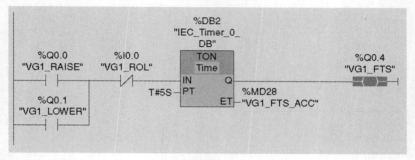

图 9-54

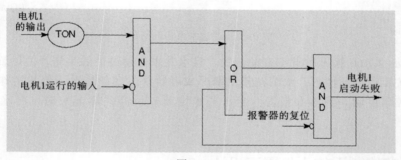

图 9-55

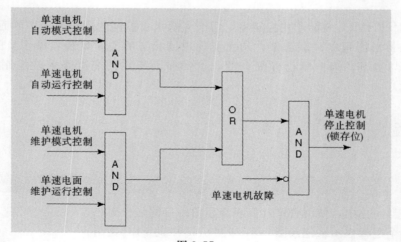

图 9-56

图 9-57

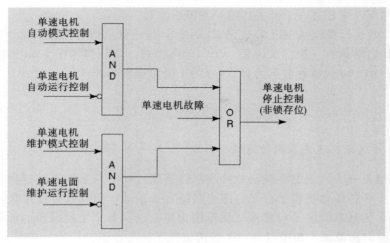

图 9-58

9.4 操作人员设定一个给定值，并与最高界限（SP_HL）和最低界限（SP_LL）进行
比较。建立梯形网络：如果这个给定值超过界限，则强制给定值在两个界限内。

9.5 参考图 9-5（第一部分），建立闸门 1 下降操作逻辑框图。

9.6 参考图 9-6（第二部分），建立闸门 1 下降操作逻辑框图。

9.7 为题 9.6 的闸门 1 下降操作逻辑框图编写一个梯形网络。

9.8 为题 9.5 的闸门 1 下降操作逻辑框图编写一个梯形网络。

9.9 请解释功能模块被执行时，它们间的准确顺序是不相关的。

9.10 参考图 9-10，如果上升沿触发器的 AUTO 开关变成常开触点会发生什么？

9.11 参考图 9-11，使用置位（Set）复位（Reset）的指令编写闸门 1 启动失败的网络。

9.12 使用 Out Range 指令重新编写图 9-29 中的网络。

9.13 如果脉冲定时器变成延时定时器，图 9-30 所示的网络会变成什么？空闲定时器（标
签名为 IDLE_RUNN）没有开通是闸门 1（标签名为 VG1_RAISE）上升的条件
之一，为什么？

9.14 参考图 9-22，用以下逻辑给 DS1_DS2_FAIL 编写一个网络：

a. 如果下游 1(DS1)或者下游 2(DS2)故障，则名为 DS1_DS2_FAIL 的输出开启。

b. 用分拆定理重新编写 a。

9.15 参考图 9-49，实现下列情况：

a. 为第一个标签名为 HOLD_ALT_COUNTER 的网络建立一个逻辑框图。标出
用过的逻辑门类型。

b. 为什么在图 9-49 的第二个网络使用时间累加器（TONR）？

9.16 参考图 9-50，为什么标签名为 ALTER_COUNT_DN 的计数器输入指令不是上升
沿触发器？

9.17 对于在 9.4 节中的泵站工程，编写一个网络：如果三个传感器（ON、OFF 和

OVERIDE）中任意一个开关故障，则警报响起。

9.18 当 CPU 的运行模式从 STOP 变到 RUN 时，包括供电运行模式和命令停止运行的转换，OB 启动执行一次。默认是"OB 100"模块。重新编写图 9-45 所示的初始化网络，用 OB 100 代替标签名为 AUTO 的上升沿触发器。

 实验

【实验 9.1】   **传送系统速度控制的高级项目**

该传送系统是一个六工位多模块的灵活制造系统，其中一条传送带提供各工位之间的闭环运动，另一条传送带提供平行于内部线路的直线运动，而瞬时传送带负责两传送带之间的货盘转换。传送系统的 I/O 接线、图形用户界面以及每个工位操作的详细说明将在后面介绍。图9-59为涵盖两传送带以及六工位的输送系统示意图。

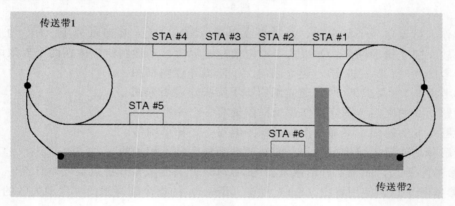

图 9-59   环形传送系统

实验说明

设置传送系统的目的是向该项目提供 FMS 平台，同时也用来进行仿真和测试控制算法以及执行操作，这些将在后面介绍。下面是一份关于输送系统工位以及有关控制执行的简要说明书。

● 工位 1 装载单元。工位装设有两个电磁阀 A 和 C。断电情况下，托盘进入工位并锁定位置。通电时，两个电磁阀互换位置并阻止其他托盘进入。

一旦在工位 1 的位置监测到托盘，就向装载机器输出"启动"脉冲，该机器在零件装载完毕后向 PLC 发出一个"已完成"脉冲。本课题使用一个 5 s 定时器来模拟装载任务。定时器的定时位被用作为"GO"指令，并发送给机器。定时器的完成位被用作机器的完成确认操作，即托盘移向工位 2。

● 有两个警报与工位 1 相关。当机器发出"已完成"脉冲并且托盘滞留 1 s 时，工位的货物滞留警报将被激活。若 5 s 内"Go"指令还没有被装载机器确认，则工位 1 的超时警报将会被激活。

- 工位 2 生产进料速率调节。该工位装有托盘前进电磁阀，当电磁阀通电时，它将被激活并推送托盘至工位 3。PLC 将从两个限位开关获取输入信号，这两个限位开关表明前进电磁阀的方位（前进或者后退）。

当托盘就位后，后限位开关闭合，工位 2 输出清零，工位 3 预停止无效，前进电磁阀通电并将托盘送往工位 3；否则，当工位 1 输出清零时，前进电磁阀断电并撤回。

与工位 2 相关的警报是生产速率阻滞警报，当前进电磁阀的两个限位开关发生故障时，该警报被激活。

- 工位 3 生产/装配任务。该平台装设有预停止电磁阀，通电时能阻止托盘进入工位，停止电磁阀通电时是托盘停止，定位电磁阀用于定位托盘。工位 3 中的上升电磁阀使托盘送进装备单元，下降电磁阀使托盘下降至传送带。5 个数字信号接入 PLC：① 托盘工位；② 托盘在工位；③ 工位输出清零；④ 上升簧片阀；⑤ 下降照明簧片开关。

当托盘在工位时，停止电磁阀被激活，定位电磁阀通电，上升电磁阀通电使托盘上升。如工位 1 一样，一个 5 s 定时器模拟装配操作交互，之后下降电磁阀通电。一旦降至传送带，定位电磁阀通电，停止电磁阀断电，托盘移至下一工位，预停止电磁阀不通电以使下一托盘进入工位。

与该工位相关的 2 个警报：上循环故障警报和下循环故障警报。在工位 3 中，只要上升电磁阀处于上部位置且簧片开关处于断开状态 1 s，上循环故障警报就会被激活。下循环故障警报在下降位置的工作原理相同。

- 工位 4 测试和分选。该工位装设有 4 个电磁阀：上升、下降、预停止和停止。4 个电磁阀的功能与工位 3 类似。且工位有 6 个开关输入：① 托盘在工位；② 工位上升；③ 工位处于中间位置；④ 工位下降；⑤ 托盘在输出位置；⑥ 输出清零。

工位 4 可以拒绝托盘到传送带转移区（传送带 1 的连接处）或者将其移至运输机 2。拒载命令由工作人员通过用户界面发出。工位有 3 种位置：上、中和下。当上升和下降电磁阀都不通电时，工位处于中间位置；当托盘在工位上时，工位也处于中间位置；当工位 6 没有发出推送命令时，就会在用户界面处产生一个拒载信号。上升电磁阀通电后就会将托盘送至转移传送机（拒载托盘的）。

工位 4 有 2 个报警器：循环上升故障和循环下降故障报警器，其工作原理与工位 3 相同。

- 工位 5 生产输出速率调节。该工位装设有 2 个电磁阀：传送带停止和传送带清除。它也有两个输入：传送带清除信号与传送带满载信号。

如果操作员需要工位 4 拒载或者工位 6 进行推送，则清除电磁阀会通电并将托盘送至传送带 2。否则，托盘继续滞留在传送带 1 中，没有警报装设在该站。

- 工位 6 卸载单元。该工位装设 4 个电磁阀：向前推送、预停止、推送停止、传送带停止。PLC 从该工位获取 6 个开关输入信号：① 向前推送；② 向后推送；③ 托盘在左侧；④ ON/OFF 启用/禁用选择开关；⑤ 传送带清除推送；⑥ 输出清除。

操作员通过用户接口或者人机界面操作推送指令。当托盘出现在左侧时，从人机界面发出推送指令。如果工位 4 没有发出拒载命令,且工位 6 传送带被清空来进行推送,则停止传送带电磁阀将使托盘停止,预停止电磁阀将会阻止即将到来的托盘进入工位。向前推送电磁阀将会通电并卸载托盘至传送带转移区。当推送机返回时,所有的电磁阀翻转其运行状态,下一个托盘进入工位,重复推送循环过程。

有 2 个警报与该工位相关:向前推送故障和向后推送故障。警报的工作原理与工位 4 的警报工作原理相似。

上述 6 个工位中,每一个都有独立的启用/禁用开关以跳过本工位。该特点允许 FMS 动作,不仅能跳过某一生产操作,而且能替代、修改或者移除整个工位。整个系统装设有紧急停机(ESD)和主控继电器(MCR)。就像其他系统一样,所有的硬件模型以及 2 个传送带的电机都是通过 ESD MCR 的触点来供电的,正如第 6 章的介绍。

传送系统 I/O 列表

下面两个列表提供了传送系统控制中所有输入/输出的详细清单。

传送系统输入

设备名称	地址	说明
STA #1PIP LS	I1.0	120 V 交流电源信号限位开关指示托盘位置
STA #1 OUTCLR SEN	I1.1	120 V 交流电源传感器指示工位 #1 输出清零
STA #1 ACTIVE SEL SW	I1.2	120 V 交流电源 ON/OFF 选择开关以启用/禁用工位 #1 功能
STA #2 CYL FWD LS	I1.3	120 V 交流电源限位开关指示前进电磁阀的前进位置
STA #2 CYL BACLS	I1.4	120 V 交流电源限位开关指示前进电磁阀的后退位置
STA #2 PIP LS	I1.5	120 V 交流电源传感器指示工位 #2 托盘定位
STA #2 OUT CLR	I1.6	120 V 交流电源传感器指示工位 #2 输出清零
STA #2 ACTIVE SEL SW	I1.7	120 V 交流电源 ON/OFF 选择开关以启用/禁用工位 #2
STA #3 STA UP REED SW	I2.0	工位 #3 120 V 交流电源传感器指示上升电磁阀处于上端位置
STA #3 STA DOWN REED	I2.1	工位 #3 120 V 交流电源传感器指示上升电磁阀处于下端位置
STA #3 PAL AT IN	I2.2	工位 #3 120 V 交流电源传感器指示托盘在输入位置
STA #3 PAL AT IN STA PROX	I2.3	120 V 交流电源传感器指示托盘位于工位 #3
STA #3 OUT CLR SW	I2.4	120 V 交流电源限位开关指示工位 #3 输出清零
STA #3 ACIVE SEL SW	I2.5	120 V 交流电源 ON/OFF 选择开关以启用/禁用工位 #3
STA #4 UP LS	I2.6	120 V 交流电源限位开关指示工位 #4 处于上端位置
STA #4 MID LS	I2.7	120 V 交流电源限位开关指示工位 #4 处于中端位置
STA #4 DOWN LS	I3.0	120 V 交流电源限位开关指示工位 #4 处于下端位置
STA #4 PAL AT IN PROX	I3.1	120 V 交流电源传感器指示工位 #4 托盘在输入位置
STA #4 PAL AT OUT PROX	I3.2	120 V 交流电源传感器指示工位 #4 托盘在输入位置
STA #4 OUT CLR	I3.3	120 V 交流电源传感器指示工位输出清零
STA #4 TRANS AREA CLR	I3.4	120 V 交流电源传感器指示输送区域清空

（续）

设备名称	地址	说明
STA ♯4 ACTIVE SEL SW	I3.5	120 V 交流电源 ON/OFF 选择开关以启用/禁用工位♯4
STA ♯5 LANE CLR	I3.6	120 V 交流电源光纤传感器指示传输线清空
STA ♯5 FEED LANE FULL	I3.7	120 V 交流电源传感器指示工位♯5 传输线满载
STA ♯5 ACTIVE SEL SW	I4.0	120 V 交流电源选择开关以启用/禁用工位♯5
STA ♯6 PUSHER BACK	I4.1	120 V 交流电源限位开关指示推送机后退位置
STA ♯6 PUSHER FWD LS	I4.2	120 V 交流电源限位开关指示推送机前进位置
STA ♯6 PALLET PRES PX	I4.3	120 V 交流电源邻近开关指示托盘在左边位置
STA ♯6 LANE CLRTO PUSH	I4.4	120 V 交流电源传感器指示工位♯6 传输线清空
STA ♯6 OUT CLR	I4.5	120 V 交流电源传感器指示工位♯6 输出清零
STA ♯6 ACTIVE SEL SW	I4.6	120 V 交流电源 ON/OFF 选择开关以启用/禁用工位♯6
STA ♯7 ZONE CLR FIBER	I4.7	120 V 交流电源光纤传感器指示工位♯7 区域清空
CON V ♯1 STOP MTR	I5.0	120 V 交流电源按钮用于停止传送机♯1 电机
CON V ♯1 START MTR	I5.1	120 V 交流电源按钮用于启动传送机♯1 电机
CON V ♯2 STOP MTR	I5.2	120 V 交流电源按钮用于停止传送机♯2 电机
CON V ♯2 START MTR	I5.3	120 V 交流电源按钮用于启动传送机♯2 电机
STA ♯6 PIP	I5.4	120 V 交流电源指示托盘位于右侧位置
CONV ♯1 SPEED	IW64	传送机♯1 0～10 V 模拟输入信号
CONV ♯2 SPEED	IW66	传送机♯2 0～10 V 模拟输入信号

传送机系统输出

设备名称	物理地址	说明
STA ♯1 CYL A	Q1.0	120 V 交流电源信号指示工位♯A 电磁阀 A
STA ♯1 CYL B	Q1.1	120 V 交流电源信号指示工位♯B 电磁阀 A
STA ♯1 CYL C	Q1.2	120 V 交流电源信号指示工位♯C 电磁阀 A
STA ♯2 ADV SOL	Q1.3	120 V 交流电源信号指示工位♯2 前进电磁阀
STA ♯3 RAISE STA SOL	Q1.4	120 V 交流电源信号指示工位♯3 上升电磁阀
STA ♯3 LOWER STA SOL	Q1.5	120 V 交流电源信号指示工位♯3 下降电磁阀
STA ♯3 PRE-STOP SOL	Q1.6	120 V 交流电源信号指示工位♯3 预停止电磁阀
STA ♯3 STA STOP SOL	Q1.7	120 V 交流电源信号指示工位♯3 开始/停止电磁阀
STA ♯3 LOCATOR CLMP SOL	Q2.0	120 V 交流电源信号指示工位♯3 上升电磁阀
STA ♯4 RAISE STA SOL	Q2.1	120 V 交流电源信号指示工位♯4 升站电磁阀
STA ♯4 LOWER STA SOL	Q2.2	120 V 交流电源信号指示工位♯4 下放的托盘至输入位置

（续）

设备名称	物理地址	说明
STA ♯4 PRE-STOP SOL	Q2.3	120 V 交流电源信号指示工位♯4 预停止电磁阀
STA ♯4 LANE STOP SOL	Q2.4	120 V 交流电源信号指示工位♯4 传送带停止电磁阀
STA ♯5 LANE STOP SOL	Q2.5	120 V 交流电源信号指示工位♯5 传送带停止电磁阀
STA ♯5 WIP OFF SOL	Q2.6	120 V 交流电源信号指示工位♯5 传送带停止电磁阀
STA ♯6 ADANCE PUSHER SOL	Q2.7	120 V 交流电源信号指示工位♯6 前置推送机电磁阀
PRE-STOPS SOL	Q3.0	指明工位♯6 预停止电磁阀
STA ♯6 PUSHER STOP SOL	Q3.1	120 V 交流电源信号指示工位♯6 停止推送电磁阀
STA ♯6 LANE STOP SOL	Q3.2	120 V 交流电源信号指示工位♯6 传送带停止电磁阀
STA ♯7 ALLOW AIR LOGIC	Q3.3	120 V 交流电源信号指示工位♯7 允许压力电磁阀开通
STA ♯1 ALLOW	Q3.4	120 V 交流电源信号指示传输机 1 的电机
STA ♯2 ALLOW	Q3.5	120 V 交流电源信号指示传输机 2 的电机
CONV ♯1 SPEED	QW80	交流电动机 1 模拟输出信号
CONV ♯2 SPEED	QW82	交流电动机 2 模拟输出信号

图形用户界面

设置 8 个图形界面用于控制传送系统。除目录页外，将 7 个界面设置在人机界面（HMI）中，即系统概述、状态界面、控制与趋势界面、警告界面、传送机 1 控制界面、传送机 2 控制界面以及警报汇总界面。

下面简要说明每一种界面。

- 目录页。本界面列出 7 个可用选项以及提供个人页面的选择。按压功能键就可使用户进入选择界面。
- 系统概述。本界面显示 2 个传送带、工位启用/禁用开关状态、工位忙碌/空闲状态、电机 1 和电机 2 运行/非运行状态、分配工位的颜色编码情况。颜色编码中，红色代表工位启用，绿色代表禁用，红色代表传送机运行，绿色代表传送机未运行。此界面没有用户输入。
- 控制和趋势界面。本界面显示控制系统中 6 个工位的运行状态：启用/禁用、工位和传送机的警报、确认/重置警报、相关颜色编码定义。该界面还提供用户输入指令：工位 4 拒载/不拒载，工位 6 推送/不推送，传送机 1 和 2 的速度及其上升或下降的趋势。该界面还提供 3 种控制模式。在手动模式下，操作员通过输入任意百分比速度来改变传送机的速度；自动模式则允许用户通过 PID 控制调节传送机的速度；用户通过输入所需传送带的设定速度来启动 PID 控制。
- 状态界面。本界面以数字或符号形式显示状态信息。电机速度以百分数形式显示。
- 警报界面。该界面提供系统所有警报的详细列表和说明。控制与趋势界面提供一份没有任何细节的警报通告。

- 传送机 1 控制界面。本界面仅显示传送机 1 控制系统的控制器状态。
- 传送机 2 控制界面。本界面仅显示传送机 2 控制系统的控制器状态。
- 警报汇总界面。该界面用于显示所有的警报事务，包括电流警报、过去的警报，并表明它们是否被确认。

项目要求

根据前述规定执行以下操作。

- 记录并实施输送系统速度控制的第一层。向课程/技术导师介绍工程项目组的实施过程。落实修改建议，并力争让第一层设计达到满意效果。
- 继续进行第二层设计。完成设计评审报告，进行必要的修改并力争让第二层设计文件审核通过。
- 根据第三层详细的讨论，执行最后操作并检查。这包括设计梯形逻辑图和人机界面、通信/网络的设置以及系统整体的调试/检查。准备最后陈述以及系统操作演示。
- 在报告中应考虑有效输入和获得的建议，并完成操作，记录所有的任务并撰写最终的项目技术报告和手册。